国家出版基金项目
NATIONAL PUBLICATION FOUNDATION

大飞机出版工程

总主编　顾诵芬

飞机复合材料结构强度分析

Strength Analysis of Composite Aircraft Structures

陈业标 汪　海 陈秀华 编著
李武铨 主校
陈普会 敬录云 张晓晶 校对
李　刚 主审

上海交通大学出版社
SHANGHAI JIAO TONG UNIVERSITY PRESS

内 容 提 要

本书是基于作者多年从事飞机结构设计及强度分析的实践经验和体会编撰而成,从理论和实践两方面系统地介绍了飞机复合材料结构设计和强度分析的具体内容、方法、基本原理及发展方向。全书共分9章,分别介绍与强度分析有关的复合材料基本概念、飞机复合材料结构设计要求和设计准则、强度计算包括的具体项目、复合材料结构分析的理论方法、复合材料连接强度分析方法、屈曲分析方法、损伤容限耐久性和结构强度试验等。并且,书中给出较多的计算例题并介绍所用的计算机软件。

本书可供飞机结构设计、结构强度的工程人员和高等院校强度专业研究生参考。

图书在版编目(CIP)数据

飞机复合材料结构强度分析/陈业标,汪 海,陈秀华编著.—上海:上海交通大学出版社,2011(2016重印)
(大飞机出版工程)
ISBN 978 - 7 - 313 - 07882 - 7

Ⅰ.①飞… Ⅱ.①陈…②汪…③陈… Ⅲ.①飞机–复合材料–结构强度–分析 Ⅳ.①V257

中国版本图书馆CIP数据核字(2011)第228219号

飞机复合材料结构强度分析

陈业标 汪 海 陈秀华 编著

上海交通大学 出版社出版发行
(上海市番禺路951号 邮政编码200030)
电话:64071208 出版人:韩建民
浙江云广印业有限公司印刷 全国新华书店经销
开本:787mm×1092mm 1/16 印张:19 字数:371千字
2011年12月第1版 2016年4月第2次印刷
ISBN 978 - 7 - 313 - 07882 - 7/V 定价:80.00元

大飞机出版工程

丛书编委会

总主编：

顾诵芬（中国航空工业集团公司科技委副主任、两院院士）

副总主编：

金壮龙（中国商用飞机有限责任公司副董事长、总经理）

马德秀（上海交通大学党委书记、教授）

编　委：（按姓氏笔画排序）

王礼恒（中国航天科技集团公司科技委主任、院士）

王宗光（上海交通大学原党委书记、教授）

刘　洪（上海交通大学航空航天学院教授）

许金泉（上海交通大学船舶海洋与建筑工程学院工程力学系主任、教授）

杨育中（中国航空工业集团公司原副总经理、研究员）

吴光辉（中国商用飞机有限责任公司副总经理、总设计师、研究员）

汪　海（上海交通大学航空航天学院副院长、研究员）

沈元康（国家民航总局原副局长、研究员）

陈　刚（上海交通大学副校长、教授）

陈迎春（中国商用飞机有限责任公司常务副总设计师、研究员）

林忠钦（上海交通大学副校长、教授）

金兴明（上海市经济与信息化委副主任、研究员）

金德琨（中国航空工业集团公司科技委委员、研究员）

崔德刚（中国航空工业集团公司科技委委员、研究员）

敬忠良（上海交通大学航空航天学院常务副院长、教授）

傅　山（上海交通大学航空航天学院研究员）

总　　序

国务院在 2007 年 2 月底批准了大型飞机研制重大科技专项正式立项,得到全国上下各方面的关注。"大型飞机"工程项目作为创新型国家的标志工程重新燃起我们国家和人民共同承载着"航空报国梦"的巨大热情。对于所有从事航空事业的工作者,这是历史赋予的使命和挑战。

1903 年 12 月 17 日,美国莱特兄弟制作的世界第一架有动力、可操纵、重于空气的载人飞行器试飞成功,标志着人类飞行的梦想变成了现实。飞机作为 20 世纪最重大的科技成果之一,是人类科技创新能力与工业化生产形式相结合的产物,也是现代科学技术的集大成者。军事和民生对飞机的需求促进了飞机迅速而不间断的发展,应用和体现了当代科学技术的最新成果;而航空领域的持续探索和不断创新,为诸多学科的发展和相关技术的突破提供了强劲动力。航空工业已经成为知识密集、技术密集、高附加值、低消耗的产业。

从大型飞机工程项目开始论证到确定为《国家中长期科学和技术发展规划纲要》的十六个重大专项之一,直至立项通过,不仅使全国上下重视起我国自主航空事业,而且使我们的人民、政府理解了我国航空事业半个世纪发展的艰辛和成绩。大型飞机重大专项正式立项和启动使我们的民用航空进入新纪元。经过 50 多年的风雨历程,当今中国的航空工业已经步入了科学、理性的发展轨道。大型客机项目其产业链长、辐射面宽、对国家综合实力带动性强,在国民经济发展和科学技术进步中发挥着重要作用,我国的航空工业迎来了新的发展机遇。

大型飞机的研制承载着中国几代航空人的梦想,在 2016 年造出与波音 B737 和空客 A320 改进型一样先进的"国产大飞机"已经成为每个航空人心中奋斗的目标。然而,大型飞机覆盖了机械、电子、材料、冶金、仪器仪表、化工等几乎所有工业门类,集成了数学、空气动力学、材料学、人机工程学、自动控制学等多种学科,是一个复杂的科技创新系统。为了迎接新形势下理论、技术和工程等方面的严峻挑战,迫切需要引入、借鉴国外的优秀出版物和数据资料,总结、巩固我们的经验和成果,编著一套以"大飞机"为主题的丛书,借以推动服务"大型飞机"作为推动服务整个航空科学的切入点,同时对于促进我国航空事业的发展和加快航空紧缺人才的培养,具有十分重要的现实意义和深远的历史意义。

2008 年 5 月,中国商用飞机有限公司成立之初,上海交通大学出版社就开始酝酿"大飞机出版工程",这是一项非常适合"大飞机"研制工作时宜的事业。新中国第一位飞机设计宗师——徐舜寿同志在领导我们研制中国第一架喷气式歼击教练机——歼教 1 时,亲自撰写了《飞机性能捷算法》,及时编译了第一部《英汉航空工程名词字典》,翻译出版了《飞机构造学》、《飞机强度学》,从理论上保证了我们飞机研制工作。我本人作为航空事业发展 50 年的见证人,欣然接受了上海交通大学出版社的邀请担任该丛书的主编,希望为我国的"大型飞机"研制发展出一份力。出版社同时也邀请了王礼恒院士、金德琨研究员、吴光辉总设计师、陈迎春副总设计师等航空领域专家撰写专著、精选书目,承担翻译、审校等工作,以确保这套"大飞机"丛书具有高品质和重大的社会价值,为我国的大飞机研制以及学科发展提供参考和智力支持。

编著这套丛书,一是总结整理 50 多年来航空科学技术的重要成果及宝贵经验;二是优化航空专业技术教材体系,为飞机设计技术人员培养提供一套系统、全面的教科书,满足人才培养对教材的迫切需求;三是为大飞机研制提供有力的技术保障;四是将许多专家、教授、学者广博的学识见解和丰富的实践经验总结继承下来,旨在从系统性、完整性和实用性角度出发,把丰富的实践经验进一步理论化、科学化,形成具有我国特色的"大飞机"理论与实践相结合的知识体系。

"大飞机"丛书主要涵盖了总体气动、航空发动机、结构强度、航电、制造等专业方向,知识领域覆盖我国国产大飞机的关键技术。图书类别分为译著、专著、教材、工具书等几个模块；其内容既包括领域内专家们最先进的理论方法和技术成果，也包括来自飞机设计第一线的理论和实践成果。如：2009 年出版的荷兰原福克飞机公司总师撰写的 *Aerodynamic Design of Transport Aircraft*（《运输类飞机的空气动力设计》），由美国堪萨斯大学 2008 年出版的 *Aircraft Propulsion*（《飞机推进》）等国外最新科技的结晶；国内《民用飞机总体设计》等总体阐述之作和《涡量动力学》、《民用飞机气动设计》等专业细分的著作；也有《民机设计 1000 问》、《英汉航空双向词典》等工具类图书。

　　该套图书得到国家出版基金资助，体现了国家对"大型飞机项目"以及"大飞机出版工程"这套丛书的高度重视。这套丛书承担着记载与弘扬科技成就、积累和传播科技知识的使命，凝结了国内外航空领域专业人士的智慧和成果，具有较强的系统性、完整性、实用性和技术前瞻性，既可作为实际工作指导用书，亦可作为相关专业人员的学习参考用书。期望这套丛书能够有益于航空领域里人才的培养，有益于航空工业的发展，有益于大飞机的成功研制。同时，希望能为大飞机工程吸引更多的读者来关心航空、支持航空和热爱航空，并投身于中国航空事业做出一点贡献。

2009 年 12 月 15 日

前　言

　　飞机结构强度分析是飞机设计重要的专业分工以及关键问题之一,它直接影响飞机结构的安全性与飞机性能的先进性。从 20 世纪 60 年代复合材料问世以来,复合材料已在飞机结构上获得越来越多的应用。复合材料具有比强度和比刚度高、性能可设计等特点,这给飞机结构设计与材料工程师带来了新的希望和美好憧憬。但是,从 20 世纪 70 年代以来,对复合材料在飞机结构上的应用进行调查研究发现,复合材料结构的一大致命问题是飞机在制造装配、使用和维护过程中可能会出现外物冲击,致使外表面肉眼很难发觉而内部却存在严重损伤,有些情况会使受压性能降低 60% 之多。复合材料层压板结构这种致命的强度问题几乎断送它在飞机上的应用。由于复合材料突出优点的吸引力,国外从 20世纪 80 年代以来,对复合材料损伤容限的这种特性进行了大量的试验及理论研究,包括材料体系本身、设计构型以及强度分析等方面,企图寻找解决问题的方法。结构设计及强度分析方面的大量研究成果对复合材料结构设计及其在飞机上的应用发挥了巨大作用。同时,我们也不得不指出,由于复合材料结构过分复杂,时至今日,理论分析结果与试验结果还有较大的差距。因此,还不能完全像金属结构那样通过定量的理论计算进行结构设计。

　　飞机复合材料结构强度分析是在金属结构强度分析的基础上发展起来的。但是由于复合材料的特点和复杂性,其强度分析要比金属的复杂得多,也带有更多的不确定性。对有些问题,甚至有些是设计准则的顶层问题,目前还存在分歧,出于安全可靠性考虑,即使有些问题似乎达成共识,但并不尽合理,也还缺乏充足的理论及试验依据。正因为如此,使飞机复合材料强度分析问题更富有挑战性,也带来广阔的研究空间,本书第 8 章中对此做了较详细的论述。

　　目前,似乎还没有看到一本系统的、较权威的关于飞机复合材料结构强度分析的参考书,这归因于问题的复杂性和不成熟性,因此编写飞机复合材料结构强度分析教科书有一定难度。由于是给学生讲课,本书十分强调基本概念及基本理论,书中没有给出大量的设计公式及图线(这些在各种设计手册中大多能找到),因为根据编者从事飞机强度分析工作多年的体会,即使是从事工作多年的结构强度工程师,掌握基本概念及基本理论仍比大量的设计公式及图线更为重要,但本书中也不乏非常实际的工程应用方面的材料。

全书分为9章。第1章介绍了复合材料层压板的基本概念及有趣的特性;第2章说明飞机复合材料结构基本的设计准则;第3章概述飞机复合材料结构强度计算的内容以及计算中应注意的问题,这是非常重要的一章;第4章介绍设计许用值,这是实际设计中最必要的试验项目;第5～8章是强度计算的具体内容及方法;第9章为飞机复合材料结构试验。其中第8章篇幅较大,是较主要的一章,有些小节涉及损伤容限验证(也可称强度分析)的概率方法;虽然目前国内还未涉及这方面的问题,仍然采用确定性的方法,但是由于进行损伤容限分析的初始输入参数,例如外物冲击威胁(以能量大小表示)存在太多的不确定因素,使得确定性方法中存在不少不确定性的因素,因此,保证结构安全性的概率方法越来越受到理论界及工程界的重视和深入研究。编者认为,这可能是真正发挥复合材料潜力及实际结构设计的努力方向。

要特别说明的是,本书是在编者为"上海交通大学大型民用飞机研究生特班"开设的"飞机复合材料结构设计实践"课程的部分讲稿基础上编写的,主要内容为飞机复合材料结构强度分析。

(1) 本书所指复合材料结构仅涉及层压板结构,而不包括缝纫及编织结构;

(2) 本书有些内容是编者从事飞机结构设计及强度分析的部分实践,有些是个人看法及体会;也有相当部分是介绍别人的工作,出处大多给出说明并注明参考文献。

鉴于我国飞机设计中复合材料应用时间短,在应用的深度和广度上与西方先进国家还有不小差距,本书仅供飞机结构设计、强度工程师及强度专业研究生参考。由于编者水平所限,编写本书作为抛砖引玉,给有兴趣编写教材的老师和专家提供参考,不妥之处,敬请读者指正。

在讲课资料和本书编写过程中得到张晓晶、余音、于哲峰和刘龙权老师以及史文华、陈海欢等研究生的热情支持与帮助,编者对此表示深切感谢!

编　　者

符 号 表

(1) 刚度、模量符号

$[A]$，$\boldsymbol{A}$	层压板面内刚度矩阵
$A_{ij}(i,j=1,2,6)$	$[A]$矩阵的元素
$[\breve{A}]$（阶数 2×2）	考虑横向变形的刚度矩阵
$[D]$，$\boldsymbol{D}$	层压板弯曲刚度矩阵
$D_{ij}(i,j=1,2,6)$	$[D]$矩阵的元素
$[B]$，$\boldsymbol{B}$	层压板（拉弯）耦合刚度矩阵
$B_{ij}(i,j=1,2,6)$	$[B]$矩阵的元素
$[Q]$，$Q_{ij}(i,j=1,2,6)$	单层（或单向板）正轴方向模量矩阵及元素
$[\bar{Q}]$，$\bar{Q}_{ij}(i,j=1,2,6)$	单层（或单向板）面内任意方向模量矩阵及元素
L，T（或 1，2）	单层（或单向板）纤维方向及垂直纤维方向坐标轴
$[a]$，$[s]$	面内柔度矩阵

(2) 材料性能及强度参数

L，W，T	分别为沿蜂窝的条带方向、垂直条带方向和垂直蜂窝面板方向的坐标轴
G_{WT}	蜂窝芯子 W，T 方向横向剪切模量
G_{TL}	蜂窝芯子 T，L 方向横向剪切模量
E_T	蜂窝芯子法向（T 向）拉伸弹性模量，E_c 蜂窝芯子法向（T 方向）压缩弹性模量
E_{1t}，E_{Lt}	单层纤维方向拉伸弹性模量，下标 t 表示拉伸
E_{1c}，E_{Lc}	单层纤维方向压缩弹性模量，下标 c 表示压缩
G_{12}，G_{LT}	单层面内剪切弹性模量
$E_i(i=x,y,\theta,\cdots)$	层压板面内 i 方向弹性模量
E_f	层压板弯曲模量，下标 f 表示弯曲
ν_{12} 或 ν_{LT}，ν_{21} 或 ν_{TL}	单层（或单向板）的泊松比
ν_{xy}，ν_{yx}	层压板平面 x，y 方向的泊松比，$E_x\nu_{yx}=E_y\nu_{xy}$

v_f，v_m	分别为单层板纤维及基体的体积含量
X_t，X_c，Y_t，Y_c，S	单层板 5 个基本的强度
X_t'，X_c'，Y_t'，Y_c'，S'	"现场单层强度"，它们和上面 5 个基本强度对应
$F_{ij}(i,j=1,2,6)$	由试验确定的单层板强度参数(也称强度张量)
F_{tu}，σ_b	层压板拉伸极限强度
F_{bru}	钉孔挤压强度
σ_{cr}	屈曲临界正应力
σ_{cf}，σ_{cc}	分别表示长桁的压缩破坏应力及许用压损应力
τ_{cr}	屈曲临界剪应力
$\sigma_{cr,\,e}$	用线弹性理论计算的 σ_{cr}
$\tau_{cr,\,e}$	用线弹性理论计算的 τ_{cr}
F_{cc}	压损强度
η	剩余强度系数
$\begin{bmatrix} \alpha_L & \alpha_T & 0 \end{bmatrix}^T$	单层板热膨胀系数列阵
$\begin{bmatrix} \alpha_x & \alpha_y & \alpha_{xy} \end{bmatrix}^T$	层压板面内 x，y 轴方向的热膨胀系数列阵
$[\varepsilon_t]$，$[\varepsilon_c]$，$[\gamma_{xy}]$	分别为层压板拉伸，压缩，剪切应变设计许用值，也称限制应变

(3) 载荷、应力(系数)、应变和变形

$\{N\}=\begin{bmatrix} N_x & N_y & N_{xy} \end{bmatrix}^T$	单位长度面内力列阵及其分量
$\{M\}=\begin{bmatrix} M_x & M_y & M_{xy} \end{bmatrix}^T$	单位长度内力矩列阵及其分量
$\{N^T\}=\begin{bmatrix} N_x^T, & N_y^T, & N_{xy}^T \end{bmatrix}^T$	与 $\{N\}$ 对应的热内力(热载)列阵及其分量
$\begin{Bmatrix} Q_x \\ Q_y \end{Bmatrix}$	单位长度横向剪力
P，F	载荷
N，P	轴力
P_{br}	孔的挤压载荷(或称钉载)
P_{by}	孔的旁路载荷
σ_1，σ_2，σ_3	主应力
σ_L(或σ_1)	单层(或单向板)纤维方向正应力
σ_T(或σ_2)	单层(或单向板)垂直纤维方向正应力
σ_{br}	孔挤压应力
σ_{net}	含孔板孔处断面净面积均布拉伸应力
$\sigma_{net,\,f}$	含孔板孔处断面破坏时的 σ_{net}
σ_{net}^M	由弯矩 M 引起孔处断面 σ_{net} 的最大值
σ_{br}^M	由弯矩 M 引起的 σ_{br} 的最大值

q	分布载荷
K_{te}，K_{be}	分别表示金属板孔的弹性拉伸，挤压应力集中因子
K_{tc}，K_{bc}	分别表示层压板孔的拉伸，挤压应力集中减缓因子
ε	正应变
γ	剪应变
u，v，w	分别为 x，y，z 方向的位移
u'，v'，w'	分别为 x'，y'，z' 方向的位移

（4）有限元分析中的符号

x，y，z	统一坐标轴方向
x'，y'，z'	有限元单元自身坐标轴方向
δ_i	i 方向位移
$\{\delta_i\}$	位移列阵
$\{\delta'_e\}$	单元自身坐标方向节点位移列阵
$\{\delta_e\}$	单元统一坐标方向节点位移列阵
$\{F'_e\}$	与$\{\delta'_e\}$对应的单元节点力列阵
$\{F_e\}$	与$\{\delta_e\}$对应的单元节点力列阵
$[K'_e]$	自身坐标轴方向的单元刚度矩阵
$[K_e]$	统一坐标轴方向的单元刚度矩阵
$[K]$	结构节点刚度矩阵
$[k_\sigma]$	单元应力刚度矩阵（或称微分刚度）
$[k_b]$	单元弯曲刚度矩阵
$[K_\sigma]$	结构应力刚度矩阵（或称微分刚度）
$[K_b]$	结构弯曲刚度矩阵
$[N]$，$\boldsymbol{N}$	表示单元形函数与单元节点位移列阵关系的形态函数矩阵
$[B]$，$\boldsymbol{B}$	单元应变列阵与自身坐标系中节点位移列阵关系的几何矩阵
$[D]$，$\boldsymbol{D}$	材料弹性矩阵
$[G]_{6\times6}$	体元材料弹性矩阵
$\{\varepsilon\}$，ε_x，ε_y，γ_{xy}	应变列阵及它的分量
$\{\varepsilon^0\}$，ε_x^0，ε_y^0，γ_{xy}^0	中面面内应变列阵及它的分量
$\{\kappa\}$，κ_x，κ_y，κ_{xy}	中面的弯曲应变列阵及它的分量
$\{\sigma\}$，σ_x，σ_y，τ_{xy}	应力列阵及它的分量

（5）概率分析中的主要符号

E	冲击能量
P，P_j	概率

$f(x)$	随机变量 x 的概率密度函数
$F(x) = P(X \leqslant x)$	随机变量 x 的概率分布函数
$f(x, \alpha, \beta)$	随机变量 x 的双参数 Weibull 分布的概率密度函数
α, β	分别为 Weibull 分布中的形状参数，尺度参数
$\breve{\beta}$	置信度为 95% 时的尺度参数

（6）主要的缩写符号

DLL	design limit load（设计限制载荷），有时也可当载荷值使用，即 $DLL = P_{DLL}$
DUL	design ultimate load（设计极限载荷），有时也可当载荷值使用，即 $DUL = P_{DUL}$
BVID	barely visible impact damage（目视勉强可见冲击损伤）
CAI	compression after impact（冲击后压缩）

目　　录

1　复合材料结构基本概念

1.1　引言

先进复合材料的一般分类如图 1-1 所示。

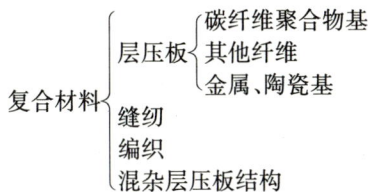

图 1-1　复合材料分类

飞机结构复合材料层压板主要采用碳纤维,最初用于飞机结构的是 T300 纤维,现在性能更好的 T800 也已经用于飞机结构中。树脂有热固性和热塑性树脂,目前广泛采用的环氧及双马树脂基体是属于热固性树脂。近年来,热塑性树脂也获得某些应用,但由于固化温度太高,目前飞机结构中主要采用环氧及双马树脂。

复合材料层压板的制造过程是将单向带预浸料(tape prepreg)或织物按预先设计好的铺层顺序铺迭后(lay-up)放进热压罐中,再按预先设计好的固化程序(温度-时间、压力-时间历程)加温加压达到一定的固化度后制成。因此,纤维增强复合材料是由高强度的纤维以及将其纤维粘合在一起的树脂基体组成,它们之间有不同界面。这种两相材料体系中,纤维与基体仍保留它们自己的物理及化学性能,然而,它们产生的组合性能已不再是纤维或基体单独的本构特性。层压板中,纤维主要传递载荷,基体起粘合作用且能承受少量载荷。

1.2　复合材料结构特点

1.2.1　一般特点

① 比强度及比刚度高。

表 1-1 给出正交铺层(cross-ply)纤维复合材料跟常规材料力学性能的比较。

表 1 - 1　正交铺层复合材料与常规材料力学性能比较

材　　料	纤维体积比/%	拉伸模量 $E/(GN/m^2)$	拉伸强度 $\sigma_b/(GN/m^2)$	密度 $\rho/(g/cm^3)$	比刚度 E/ρ	比强度 σ_b/ρ
中碳钢		210	0.45～0.83	7.8	26.9	0.058～0.106
2024 - T4		73	0.41	2.7	27	0.152
6061 - T6		69	0.26	2.7	25.5	0.096
E-玻璃/环氧	57	21.5	0.57	1.97	10.9	0.29
Kevlar49/环氧	60	40	0.65	1.40	29	0.46
碳/环氧	58	83	0.38	1.54	53.9	0.24
硼/环氧	60	106	0.38	2.00	53.0	0.19

② 具有优越的疲劳特性,但疲劳分散性大。

③ 传统的结构材料如钢与铝合金,材料力学性能几乎与方向无关,可作为均质各向同性材料处理,而复合材料具有强烈的各向异性,因此层压板力学性能可根据实际受力情况进行设计。

④ 传统的金属材料一般呈现屈服及塑性变形的特性,而复合材料层压板的拉伸(或压缩)应力-应变曲线直到破坏一般呈线弹性。但是,也有复合材料受载时树脂基体会产生微裂纹,因此有高的能量吸收率且刚度随着下降,这可以与屈服过程相对应。

⑤ 结构设计分析困难,破坏模式复杂,难以预测。

⑥ 热膨胀系数与热导率比金属低得多。

T300/双马复合材料单向板常温时热膨胀系数 $\alpha_1 = 0.28 \times 10^{-6}/K$; $\alpha_2 = 29.9 \times 10^{-6}/K$, 对于 $[45/-45/0/90]_s$(单层厚度 $\delta = 0.12\,mm$), $\alpha_x = \alpha_y = 2.5 \times 10^{-6}/K$。复合材料 $(\pm 45)_8$ 常温时热导率 $\lambda = 0.541\,W/(m \cdot K)$, 铝合金 2024 - T4: $\alpha \approx 23.22 \times 10^{-6}/K$, $\lambda = 123.58\,W/(m \cdot K)$。

⑦ 有较高内部阻尼特性,这导致较好的振动能量吸收率,减少噪声及振动向相邻构件传播。

⑧ 良好的抗腐蚀性能,这对飞机设计是另一个具有吸引力的优越性。然而基体有高的吸湿性能,随着温度增加更显得严重,这导致材料性能退化。

⑨ 横向剪切刚度低。

在金属板及壳的分析中,一般可以忽略横向剪切变形的影响,但复合材料板与壳分析特殊,一般应考虑横向剪切变形的影响。下面给出一种各向同性材料和一种典型复合材料各自的杨氏模量与横向剪切模量比值,说明复合材料应考虑横向剪切变形的影响。

各向同性材料　　　　　　　$2 \leqslant \dfrac{E}{G} = 2(1+\nu) \leqslant 3$

大多数复合材料　　　　　　$20 \leqslant \dfrac{E_{11}}{G_{13}} \leqslant 50$

因此,复合材料板与壳的横向剪切变形抗力是薄弱的。如果要考虑横向剪切的影响,在单向层压板应力-应变方程中要加入τ_{23},τ_{31}应力分量的影响。τ_{23},τ_{31}是单向层压板坐标系(1,2,3)中的横向剪应力分量。目前复合材料板壳分析中并未考虑横向剪切变形的影响,一般来说对于不厚的板壳是可以的。下面给出复合材料板稳定分析结果图线就可以定量说明此特性,如图1-2和图1-3所示。

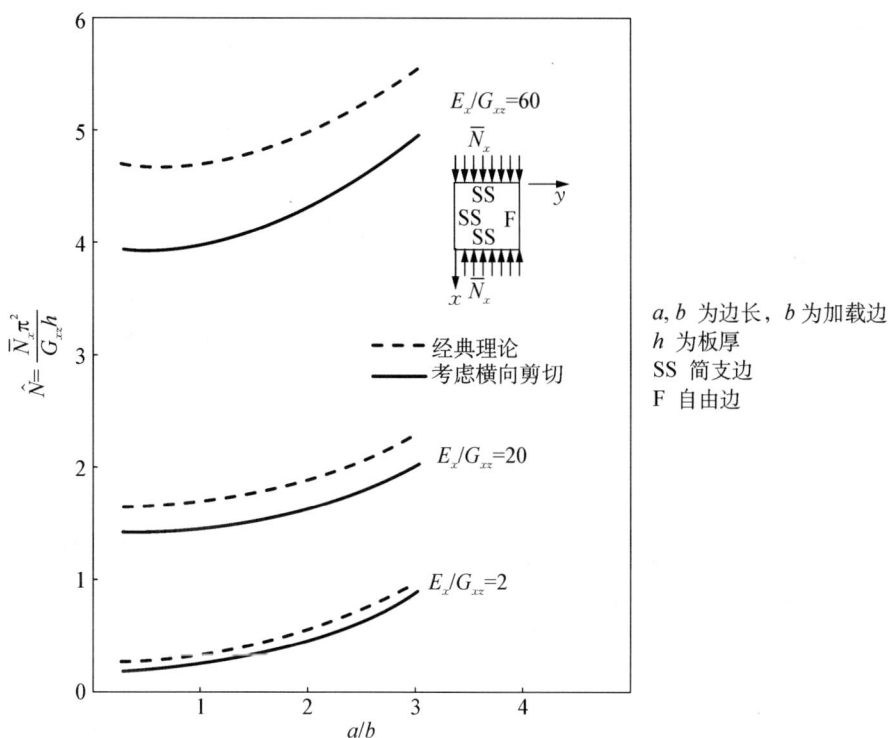

图1-2 屈曲载荷与a/b关系($h/a=1/10$)[1]

1.2.2 奇特性

复合材料层压板从结构设计及强度分析角度来看呈现出某些奇特性,这是值得注意的,这些奇特性如下所述。

1) 低速冲击损伤的严重性

纤维增强复合材料应用于飞机结构后发现了一个非常严重的问题,即在外物低速(<6~8 m/s)冲击下层压板外表面往往看不见损伤,而内部却出现严重的损伤,导致强度(特别是压缩强度)严重下降。这几乎成为复合材料应用于飞机主体结构的颠覆性严重问题。因此,低速冲击损伤成为结构设计及强度最重要的关键问题之一。几十年来围绕低速冲击问题进行了大量的试验及理论研究工作。到目前为止一般从下面四个方面进行工作:第一,材料研制工作,即研制出损伤阻抗大的韧性材料系统;第二,研究良好的损伤容限构型;第三,冲击损伤力学分析,这包含了大量的

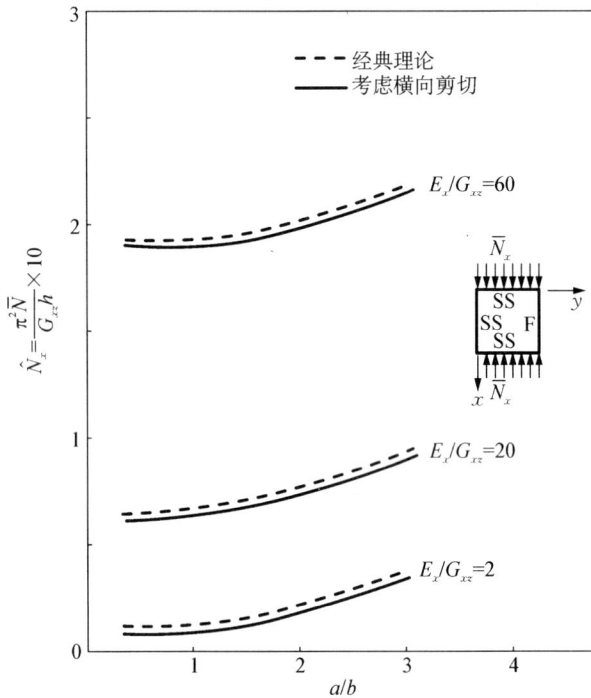

图 1-3 屈曲载荷与 a/b 关系 $(h/a=1/50)$[1]

试验及理论分析工作;第四,验证符合性方法设计思想研究,既要保证安全,又不能过分保守而丧失先进性。这是属于设计准则方面的研究。前三部分的研究工作直接影响第四方面的设计思想。

2) 泊松比

(1) 单向板(lamina)泊松比 ν_{LT},ν_{TL} 的意义

ν_{LT} 表示沿纤维方向 L 施加一变形 ε_L 引起垂直纤维 T 方向变形 ε_T,定义 $\nu_{LT} = -\varepsilon_T/\varepsilon_L$,$\nu_{TL}$ 定义类似,$\nu_{TL} = -\varepsilon_L/\varepsilon_T$,如图 1-4 所示。

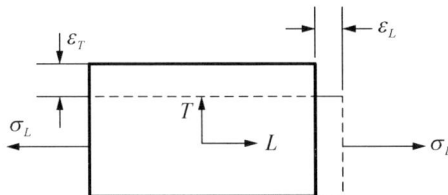

图 1-4 泊松比的意义

ν_{LT} 也称为主泊松比,很容易证明 ν_{LT} 与 ν_{TL} 有以下关系:

$$E_L \cdot \nu_{TL} = E_T \cdot \nu_{LT} \qquad (1-1)$$

其中:E_L,E_T 分别为单向板纵、横方向的弹性模量;ν_{LT}、ν_{TL} 为正实数。

（2）层压板泊松比可设计性

对于金属材料，泊松比 $\nu = 0.3 \sim 0.5$，在理想塑性时，泊松比 $\nu = 0.5$，是上界值。但是层压板的 ν_{xy}，ν_{yx} 跟铺层有关，不是定值。

$$\nu_{xy} = f_1(\theta_i, E_L, E_T, \nu_{LT}, G_{LT}) \tag{1-2}$$

$$\nu_{yx} = f_2(\theta_i, E_L, E_T, \nu_{LT}, G_{LT}) \tag{1-3}$$

表 1-2 给出某种国产材料几种铺层的泊松比 ν_{xy}，ν_{yx}。

表 1-2　几种铺层层压板泊松比

铺　层	ν_{xy}	ν_{yx}
$(45, 0, -45, 90)_s$	0.315 1	0.315 1
$(-15, 15)_s$	1.068 5	0.087 4
$(15, 23)_s$	1.296 9	0.131 6

　　有人已经计算得铺层层压板的 ν_{xy} 为负数，泊松比为负值就意味着当一个层板受拉伸时会横向变粗，这是一个不可思议的特性，如图 1-5 所示。

　　（3）层压板热膨胀系数 α_x，α_y 可设计性

　　由于单层纤维方向及垂直纤维方向热膨胀系数 α_L，α_T 很小，可以设计出膨胀系数为 0 的层压板，这是有重要意义的特性。

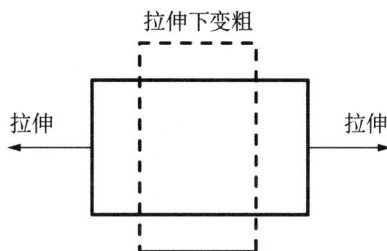

图 1-5　奇特的泊松比

1.3　复合材料层压板屈曲的奇特性

　　复合材料层压板稳定性与金属板相比，有很多有趣的特性。这些特性对于铺层设计是非常有价值的。有时单凭直观概念会导致错误的判断及计算。

1.3.1　平板稳定性与相关曲线简单概念

　　对各向同性平板，单独轴向及单独剪切作用下的弹性临界应力公式为

$$F_{cri} = \frac{k_i \pi^2 E}{12(1-\mu^2)}\left(\frac{h}{b}\right)^2 \quad i = c, s \tag{1-4}$$

　　$i = c$ 表示单轴压，　$F_{c, c} = \sigma_{cr}$，$k_i = k_c$

　　$i = s$ 表示剪切，　$F_{cr, s} = \tau_{cr}$，$k_i = k_s$，$k_c \neq k_s$

　　如图 1-6 所示，在 σ_x 与 τ_{xy} 同时作用时，什么组合会失稳？这就涉及相关方程（对应相关曲线），金属相关方程为

$$\left(\frac{\sigma_x}{\sigma_{cr}}\right)^n + \left(\frac{\tau_{xy}}{\tau_{cr}}\right)^m = 1 \tag{1-5}$$

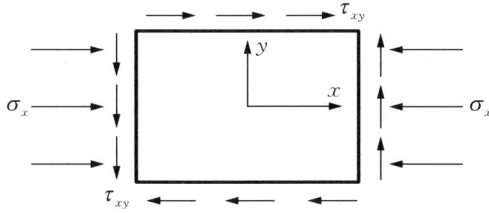

图 1-6 压剪联合作用

这仅是单轴压与剪切作用情况，n，m 一般通过实验确定，与式（1-5）相对应的，可画成如图 1-7 所示的相关曲线。图 1-7 是一典型四边简支金属板的压剪相关曲线。（图 1-7，图 1-8，图 1-9 中数据都是利用 MSC/NASTRAN 软件有限元计算的结果）

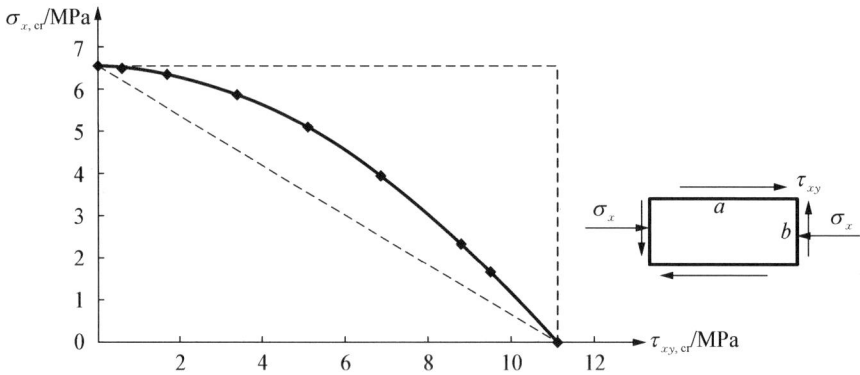

$a = 400\,\text{mm}$，$b = 200\,\text{mm}$；$E = 72\,000\,\text{MPa}$，$\nu = 0.3$，板厚 $h = 1\,\text{mm}$

图 1-7 金属板压剪相关曲线

复合材料层压板有类似的相关曲线，如图 1-8 及图 1-9 所示。

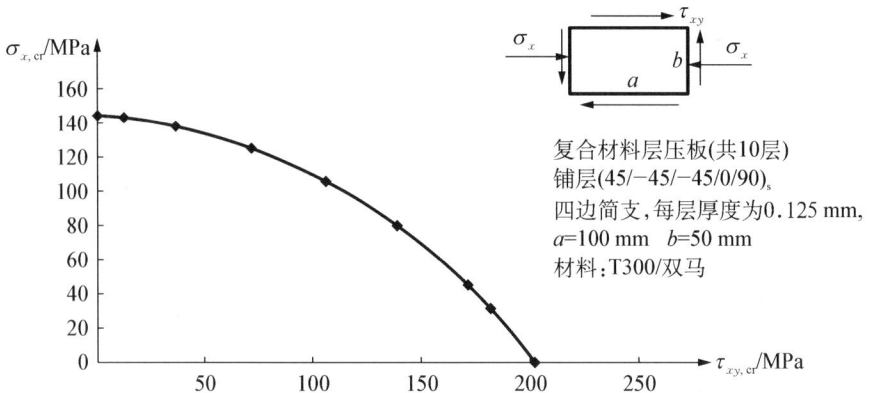

复合材料层压板（共10层）
铺层(45/−45/−45/0/90)ₛ
四边简支，每层厚度为0.125 mm，
a=100 mm b=50 mm
材料：T300/双马

图 1-8 复合材料层压板压剪相关曲线

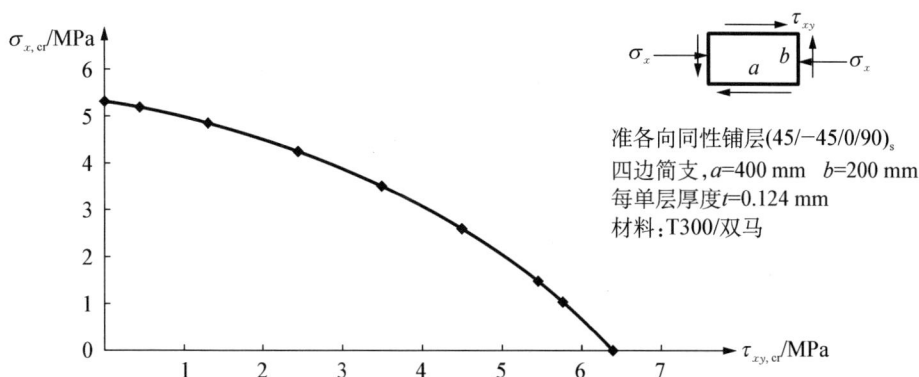

图 1-9　准各向同性层压板压剪复合相关曲线

1.3.2　复合材料层压板奇特的相关曲线

轴压与剪切稳定性相关曲线如图 1-10 所示。从设计上考虑,希望此相关曲线越向外凸越好。

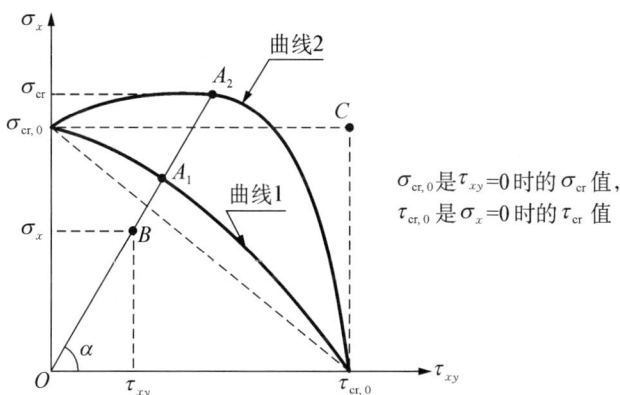

图 1-10　轴压与剪切相关曲线

显然,希望设计的结构能像曲线 2,此曲线一部分位于矩形($O—\sigma_{cr,0}—C—\tau_{cr,0}$)之外,金属材料(或常规铺层的层压板)不可能出现曲线 2,曲线 2 之所以比曲线 1 好,因为它的安全裕度大。

设平板上作用σ_x、τ_{xy},图 1-10 的 B 点所示为

$$\sigma_{xy} = \tan \alpha \cdot \tau_{xy} \tag{1-6}$$

曲线 1 及 2 的安全裕度量分别为

曲线 1:
$$MS_1 = \frac{OA_1}{OB} - 1 \tag{1-7}$$

曲线 2:
$$MS_2 = \frac{OA_2}{OB} - 1 \tag{1-8}$$

显然 $$MS_2 > MS_1$$

其中，MS_1，MS_2 分别为曲线 1 及曲线 2 的安全裕量。

通过优化设计可以设计出非常向外凸的曲线，如曲线 2，它的奇特性在于：当 $\sigma_{xy}/\tau_{xy} = \tan\alpha$ 时，联合载荷作用失稳发生时（对应 A_2）对应的 σ_{cr} 竟然大于单轴压临界应力 $\sigma_{cr,0}$。

图 1 - 11 是一种特殊铺层，用 MSC. NASTRAN 有限元计算得到的相关曲线。

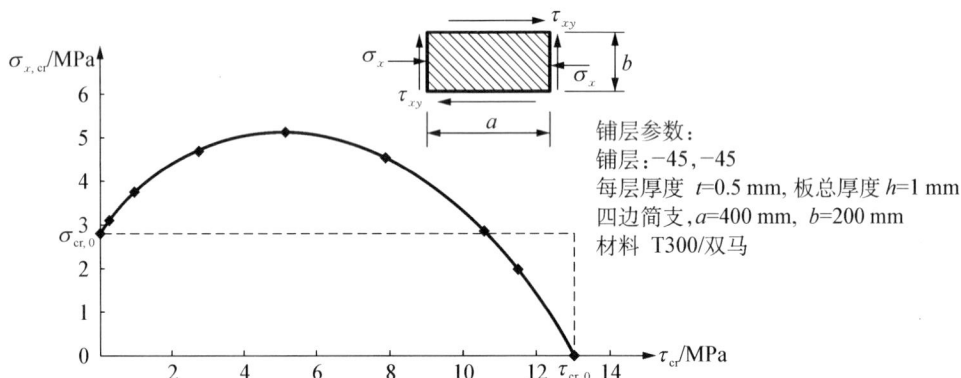

图 1 - 11 层压板压、剪相关曲线

1.3.3 几个特殊铺层层压板单轴压缩举例

如图 1 - 12 所示，$E_L = 135\,000\,\text{MPa}$，$E_t = 8\,800\,\text{MPa}$，$G_{LT} = 4\,470\,\text{MPa}$，$\nu_{LT} = 0.33$。

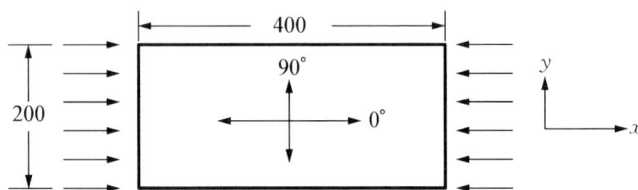

图 1 - 12 四边简支

四种铺层情况（共 8 层，每层 $\delta_i = 0.125\,\text{mm}$）：

(1) $(0, 0, 0, 0)_s$ $E_x = 135\,000\,\text{MPa}$

(2) $(0, 90, 90, 0)_s$ $E_x = 72\,295\,\text{MPa}$

(3) $(45, -45, -45, 45)_s$ $E_x = 15\,983\,\text{MPa}$

(4) $(90, 90, 90, 90)_s$ $E_x = 8\,800\,\text{MPa}$

四边简支情况计算结果：

(1) $\sigma_{cr} = 1.936\,6\,\text{MPa}$

(2) $\sigma_{cr} = 3.492\,6\,\text{MPa}$

(3) $\sigma_{\text{cr}} = 5.7810\,\text{MPa}$

(4) $\sigma_{\text{cr}} = 1.9246\,\text{MPa}$

E_x 大,对应的 σ_{cr} 并不大,这些结果似乎超出一般的直观认识。

1.4 与结构设计及强度相关的几个概念

1.4.1 对称铺层层压板

在层压板厚度方向存在一中性平面,各层无论材料性能或几何尺寸均关于此中面对称,如(45/30/−45/90/90/−45/30/45)简写为 $(45/30/−45/90)_\text{s}$;同样(45/30/−45/90/−45/30/45)简写为 $(45/30/−45/0.5×90)_\text{s}$。

对称层压板按"层压板理论"计算的刚度系数 $[B]$ 矩阵为 **0**。层压板最好要设计成对称铺层,否则制造时可能发生翘曲。

1.4.2 均衡铺层

均衡铺层的概念是指对板面内一个参考坐标轴而说的,例如说"我们制造出一块均衡铺层的层板"这种说法是错误的概念。如图 1-13 所示。

我们制造出一块板 $ABCD$,它对于 x 轴是均衡的,但对平面内任一坐标轴 x' 却是非均衡的,若对 x 轴是均衡的,那么用 xOy 轴坐标计算的 $[A]$ 矩阵中分量 A_{16},$A_{26} = 0$,但若对 $x'O'y'$ 坐标得的 $[A]$ 矩阵,则 A_{16},$A_{26} \neq 0$。

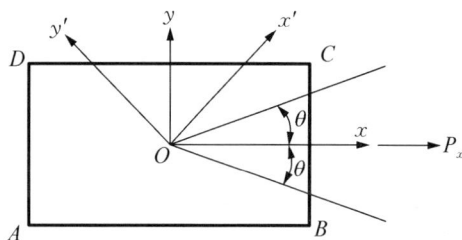

图 1-13 铺层的均衡特性

如图 1-13 所示,对 x 轴均衡的层压板在 x 方向加一拉力 P_x,此板不会产生面内剪切变形,这就是研究均衡铺层的意义所在。

1.4.3 准各向同性层压板

由于单层的铺层角度变化不受限制,通过采用许多小角度而等差布置各层的铺层,构成一种刚度在面内具有各向同性的层压板,因此,"对称层压板各层之间夹角等于 π/N,$N \geqslant 3$,在每个方向上层数相等的层压板为准各向同性层压板"。

准各向同性层压板面内刚度有如下各向同性关系:

$$E_x = E_y = E_\theta \tag{1-9}$$

式中:E_θ 表示任意角度 θ 方向的面内刚度,另外

$$G_{xy} = E_x/2(1 + \nu_{xy}) \tag{1-10}$$

最常见的准各向同性层板为 $N = 4$,称 $\pi/4$ 铺层。下列铺层为准各向同性层板的例子:

$$(45/0/-45/90)_s \qquad N=4$$
$$(0/+60/-60)_s \qquad N=3$$
$$(0, 30, 60, -30, -60, 90)_s \qquad N=6$$

关于准各向同性层压板,有一点必须记住,仅面内弹性性能是各向同性的,而强度性能一般将随方向而改变。

1.5　结构试验与理论分析

在涉及复合材料结构的试验及理论分析时,应一般性地了解下面几个问题,更多的详细情况见后面各章。

1) 结构试验在复合材料构型中的重要性

由于复合材料构型的复杂性以及破坏模式往往难于预测,因此结构试验显得格外重要。在金属结构中,产品(指飞机结构)合格性验收的依据是部件或全机的强度试验结果,而飞机复合材料结构,除了部件及全机的结构试验外,积木式验证中的构件强度试验也构成产品合格性验收的组成部分,因为复合材料结构,特别是复合材料/金属混合结构,仅做部件及全机强度试验往往不能完全满足考核要求。

2) 理论分析在复合材料结构设计及分析中的重要性

我们强调试验的重要性是否会导致这样的错误见解,即复合材料结构理论分析不重要或不那么重要,与此相反,理论分析在复合材料结构设计及分析中极为重要,这是由于下面几点原因:

① 复合材料制件极为昂贵,如果一切都要通过试验才能相信,那么设计经费难以承受,因此,必须以理论分析指导设计以及指导试验,尽量减少试验工作量,当然,这些理论分析要经过试验证实才可用。

② 复合材料的分析结果与一般的直观概念(直觉)有时有很大的差距,如上面图 1-10 中的相关曲线用金属设计经验无法理解,又如 1.3.3 节中图 1-12 所示的 4 种铺层,一般直观认为第一种铺层临界应力最大,其实这种直观概念会带来明显的错误。因此,对于理论分析指导设计或者对复合材料结构进行优化设计是十分重要的。

3) 理论分析在设计实践中的可用性评价

这是一个非常复杂而很难说清楚的问题,但是结合设计实践中的经验提出一些看法,对于将要从事飞机结构实践的学生及年轻工程师的努力方向可能有所启发。

① 一般在飞机常用的复合材料层压板(薄的及低中等厚度)采用"层压板理论"进行结构分析(包括应力分析及稳定性分析)的结果是可用的,预测的应力结果及位移结果跟试验结果比较接近;

② 基于"层压板理论"计算层压板的弹性性能,其结果是可用的,且精度可接受,但强度性能分析的精度较低;

③ 复合材料层压板破坏判据(强度理论)计算结果与试验结果差别较大,目前,

几乎所有理论都存在此问题。但是,这些理论对指导设计及层压板强度评估意义是重大的,例如蔡-吴理论在设计中发挥了巨大的作用;

④ 对于冲击损伤分析及强度分析,纯理论分析与试验结果差别较大,实际设计中理论分析一般不作为定量分析的依据;

⑤ 层压板的损伤扩展分析及寿命分析基本不能用,所以复合材料结构疲劳验证是基于大量试验基础上的数据统计结果对疲劳寿命进行评估的。

4) 基于试验基础上的数据拟合及工程分析

这已不是严格意义上的理论分析,但是,这已是设计中,尤其是复合材料设计验证中普遍采用的分析方法。对于那些纯理论很难解决的课题,往往根据试验给出拟合函数的公式,以下给出拟合函数

$$y = f(C_1, C_2, C_3, \cdots, C_n) \qquad (1-11)$$

其中:$C_1, C_2, C_3, \cdots, C_n$ 为设计(或分析)变量;y 为所要求的量;f 为拟合函数。

优越的(或高水平)的数据拟合表现在两方面:

① 设计变量 C_i 越多(即 n 大)越好,指导设计或分析的范围越广;

② 普遍性及推广性。

当应用式(1-11)的拟合函数去计算试验中未涉及的情况(如试验中未用到的材料、铺层……),其结果跟试验结果较接近,如图 1-14 所示。

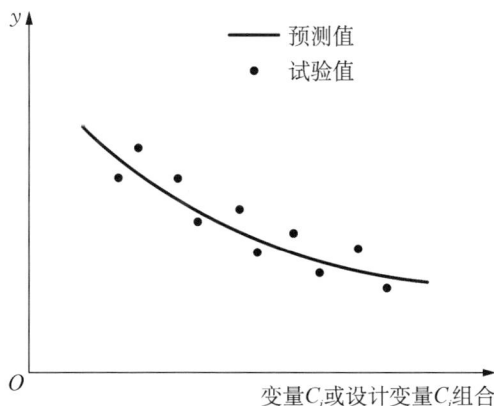

图 1-14 拟合曲线

值得注意的是,如图 1-15 的情况,即试验结果全部落在预测曲线上是不可能出现的。如果这种情况出现,说明它是用拟合函数去计算已经用来拟合此函数的试验结果。

此外,建立在试验基础上的工程分析方法也是设计中常用的。最出色的便是机械连接中的 Hart-Smith 方法[3](见第 6 章)。

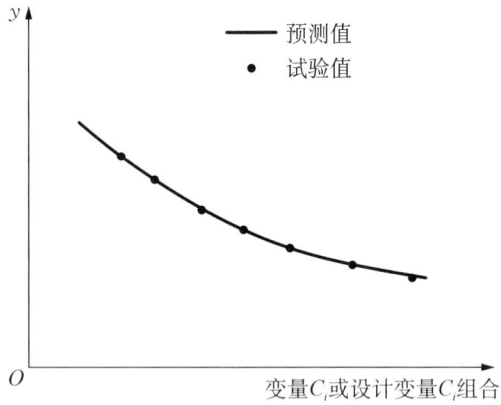

图 1 - 15   拟合曲线

参考文献

[1]   Vinson J and Chou Tsu-Wei. Composite Materials and Their Use in Structures Applied [M]. Science Publishers Ltd London，1975.

[2]   MIL-HDBK - 17 - 3F [M]. Volume 3 of 5，17 June 2002.

[3]   Hart-Smith L J. Design Methodology for Bonded-Bolted Composite Joint(USAF Contract) [J]. AFWAL-TR - 81 - 3154，Vol. I. February 1982.

2　飞机复合材料结构设计
要求及设计准则

2.1　基本原则

① 复合材料结构设计是沿用以往金属结构设计的一系列规定。因此,飞机复合材料结构完整性要求满足飞机结构完整性大纲要求(如军用飞机有关标准,民用飞机的 CCAR - 25)的条款,此外还应满足飞机复合材料结构设计、分析、制造、使用和维修等的特殊性,这些都应给予充分的注意,以保证复合材料结构的使用安全。

② 我国缺乏复合材料结构设计及长期使用经验,加上问题本身的复杂性,因此,复合材料设计以及保证结构完整性的一系列举措,应遵守以下几条:

a. 应遵守特定飞机所指定的一系列标准、指南、分析方法(如飞机的"强度设计原则及附件"等)。这些文件主要是根据国内外经验,结合特定飞机的具体情况制订的。

b. 分析与试验并重。重要的受力部位及构件,新的结构和工艺方法,要通过元件、构件及部分 1∶1 的结构试验证实,并且通过理论分析,以保证结构使用安全。

c. 对于重要的复合材料结构部件在发生产图前,要进行带验收性质的 1∶1 结构研制试验,以检查设计、制造工艺、强度等的可行性。

③ 飞机复合材料部件强度分析时起码要求包括三方面的分析:

a. 保守的应变限制分析;

b. 无损结构承载能力分析(破坏分析);

c. 破损安全分析。

④ 飞机复合材料结构合格性验证有自己的特点及规律。为保证结构完整性,应按这些规律进行。

2.2　外载荷的规定

下面说明与设计准则有关的载荷定义。

1) 设计限制载荷(DLL)

DLL 为飞机在使用过程中可能出现的最大载荷。我们知道,飞机在飞行过程中真正多次出现的载荷都小于 DLL, DLL 是使用的上限。这类载荷用于疲劳耐久性及损伤容限设计中。

经过概率理论及数理统计研究认为:对于军用飞机出现 DLL 的概率为 $10^{-5}/\text{fh}$①,这是合理的。这意味着 DLL 是 10^5 fh 出现一次的载荷。如果一个军用飞机寿命指标为 5 000 fh,则在 20 倍使用寿命中仅能出现一次 DLL。这是出于可靠性的考虑。

2) 设计极限载荷(DUL)

DUL 定义为 $DUL = DLL \times$ 安全系数 $f(f = 1.5)$。

DUL 为用于静强度设计的载荷。同样根据概率及数理统计研究认为 DUL 出现的概率为 $10^{-9}/\text{fh}$。从数值分析来看,10^{-9} 可以认为接近 0,因此,从风险分析来看,DUL 是使用过程中任何时刻都不可能出现的载荷,要求静强度满足 DUL 是出于可靠性的考虑。

3) 安全返航载荷(GHL)

认为 $GHL = 0.7 \times DLL$,这仍然是根据概率统计观点提出来的,在载荷谱中最大的载荷峰值出现概率最大可能是在限制载荷的 70%,因此,此规定是基本合理的。在飞机飞行中出现离散源引起的最大损伤(也包括战伤),空勤人员可明显感觉到,这时仅要求飞机能安全返航。

2.3 设计准则具体要求

飞机复合材料强度及设计准则在特定的飞机设计具体开展之前都要编制包括静强度、动强度、颤振设计、疲劳、损伤容限和耐久性等设计准则的各项要求。这里只介绍与复合材料结构有关的强度设计准则。

1) 载荷要求

基本同于金属,DUL 用于静强度设计;DLL 用于损伤容限及疲劳设计。

2) 材料选择及许用值要求

① 材料选择对于飞机主结构的成功设计是非常重要的。由于复合材料基体(树脂)的原因,湿、热影响的严重性引起基体性能退化,但不应降到材料使用极限(对于胶接结构的胶也应特别注意其使用极限)。因此,飞机的湿、热包线和材料极限(包括胶接中的胶)应有足够的安全余量,如图 2-1 所示。

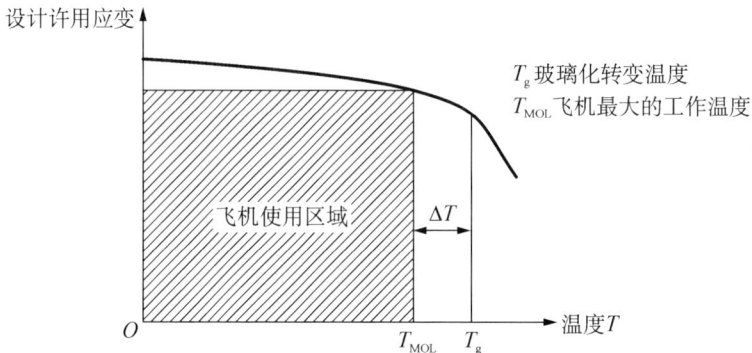

图 2-1 材料选择准则

---

① fh——flight hour,飞行小时。

一般取 $\Delta T = 50℃$，ΔT 越大越安全。

② 材料供应商应按有关标准提供设计者使用的材料数据。它应符合材料及工艺规范的要求。

③ 材料的许用值由标准试验方法提供的数据经统计处理确定，一般采用 B 基准（对关键件一般用 A 基准）。

3）环境条件

考虑材料湿热条件时，湿度取 $1.0\% \sim 1.3\%$，温度从 $-55℃$ 到 T_{MOL}。

4）静强度要求

在 DUL 下结构无破坏，因为冲击损伤的隐蔽性，规定含目视勉强可见冲击损伤（$BVID$）时结构应能承受 DUL，同时要求在 DLL 下结构无有害的变形。两者均应考虑湿热环境条件的影响。

5）疲劳

复合材料有优越的疲劳性能，但分散性大，对验收试验的具体要求不同于金属，金属验收试验要求是具有 4 倍的设计寿命，复合材料结构要求有所不同（见后面第 8 章）。

6）破损安全

结构尽可能具有多条传力路线，一般要求进行附加的破损安全分析。其使用的载荷一般采用 $GHL \sim DLL$ 之间。

损伤容限设计要求对飞机复合材料结构是关键性的，具体要求见 2.4 节。

2.4 损伤容限要求的有关条款

2.4.1 涉及的军用和民用航空要求

1）冲击损伤的两个门槛值

以冲击物对复合材料层压板结构产生凹坑深度（2.5 mm）为目视可检门槛值定义，以冲击能量 136 J 为最大能量截止值。即用 25 mm（或 16 mm）直径的钢球以 136 J 能量，或以产生 2.5 mm 的凹坑所需能量取两者较小者作为冲击损伤门槛值。这就是通常所说的 $BVID$ 及能量截止值 136 J。

对 $BVID$ 损伤，或很厚的板不容易产生冲击凹坑时，取截止能量为 136 J 冲击时，复合材料结构应能承受 DUL。

2）损伤无扩展的设计理念

由于使用常规检测方法难于发现损伤及其扩展，以及损伤扩展的突发性，为安全设计，采用"损伤无扩展"原则确定设计许用值。

3）对带有损伤的复合材料飞机结构，目前的航空要求为：

① 带有在制造和使用中检测时未检出的可能损伤或缺陷的结构，必须能承受 DUL，并不得削弱飞机在其寿命期（放大适合的系数）内的使用。

② 带有在维护检测时可检出损伤的结构，必须能承受 1 倍寿命出现 1 次的最大载荷，并要求在施加了 1 倍检查间隔中出现的重复载荷后再施加该载荷。

③ 所有使强度降到低于 DUL 的损伤,一旦发现必须立即修理。

④ 受到飞行中机组能明显可检的离散源损伤的结构,必须能承受安全返航载荷(GHL)。

⑤ 任何修理过的损伤都必须能承受 DUL 载荷。

4) 关于对离散源损伤的规定

① AC 25.571 - 1A 规定:"事故发生后,在规定速度下,70%限制飞行机动载荷和 40%限制突风速度(垂直或侧向),分别与相应的最大座舱压差(包括预期的外部气动压力)相叠加"。

② 离散源。下列任一原因很可能是造成结构损伤的离散源:

a. 质量为 1.8kg 的鸟撞击;

b. 风扇叶片的非包容性撞击;

c. 发动机的非包容性破坏;

d. 高能旋转机械的非包容性破坏。

2.4.2　损伤容限要求及符合性机理

空客用图 2 - 2 表示损伤容限要求及符合性方法[3]。此图既表明了不同板厚时,冲击能量及损伤尺寸的关系,也表明损伤容限的符合性方法及要求。

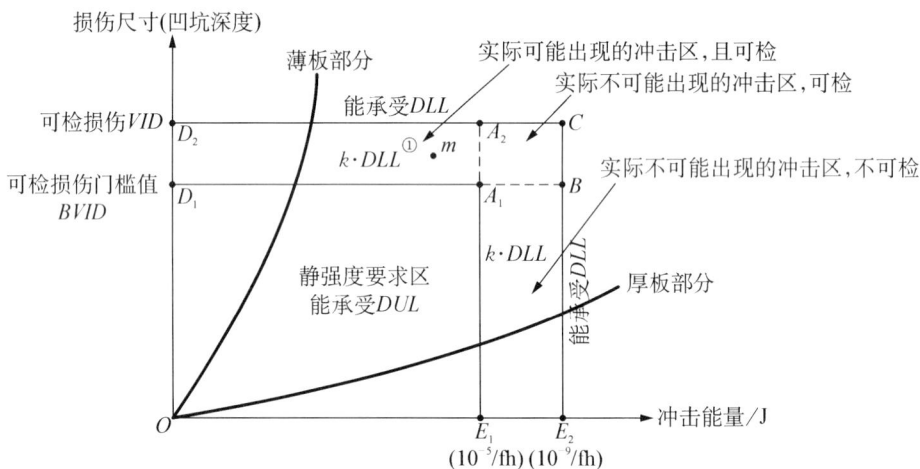

图 2 - 2　损伤容限符合性要求图①

图中符号说明如下:

VID 为能检测到的可见损伤;$BVID$ 为目视勉强可见冲击损伤,即上节中的损伤尺寸可检门槛值;E_1 是对应实际可能出现的冲击能量截止值,对应于 10^{-5}/fh 的冲击能量出现的概率;E_2 为极不可能出现的冲击能量,对应冲击能量出现的概率是 10^{-9}/fh。

根据此图要说明以下几个问题:

---

① $k \cdot DLL$ 表示 k 倍 DLL 载荷,简写为 $kDLL$。

① 区域 $OD_1A_1E_1$，此区域是静强度要求区，结构必须能承受 DUL 载荷，此区域是实际可能出现冲击区，但损伤不可检，这时能量截止值为 E_1，对应概率为 $10^{-5}/fh$。

② 除 $OD_1A_1E_1$ 外的其他区域是损伤容限要求的区域，结构必须能承受 $kDLL$ 载荷($1.0 \leqslant k \leqslant 1.5$)

a. $D_1D_2A_2A_1$ 区：实际可能出现冲击能的区域，并且损伤可检；

b. A_1A_2CB 区：极不可能出现冲击的区域，但损伤可检；

c. $E_1A_1BE_2$ 区：极不可能出现冲击区，且损伤不可检，这部分是对应厚板的情况。

③ 2.4.1 节 1)中所指的能量截止值(136J)，是对应 E_1 而不是 E_2 点，这要特别注意，而 E_2 冲击能出现而引起的损伤，仅要求能承受 DLL 载荷。

④ 一个很关键问题是，对实际可能出现的能量截止值 E_1，它出现的概率为什么是 $10^{-5}/fh$？

实际上这已不是一个理论问题，而是通过大量调查数据分析得到的。我们知道，冲击威胁大小跟结构部位有关，暂且认为此概率 P 不变，但可通过调节可变参数 x，也可达到给出各部位不同的 E_1 值，假定它与调节的统一数据接近，表示为

$$P(E_1) = P_1(E_1, x) \tag{2-1}$$

关于冲击能量概率分布问题，后面将详细论述。

⑤ 符合性方法说明

这里不打算叙述符合性方法，图 2-2 基本上可用以说明，确定性和概率或半概率符合性方法的概念。图中包括了静强度和损伤容限的验证区域，是以损伤尺寸大小和能量大小划分的。

2.4.3　关于符合性的基本概念

1) 基本概念

(1) 结构完整性

① 定义：关系到飞机安全使用、使用费用和功能的机体结构强度、刚度、损伤容限及耐久性(或安全寿命)等飞机所要求的结构特性总称。

② 结构完整性条例：由政府(或军方参与)制订满足结构完整性要求的规范性或准规范性文件，其中包括各种设计准则。

(2) 符合性(compliance)

定义：满足结构完整性条例(规范)要求或遵守这些条例(规范)的一致性特性。

为了满足结构完整性要求，一般要派生出一些条款或规则，可以认为，符合性条例是属结构完整性条例的范畴，虽不一定要列在结构完整性的规范条例中，但它与这些规范是一致的。

(3) 符合性方法(methods of compliance)

定义：满足结构完整性要求的结构验证(certification 或 proof)方法。它包括试验及分析。

2) 损伤容限符合性方法

一般分为确定性方法及概率方法:国外部分地采用了概率或半概率方法,而我们对概率方法还未进行实质性的研究。

(1) 确定性验证方法

确定性验证方法是相对于概率方法而言,它不是建立在概率及数理统计理论上的可靠度分析方法,这是目前飞机结构设计中所采用的结构验证方法。具体方法见第 3 章。

(2) 概率或半概率方法

仅举图 2.2 中 $D_1 D_2 A_2 A_1$ 区 m 点说明,损伤本来是可以检测到的,但漏检了。概率方法的基础,是要证明检测计划及保证下列组合是可接受的:即载荷具有"$kDLL$"水平,同时存在的漏检意外冲击损伤使结构强度降到"$kDLL$"水平,对于结构出现灾难性破坏的情况,这一组合的概率必须足够小(概率小于 10^{-9}/fh),即

$$P_{\text{L}(kDLL)} P_{\text{D}(kDLL)} \leqslant 10^{-9} \tag{2-2}$$

其中:$P_{\text{L}(kDLL)}$ 为 $kDLL$ 水平载荷出现的概率;$P_{\text{D}(kDLL)}$ 表示存在漏检的冲击损伤(如 m 点)使结构强度降到 $kDLL$ 水平的概率。$P_{\text{L}(kDLL)}$ 和 $P_{\text{D}(kDLL)}$ 如何确定? 这涉及结构分析的丰富内容,具体方法见第 8 章。

不论确定性验证方法或概率方法,都必须通过试验或理论分析(有试验结果支持)来建立如图 2-3 所示的剩余强度与损伤尺寸关系;确定损伤检测方法和最小损伤尺寸;确定承载能力降到设计极限载荷和设计限制载荷的损伤尺寸。

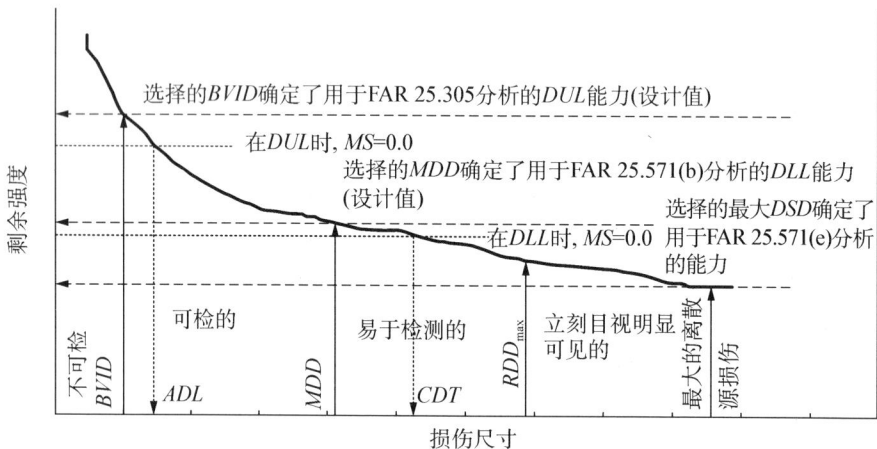

BVID:目视勉强可见冲击损伤　　　　DLL:设计限制载荷
DUL:设计极限载荷　　　　　　　　DSD:离散源损伤
MDD:最大设计损伤　　　　　　　　RDD:易于检测的损伤
ADL:许用损伤限制　　　　　　　　MS:安全裕度
CDT:临界损伤门槛值

图 2-3　剩余强度要求与损伤尺寸关系[2]

参考文献

〔1〕 Backman B F. Composite Structres，Design，Safety and Innovation〔M〕. Elsevier LTD，2005.

〔2〕 MIL-HDBK-17-3F〔M〕. Volume 3 of 5，17 June，2002.

〔3〕 FAA. Workshop for Composite Damage Tolerance and Maintenance〔R〕. July 19 - 21,2006.

3 飞机复合材料结构验证方法介绍

飞机复合材料结构验证是通过试验和理论分析来证明所设计的结构符合结构完整性要求。本章仅简要说明复合材料结构验证方法的基本做法,具体的试验及分析方法不是本章的内容。

3.1 飞机复合材料结构强度验证的概念

3.1.1 问题的提出

金属飞机结构的合格性是通过部件及全机的静力、疲劳/耐久性及损伤容限等一整套保证结构完整性的验证方法实现的。

复合材料结构继承和参照金属结构强度验证方法,但是由于复合材料本身具有许多不同于金属结构的特点,不能照搬金属结构方法,两者存在很大区别。

① 复合材料受环境因素影响严重。

② 材料性能分散性大,复合材料强度分散性比金属大 1~2 倍,尤其是复合材料胶接与共固化胶接更是如此。

③ 复合材料及复合材料共固化的破坏强度有更大的变异性,导致 B 基准设计许用值跟均值之比低于金属,见表 3-1;表中,α 为 Weibull 分布中的形状参数,α 越小,分散性越大,CV(%) 为变异性系数。

表 3-1 复合材料与金属强度变异性

材　料	静强度变异性		设计许用值与平均值之比
	α	CV/%	
铝合金	35	3.5	0.95
复合材料层压板	20	6.5	0.89
复合材料胶接/共固化	12	10.0	0.84

④ 复合材料受冲击后,表面可能看不见但内部损伤可能很严重,受压强度可能下降60%之大。

⑤ 破坏模式复杂,难于预测。

由于上述原因,很可能出现这样的问题:全机或部件通过100%的设计极限载荷的静力试验并不能完全证明此复合材料飞机结构静强度合格。这些情况发生的原因是多方面的：一是材料分散性，二是大的复合材料部件静力试验难于考虑湿、热影响，导致破坏模式复杂。因此，从 20 世纪 70 年代以来，就提出飞机复合材料结构合格性验证问题，英文为"Certification Methodology for Composite Aircraft Structures"。

飞机复合材料结构合格性验证的概念可以这样概括：**复合材料飞机结构，尤其是复合材料与金属混合结构的合格性不能或不完全能够像金属飞机结构那样通过全尺寸结构的强度试验来评价产品（是飞机结构而不是飞机）的合格性，而是通过一套由分析过程支持，通过积木式验证研制试验及全尺寸强度试验证实的保证结构合格的过程。**

几乎所有介绍合格性验证（certification methodology）的文献中，只介绍与金属不同的部分。

3.1.2　复合材料与金属结构强度验证主要差别

① 低速冲击损伤严重性的验证考虑。低速冲击损伤对复合材料结构是致命问题，因此，构成了设计及强度验证的重要内容。

② 飞机上所用复合材料绝大部分是树脂基复合材料，吸湿量随时间增加，湿热使强度下降。刚出厂的飞机强度跟放置（或使用）多年后的强度有差别。因此，100%设计极限载荷静力试验是不够的。而全尺寸湿热环境的强度试验费用高，不提倡这样做，必须通过积木式研究性试验证实。

③ 关于损伤容限设计要求及验证方法中的某些差别以民用飞机（民机）为例，满足联邦航空细则 FAR 25.571 破损安全要求最典型的论证方法，是通过两个格子的金属板屏裂纹通过加筋扩展分割其两个格子这样的结构分析与试验达到。对复合材料，目前一般做法是：根据实际结构形式，简化出 1∶1 的验证盒段，它真实反映了所要验证的结构细节及主要的承载构型，主要对承压壁板冲击出适当大小的多处冲击损伤，此损伤不大于所选用检测方法建立的可检门槛值，在当量的设计载荷作用下不致破坏。

实际上对于验证的盒段结构试验过程，考虑到试件造价昂贵，加上强度有较大的余量，一般将静力、损伤容限/耐久性在一个试验件上进行，只要合理安排是可以做到的。

④ 目前，飞机复合材料结构设计中，最重要的设计许用值是根据冲击损伤设计要求确定的。

3.2　飞机复合材料结构强度验证要点

验证方法要点见图 3-1 所示。

详细的验证方法将在后面的章节中介绍，本节仅做简单的概括性说明。

谈到飞机复合材料结构强度验证时有两点是特别要注意的：第一，静强度、耐久性与损伤容限设计许用值往往为实际结构设计强度工程师所混淆，这是因为实际结

复合材料飞机结构验证

| 静强度 | 耐久性 | 损伤容限 |

静强度
- 设计许用值
- 设计研究试验
  （积木式方法）
- 全尺寸试验
- 分析

耐久性
- 疲劳许用值
- 设计研究试验（积木
  式方法）
  ——寿命因子法
  ——载荷因子法
  ——最大强度法
- 全尺寸试验
- 分析

损伤容限
- 鉴别损伤容限关键件
- 建立载荷要求/设计准则
- 定义损伤细节
  ——冲击裂痕损伤
  ——分层
  ——装配/制造缺陷
  ——脱胶
- 分析
- 试验证实
- 检测

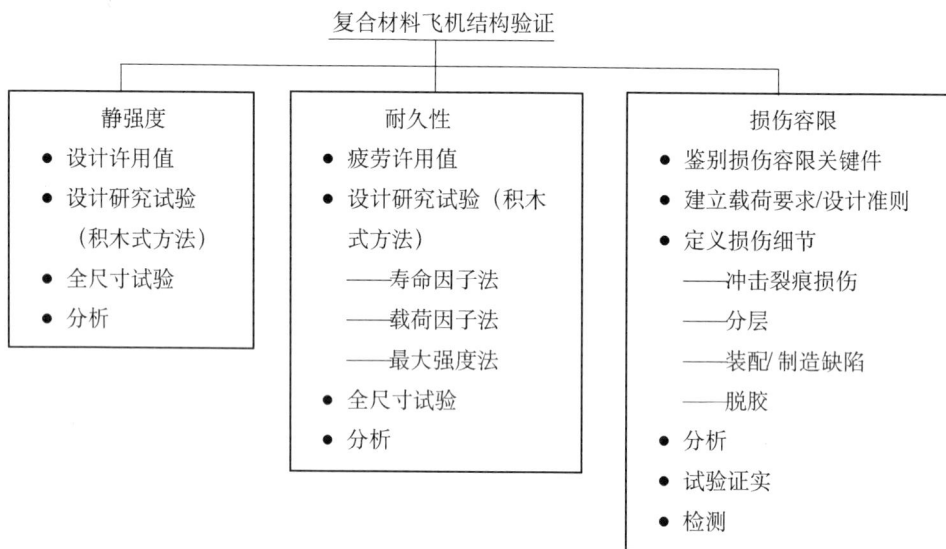

图 3-1　飞机复合材料结构验证要点

构的强度分析中,是通过对无损结构进行结构应力分析求出结构的应变值,通过对这些应变值的限制来达到满足耐久性及损伤容限要求,而取这限制的应变值一般也能满足静强度要求。为什么还要进行静强度分析的理由后面解释。第二,从实际结构的强度分析中,满足某些静强度要求往往覆盖了耐久性及损伤容限分析。实际上我们常说的静力覆盖疲劳是有条件的,根据耐久性中的极限强度分析方法可知,当静力试验中的破坏载荷 $P=kDUL$ 时,k 满足一定条件时,可以不进行结构疲劳试验。k 跟实际结构、材料、不同部件疲劳载荷谱的构型及载荷谱严重程度等很多因素有关,见后面第 8.7.3.3 节。

3.2.1　静强度验证

静强度验证见图 3-1,具体内容见第 5,6,7 章。

3.2.2　耐久性验证

耐久性验证见图 3-1,具体内容见第 8 章

3.2.3　损伤容限验证

1) 确定损伤容限关键件

在 AC25.571-1A 中有指导性建议。在复合材料结构中,损伤威胁的敏感性取决于构件的主要功能及损伤类型。例如,冲击损伤或蒙皮与筋条脱胶(指胶接结构)对压缩加载是严重的威胁,但对于受拉部位却不是。另一方面,裂纹类型(或纤维断裂)损伤明显降低受拉强度,但对受压却不是严重情况。因此,除常规的结构分类外,对于复合材料来说,关键的损伤容限构件要根据它的主要受载形式来鉴别。损伤细节和加载要求可以根据结构分类来确定。

2) 建立载荷要求/设计准则(见第 2 章)

3) 损伤细节定义及验证

(1) 制造/装配中所引起的损伤(这里把缺陷归为损伤)

a. 紧固孔的损伤,它是钻孔不当引起的。

b. 层间分层,它跟冲击引起的分层损伤相比,强度降并不严重,但对直径大于或等于 2.0 in(1 in=2.54 cm)的分层要进行分析。

c. 蜂窝夹层结构二次固化后,经常出现面板分层及板芯界面缺陷,而板单独固化时无损检测结果未发现分层,蜂窝芯二次固化胶接后面板出现分层,这是值得研究的工艺现象。

d. 蒙皮/筋条(梁突缘)脱胶。

目前的研究结果表明,对于典型的翼面结构来说,筋条与蒙皮脱开是目前所有损伤中最严重的。而胶接或是共固化结构常常会在制造及使用过程中脱胶扩展。

(2) 使用中的损伤

常见或最重要的损伤是:

a. 外物冲击(包括工具掉落、跑道碎石、冰雹……);

b. 地面车辆、设备等撞击;

c. 发动机叶片撞击;

d. 战伤或雷击。

国外对复合材料飞机结构使用中的损伤源进行研究并根据结构维修记录,对各类损伤的多寡作统计分析,汇总在表 3-2 中。

表 3-2　复合材料结构使用中的损伤分布

损伤类型	出现频数	百分比/%
冲击所涉及的	95	55.9
脱胶分离及分层	30	17.6
装卸及使用中涉及的	21	12.4
雷电、火所涉及的	15	8.8
修理、生产及环境	9	5.3
总和	170	100

(3) 损伤验证

详情见第 8 章。

3.3　飞机复合材料结构强度分析的主要内容

从理论上来说,强度分析包括静强度、损伤容限、耐久性(疲劳)等强度分析。实际上,由于损伤容限及耐久性分析对复合材料来说过分复杂,将在第 8 章中做详细论述。这里介绍在实际的飞机结构设计中要进行哪些强度分析工作（指理论计算，不包括试验工作）。

3.3.1　铺层优化设计

铺层优化设计是跟结构布局的总体优化一起进行的，根据主要的受载情况，在对结构所采用复合材料部分，视软件水平和容量，选用适当的设计变量进行铺层优化。这是在结构打样阶段的初步优化设计，本文对此不做论述。这里介绍的强度分析是指发生产图阶段的强度分析。

3.3.2　强度分析内容

飞机复合材料结构强度分析一般包括 5 大内容：

1）无损伤结构的应变（应力）分析及应变限制下的安全余量计算

应注意的是，应变限制分析所用载荷理论上应是设计限制载荷（DLL），但因为目前一般总体应力分析中采用线弹性假设，故用极限载荷计算的结果与 1.5 倍限制应变进行比较。

2）结构承载能力分析（或称结构破坏分析）

采用设计极限载荷（DUL）进行强度分析，确定结构的实际承载能力。这项分析内容最为丰富（如应力分析、局部强度分析、连接分析、稳定分析等）。

3）破损安全分析

对于大的损伤（如战伤及严重鸟撞）以及使用中可能出现的损伤进行近似模拟，用 DLL 载荷进行总体应力分析及承载能力分析。

4）对局部地区进行冲击损伤后的剩余强度分析

5）实际需求分析

（1）在试验基础上的超差可用性分析

目前基本上引用基于试验的有关技术文件数据，实际已证明这远不够。这项分析问题的实质是损伤结构的剩余强度分析，一般来说是非常困难的。

（2）生产中及使用中的快速反应分析

这项强度分析方法在生产使用中用得很广。例如，特别是在装配中出现了损伤问题，必须快速回答是否可用。报废则造成严重经济损失。又如，出现战伤，是否可继续投入战斗等问题。

（3）工艺性影响分析

这项分析往往涉及热影响分析。

（4）其他方面（例如修补技术分析等）

这些实际需求分析涉及的知识面相当广，实际上非常需要这些分析工作及其可用的成果。其难度极大，但是我们认为这是有实际意义的重要研究领域。

下面各节简要说明这几项强度分析内容。

3.3.3　应变分析及限制应变

这项分析涉及复合材料飞机结构设计思想问题。我们知道，飞机复合材料结构主要的危险是外来物冲击损伤对结构强度带来的危害。要严格计算外来物冲击损伤以及剩余强度是十分困难的。首先,外来物的冲击能量大小、分布、概率的确定就很复杂,其次,即使冲击源的大小、分布确定后,对复杂的复合材料结构损伤尺寸分析及剩余强度分析也是困难的。因此,复合材料飞机结构设计及强度分析专家提出一个暂时的解决办法,即限制使用应变的保守方法。

这种限制应变方法将复杂的损伤力学问题通过静力强度来解决。在各种可能的冲击能量大小作用下,对小的标准试件及小构件进行试验,并进行损伤件的疲劳试验,根据损伤无扩展条件确定许用的应变即限制应变值。

我国目前飞机设计中的应变分析及应变限制是这样处理的:假设无损结构在设计极限载荷(DUL)作用下,对结构进行线性应力分析(应变分析),将层压板的应变控制在 1.5 倍许用应变之下。

我们知道,确定压缩应变许用值时,是用板平面内压缩加载试验而得到的,实际结构应变是很复杂的,它沿厚度方向的应变值是变化的,那么,是什么应变限制在许用值之下? 对此问题,目前尚无明确一致的看法,采用下面的做法可以认为是合理的:

① 对于一般中等厚度的板,实际板元素(非有限元意义上的元素)其主要受力方向(特别是受压方向)的平面应变ε_x, ε_y, γ_{xy}(同中面)跟限制应变进行比较,给出安全裕度(MS);

② 对于较厚的层压板,弯曲分量是主要的,即ε_{max}远大于ε_x(中面),这里分两种情况:

a. 沿板厚方向,压缩是主要的,保守的做法是将ε_{max}跟许用值比较;

b. 沿板厚方向,拉伸是主要的,不能将压应变跟许用值作比较;

③ 平均主应变ε_{max}, ε_{min}(同于中面)跟许用值进行比较。

必须指出,对于弯曲及平面载荷联合作用下的层压板,将其单层应变最大值(一般发生在上下表面)进行限制是过分保守的,从概念上也是不合适的,这方面仍需进行一定的试验研究。

由于应变限制的保守性,目前,基于可靠度的概率分析方法有大力发展的态势,我们在此方面研究尚未深入开展。

说明:一般在飞机设计中进行应变分析时,每个元素给出 17 个应变,给出这些值是为了对应变状况有清楚了解,这 17 个应变分别为:

上、下表面、中面:ε_x, ε_y, γ_{xy}(9 个);

平均应变:ε_x, ε_y, γ_{xy}(用于中面)(3 个);

平均主应变:ε_{max}, ε_{min}(2 个);

各元素单层应变:ε_L, ε_T, γ_{TL}(3 个)。

要特别指出,为安全起见,无论国内外,目前均以各元素单层应变与许用应变进

行比较。

3.3.4　结构承载能力分析

1) 引言

结构承载能力分析是验证结构是否能够承受设计极限载荷(DUL)以及在 DUL 载荷下结构安全裕度,一般称为静强度分析。

人们经常提出这样两个必须搞清楚的问题:

第一,既然上面的应变限制方法非常保守,满足了应变限制后,一般强度是足够的,那么再进行结构承载能力(破坏分析)是否必要? 可以明确地说明,虽然进行了应变分析及应变限制计算,结构承载能力分析仍是非常必要而不可取代的,原因如下:

① 结构并非一定存在严重缺陷及总会出现严重冲击损伤,因此,对结构实际承载能力分析评估就显得非常重要,了解实际结构承载能力及安全余量是处理生产及使用中出现的各种问题(如超差、制造缺陷、装配损伤及使用损伤)的依据。

② 无损结构承载能力分析(强度分析)是结构设计(确定尺寸)最重要最根本的依据。实际结构设计首先是按静强度分析确定结构尺寸,在初步确定尺寸(及材料)基础上进行其他分析(如耐久性等),据此对结构尺寸进行局部修改。

第二,结构承载能力分析中的许用值是无损结构(如完好的层压板)的实际强度的许用值,而不是限制值。例如波音手册上对许用值有此规定:

极限应变:　　　　　　　　$\varepsilon_b = 7\,800\,\mu\varepsilon$

限制应变:　　　　　　　　$\varepsilon_l = 2\,700\,\mu\varepsilon$

其中:ε_b 是在极限载荷(DUL)作用无损层压板的实际强度许用值,它用于结构的承载能力分析;而 ε_l 是限制载荷(DLL)考虑到损伤容限及耐久性要求的应变限制值,这就是 3.3.3 节所指的限制应变,这是两个不同的概念。

2) 结构总体强度校核

这是结构承载能力分析的一项重要内容,是在 MSC. NASTRAN 应力分析求结构元素的内力 $\{N_x, N_y, N_{xy}, M_x, M_y, M_{xy}\}$ 之后的失效分析,现在的许多失效准则仅给出各层破坏标注,没有给出明确的该单元是否破坏的结论,即无法给出各单元的安全余量 MS,我们在实际设计的强度分析中利用"层板效应"理论及"二次破坏"算法,编制的 PCMSS(后改为 SETRAN)软件进行失效分析,详细情况见第 5 章。

3) 稳定性分析

对复合材料构件的稳定校核建议采用 MSC. NASTRAN 有限元分析,而不建议采用各种手册给出的简单公式法。这是应力分析基础上对构件局部细分析的过程,在第 7 章中将介绍一种基于 MSC. NASTRAN 有限元法基础上的"局部二次稳定分析"的方法。

4) 连接强度分析(包括铆缝分析)

连接强度分析(包括铆缝分析)见第 6 章。

5）夹层结构强度分析

夹层结构强度分析见第 5 章。

3.3.5　破损安全分析

这里指的破损安全分析不同于以后要专门叙述的损伤容限剩余强度分析,而是总体性的破损安全分析。它是检查因为某些构件严重破损后,结构能不能有合理的传力路线,使总体上仍能承受 DLL 载荷而不致引起其他部位的连续破坏。如果因为某些构件或部位严重破坏进行应力分析及强度分析,而出现其他部位再破坏,这就必须对结构做更改。

破损安全分析一般步骤是:

① 对严重破损部位进行损伤模拟;

② 重新对该部位进行有限元网格划分;

③ 在 DLL 载荷作用下进行有限元应力分析;

④ 在应力分析基础上进行失效分析(过程及内容基本上与 3.3.4 节相同);

⑤ 冲击损伤剩余强度分析(见第 8 章)。

3.3.6　实际需求分析

这是一种非常具有实际意义的强度分析方法,但这部分内容过于复杂,也富有挑战性,目前尚未见到这方面有实用价值的分析报告,是一个尚需进一步研究的领域。

3.3.7　复合材料结构积木式方法

积木式方法已有大量文献论述,这里不再详细说明,这里只强调几点:

① 积木式方法是按复杂程度渐增的计划,同时是利用试验和分析进行结构验证的过程。

② 积木式方法并不是复合材料结构验证所独有,在用于复合材料结构以前就早已用于金属飞机结构的验证中。不过,由于复合材料结构对面外载荷的敏感性、失效模式的多样性、对工作环境敏感性以及成本昂贵,因此,积木式方法对复合材料结构验证更为重要。

③ 由于复合材料对固有缺陷的敏感性,也由于复合材料组成结构元件破坏模式的复杂性,往往不能用最低层次(即试样)的强度去预测较复杂结构的强度。因此,用适当形式的构件试验得出“当量强度”。当然这种概念也不是复合材料结构独有的,但对复合材料结构更为重要。

④ 复合材料研制积木式试验结果是结构合格性验收的一个组成部分。

⑤ 积木式试验中间层次试件选择及设计没有固定形式,好的试验计划及试件设计是既节约成本又能充分暴露潜在破坏的模式。这需要经验积累以及充分的计算分析来指导。

⑥ 积木式试验原理往往用两个三角形规律表示:

图 3-2（a）说明，随着时间推移，试验件数量由多到少；而图 3-2(b)说明，开始时是小尺寸试件试验，最后是大尺寸的全机试验。

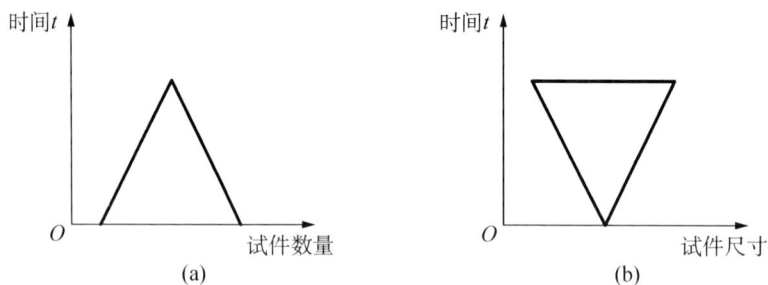

图 3-2 积木式原理直观图

参考文献

［1］ NATO. Advisory Group for Aerospace Research and Development，Certification Procedures for Composite Structure［R］. AGARD Report，1979.

［2］ Mccarty J E，Johnson R W，Wilson D R. 737 Graphite-epoxy Horizontal Stabilizer Certification Boeing Commerial Airplane Company Seatle［M］. Washington，1982.

［3］ Wu E M，Scheubliein J K，Laminate Strength——A Direct Characterization Procedure Composite Materials：Testing and Design(3rd Conference)［C］. ASTM STP 1974，516：188 - 206.

［4］ MIL-HDBK - 17 - 3F［S］. Volume 3 of 5，17 June，2002.

4　许　用　值

4.1　引言

本章是在文献[1]内容的基础上编写的。

许用值是指结构设计中允许使用的材料性能数据。这里指的许用值主要是材料或结构允许使用的强度值。有时经常用应变表示，强度值一般用 B 基准或 A 基准的值。在复合材料结构中，如果没有特别说明，许用值取 B 基准。

许用值可以从结构层面以及外载荷的使用层面来分类：

1）从结构层面

① 单层板（或单向层压板）（lamina）强度；

② 典型层压板强度；

③ 典型结构（复合材料加筋层压板）强度；

④ 复杂结构强度（已是承载能力而不是许用值的概念）。

2）从外载使用层面

① 静强度；

② 损伤容限中的剩余强度；

③ 疲劳（耐久性）强度；

④ 损伤容限、耐久性要求的限制应变。

满足损伤容限及耐久性要求的限制应变在复合材料设计中具有非常特殊的意义，特别是冲击后压缩（CAI）情况。这种根据 CAI 强度得到的限制应变是一种非常重要的设计许用值。

材料强度性能的设计许用值，主要是根据试验确定。设计许用值主要就是在试验的基础上，采用确定性方法确定的。根据国内外设计实践经验，认为确定性的限制应变过分保守，为了充分发挥复合材料的潜力，对设计许用值的确定开展了较多的研究，特别对冲击后压缩许用值开展了较多的研究。首先从冲击能量的分布着手，在冲击剩余强度试验数据拟合的基础上进行概率或半概率的分析方法，有时也称为非确定性方法。这些方法将在第 8 章节中作详细的介绍。

本章所列的试验数据，出于各种原因有不协调之处，虽不能作为使用的依据，但不影响对阐述方法的帮助。

4.2 许用值要求的试验项目

确定许用值的工作是一个庞大的试验项目。有力学的、物理的,层压板的、典型结构级的等,后面将详细说明。

4.2.1 复合材料的性能

这里所指的复合材料性能是指层板级(主要是单向板)力学性能。试件的纤维含量是 $V_f=(60\pm5)\%$,空隙含量 $<2\%$,表 4-1 中的强度数据为极限强度值,平均41 件以上试样的平均值。B 基准由表中试件数进行数据处理。各参数符号为复合材料通用表示符号。表 4-1~表 4-6 是 T300/双马材料的典型数据。

1) 单层板力学性能

表 4-1　T300/双马单向层压板力学性能

性能	单位	力学性能平均值	B 基准许用值	试件数/个	极限应变平均值/%
X_t	MPa	1548	1239	91	1.15
E_{1t}	GPa	135	124.6	41	
ν_{12}		0.328			
Y_t	MPa	55.5		84	0.623
E_{2t}	GPa	8.8		90	
X_c	MPa	1 226		50	1.04
E_{1c}	GPa	125.6		50	
Y_c	MPa	218		50	2.01
E_{2c}	GPa	10.7		50	
S	MPa	89.9		68	2.01
G_{12}	GPa	4.47		60	
τ_b^i	MPa	110.5		49	

2) 韧性数据

表 4-2 中给出了与层板韧性有关性能及特定铺层的静强度。冲击后压缩强度按 NASA1142 标准测试。

表 4-2　T300/双马韧性数据

序号	性 能	铺层方向	数值	单位
1	边缘初始破坏强度	$[(\pm45)_2/90]_s$	216.2	MPa
2	断裂韧性 G_C *	$[(\pm30)_2/90/90]_s$	0.2212	MPa·mm
3	初始分层应变	$[(\pm30)_2/90/90]_s$	—	
4	开孔拉伸强度(毛)	$[0_2/45/0_2/-45/0/90]_s$	—	MPa
5	开孔拉伸强度(静)	$[0_2/45/0_2/-45/0/90]_s$	—	MPa
6	开孔压缩强度(毛)	$[0_2/45/0_2/-45/0/90]_s$	—	MPa

（续表）

序号	性　能	铺层方向	数值	单位
7	开孔压缩强度（静）	$[0_2/45/0_2/-45/0/90]_s$	—	MPa
8	** 90°弯曲强度$(L/D=32)$	$[0]_{16}$	—	MPa
9	90°弯曲强度$(L/D=16)$	$[0]_{16}$	—	MPa
10	面内压剪强度	$[\pm45]_{20s}$	—	MPa
11	面内压剪强度	$[0]_{8s}$	—	MPa
12	断裂韧性 G_{IC}	$[0]_{16}$	—	J/m²
13	断裂韧性 G_{IIC}	$[0]_{16}$	—	J/m²
14	冲击后压缩强度	$[45/0/-45/90]_{6s}$	—	MPa

注：* G_C 是特殊铺层通过拉伸试验测量边缘分层起始的能量释放率（单位：MPa·mm），是基于断裂力学混合法则求得，这是不同于 G_{IC} 和 G_{IIC} 的测量方法。表中，G_{IC} 数值是用"面积法"测得的。
　　** L/D 为试件长宽比，90°弯曲的意义如图4-1所示。

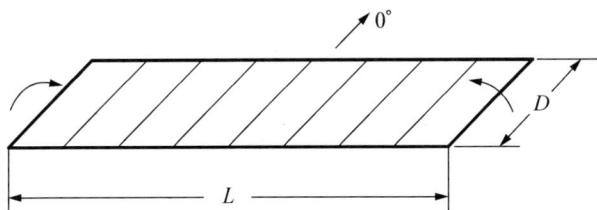

图4-1　90°弯曲试样

3）单层板高温性能

表4-3给出了单层板高温性能的典型数据。

表4-3　T300/双马单层板高温性能（典型值）

性能	温度/℃					
	130			150		
	典型值	均方差	CV/%	典型值	均方差	CV/%
X_t/MPa	1579	68.4	4	1448	124.3	8.5
E_{1t}/GPa	128	2.3	1.8	128	4.4	3.4
ν_{12}	—	—	—	—	—	—
Y_t/MPa	—	9.29	18.2	5.05		11.3
E_{2t}/GPa	—	0.64	6.9	0.75		9.2
X_c/MPa	—	107.6	8	118.5		9.7
E_{1c}/GPa	—	5.6	4.7	3.7		3.3
Y_c/MPa	172	36.5	21.2	37.6		25
E_{2c}/GPa	8.2	0.69	8.4	0.83		10.6
S/MPa	80.8	2.06	0.5	4.8		6.5

（续表）

性能	温度/℃					
	130			150		
	典型值	均方差	$CV/\%$	典型值	均方差	$CV/\%$
G_{12}/GPa	4.0	0.103	2.6		0.06	1.9
τ_b^i/MPa	120℃					
	82.8	29.8	3.6		3.79	5
σ_b^f/MPa	1655	137.4	10.5		109.1	6.3
E_f/GPa	131	4.5	3.5		4.1	3

注：σ_b^f 为弯曲强度，E_f 为弯曲模量，τ_b^i 为短梁剪切强度（即层间剪切强度），试样数为 5～10 件。

4）单向层板干、湿态性能

表 4-4 给出了单向层板干态和湿态的性能。

表 4-4　T300/双马单向层板干、湿态性能

性能	典型值		
	室温	150℃（干态）	150℃（湿态）
X_t/MPa	1628	1448	1250
E_{1t}/GPa	127	124	
ν	0.32		
Y_t/MPa	68.4		
X_c/MPa	1464		
E_{1c}/GPa	137		
S/MPa	89.1		
G_{12}/GPa	4.5		
σ_b^f/MPa	1915		
E_f/GPa	134		
τ_b^i/MPa	115.5		—

5）层压板物理性能

表 4-5 给出了层压板的某些物理性能。

表 4-5　T300/双马层压板物理性能

层压板	性能	$20\sim T/℃$				
		70	90	110	130	150
$[0]_{16}$	α_1	0.28	0.27	0.25	0.25	0.19
$[90]_{16}$	$\alpha_2(10^{-6}/\mathrm{K})$	29.9	31.3			
$[\pm45]_8$	α	9.50	9.81			

（续表）

层压板	性能	20~T/℃				
		70	90	110	130	150
$[0]_{16}$ $[\pm45]_8$	导热系数 λ(W/(m·K))	平均温度/℃				
		60	75	90	115	
		0.740				
		0.541				
$[0]_{16}$ $[\pm45]_8$	比热容 C(J/(kg·K))	平均温度 60℃				
		1050				
		1080				
$[0]_{16}$ $[\pm45]_8$	热扩散系数 D_T(10^{-6}m²/s)	平均温度 60℃				
		0.44				
		0.31				

注:复合材料导热系数 λ 远小于铝合金,如铝合金 2024 的 λ＝124.48(W/m·K),其中 W 为功率单位,K 为绝
　　对温度单位,K＝273.15＋℃

6）层压板湿膨胀系数

表 4-6 给出了层压板的湿膨胀系数。

表 4-6　T300/双马层压板湿膨胀系数 β/（×10^{-3}）

层压板	试验时间/天	水分含量/%	试验方向						
			0	15	30	45	60	75	90
$[0]_{10}$	1	0.15	0.1	0.3	0.9	1.6	2.1	2.6	3.0
	4	0.28	—	—	—	—	—	—	—
	9	—	—	—	—	—	—	2.5	—
	16	—	—	—	—	—	—	—	—
	25	—	—	—	—	—	—	—	—
	36	—	—	—	—	—	—	—	—
	49	—	—	—	—	—	—	—	3.2
	64	—	0.0	0.2	—	—	—	—	—
$[45/-45/90/0/90]_s$	1	0.2	0.4						—
	4	—	—						—
	9	—	—						—
	16	—	—						—
	25	—	—						—
	36	—	—						—
	49	1.06	0.4						0.3

4.2.2 典型层压板强度试验

在所设计飞机结构实际使用的铺层中选择典型的几种(不可能都选取)铺层,每种试件为 6 件,分别进行单独的拉、压、剪试验,结果取平均值。一般仅进行平面应力情况的试验,但实际受力情况并非平面应力状态,而存在弯曲分量。因此,此项试验结果并不是强度分析的依据,但对于近似为平面应力状态的层压板,是最重要的强度参考值(结果略)。

4.3 复合材料层压板设计许用值的试验确定

本节介绍目前飞机复合材料结构设计中设计许用值的试验及确定方法。

4.3.1 确定许用值的原则

1)工作原则

① 有选择地确定试验项目,因为许用值的工作是庞大的项目,要有选择地进行;

② 参考国内外飞机复合材料设计许用值的可用数据;

③ 具有飞机特殊结构特征,而又不能通过低层次试验件(即小试件)确定的许用值,要通过 1∶1 模拟件来确定。

2)根据设计准则,配套给出许用值

目前飞机设计中复合材料的设计准则为:

① 在设计限制载荷(DLL)下,结构每点各个方向上的应变不超过限制应变(也称许用应变);

② 在设计极限载荷(DUL)下,结构不破坏。实际设计中,强度分析是按层压板理论采用某些设计准则进行的,上章中已作了说明。

3)各种受载形式下层压板强度的比较

各种受载下层压板的强度相对关系如图 4-2 所示。由此可见,拉伸许用值是由中心带孔拉伸试验决定,压缩许用值由冲击损伤试件决定。之所以选择孔径为

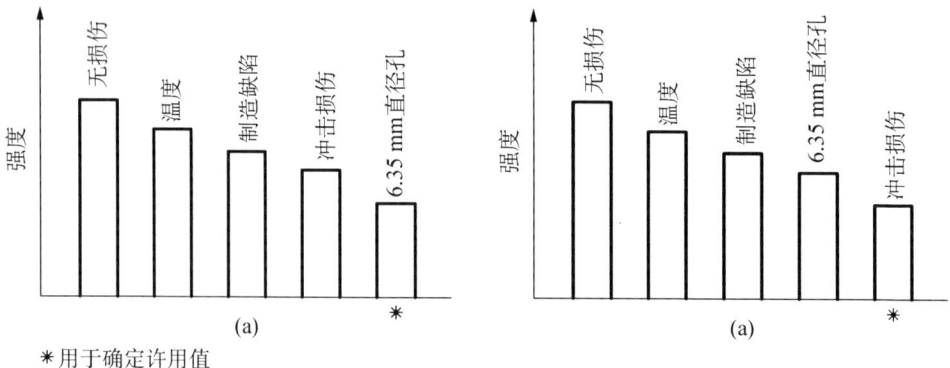

＊用于确定许用值

图 4-2 影响层压板强度因素的比较

(a)拉伸;(b)压缩

6.35mm(1/4in)是因为复合材料结构上大多数紧固件的直径在 6.0mm 或再小些，或者可以说，对无孔区，由于制造、冰雹、工具坠落等产生的损伤大到直径为 6.0mm 的孔时就容易检测出，因此以此来作为决定拉伸许用值的条件。实际结构某些特殊区域(如接头区)孔径要远大于此尺寸。这些大尺寸的连接孔区要做专门研制性或验证性试验，不能以这些大的孔径覆盖全貌，否则将付出不必要的重量代价。

上面已谈到，实际设计中还要求进行无损无孔层板的强度试验，在无孔部位按有孔许用值进行强度校核产生问题时，可适当参考无损无孔层板的许用值，但由试验值到许用值的处理方法必须与有孔板一样。

实际设计中冲击压缩许用值采取限制应变(也可称为"门槛值")，这是一个最低的下限值概念，以排除冲击能量不确定因素，实际使用中，取了此值一般不再考虑湿热影响。

4.3.2　层压板许用值

4.3.2.1　层压板拉伸许用值

T300/双马 5 种铺层层板 6 件试件的试验结果取平均值，如表 4-7 所示。表中 5 种铺层顺序为

A_4:[45/0/-45/0/90/0/45/0/-45/0]$_s$；

A_6:[45/0/-45/0/45/90/-45/0/45/-45]$_s$；

A_8:[±45]$_{5s}$；

A_{10-1}:[45/0/-45/90/45/0/-45/90]$_s$；

$A_{4 1}$:[45/0/-45/0/90/0/45/0/-45/0]$_{2s}$。

表 4-7　T300/双马层板室温下带孔试样拉伸应变

铺层号	铺层比例 0∶±45∶90	总层数	宽度 w/mm	中心孔直径 d/mm	厚度/mm	破坏应变 ε_{max}/$\mu\varepsilon$
A_4	50∶40∶10	20	36	6	2.672	6 300
A_6	30∶60∶10	20	36	6	2.672	—
A_8	0∶100∶0	20	36	6	2.408	>10 000
A_{10-1}	25∶50∶25	16	36	6	1.945	6 078
A_{4-1}	50∶40∶10	40	36	6	4.836	5 428

由表 4-7 可见：

① [±45]$_{5s}$铺层ε_{max}最大；

② 准各向同性铺层 A_{10-1} 的ε_{max}并不高；

③ ε_{max}随±45°铺层的增加而增加；

④ ε_{max}随厚度增加而降低。

根据试验结果确定拉伸情况许用应变要注意 3 点：

① 许用应变是考虑了各种损伤情况的限制应变，是满足损伤容限设计要求的

限制值,这种许用值(也称为设计许用值)是对应于限制载荷(DLL)而言。

② 表 4-7 中是对于破坏时的应变 ε_{max},显然,它是对应于极限载荷(DUL)而言,见 4.3.1 节 2)中的准则①②,因此,许用值 $[\varepsilon_t] = \varepsilon_{max}/1.5$。

③ 取表 4-7 中最小的 ε_{max} 值(5 428 $\mu\varepsilon$)计算。故许用值 $[\varepsilon_t] = 5\,428\,\mu\varepsilon/1.5 = 3\,618\,\mu\varepsilon$,波音手册中 $[\varepsilon_t] = 3\,500\,\mu\varepsilon$。此值偏小。

环境条件下带孔拉伸试样试验结果与室温条件下试验结果关系可参考有关资料,在 120℃ 下干态的试验值为室温干态下试验值的 91%。

有一点必须特别说明,上面确定的 $[\varepsilon_t]$(设计许用拉伸应变)的方法是基于这个理念,认为开孔是正常的结构状况,并非损伤,表 4-7 中的试验值 ε_{max} 认为是"完好"试件的破坏强度(以应变表示),因而,它是对应 DUL 载荷的。正如图 4-2 所示,实际上 6.35 mm 直径的孔拉伸强度比冲击损伤下降还严重,以它作为设计许用值是偏向保守的。对于非螺接连接的胶接结构,层板的拉伸许用应变如果还取开孔层板许用值是更趋保守。

4.3.2.2 层压板压缩许用值

1) 压缩许用值试验方法

前已说明,压缩许用值一般是用受压板冲击或冲击后的压缩试验来取得。在飞机设计中,采用受压板的冲击试验来获得。即在一定压缩应变下,用一定能量的弹丸冲击,得出压缩冲击破坏曲线的"门槛值",取此为压缩许用值。

此试验的试件较厚,费用昂贵,只能做少数试件试验。试件一般取不同制造条件及批次,还要考虑不同铺层。一般没有统一严格规定要做多少试件,视试验数据结果而适当增减。试验曲线如图 4-3 所示。

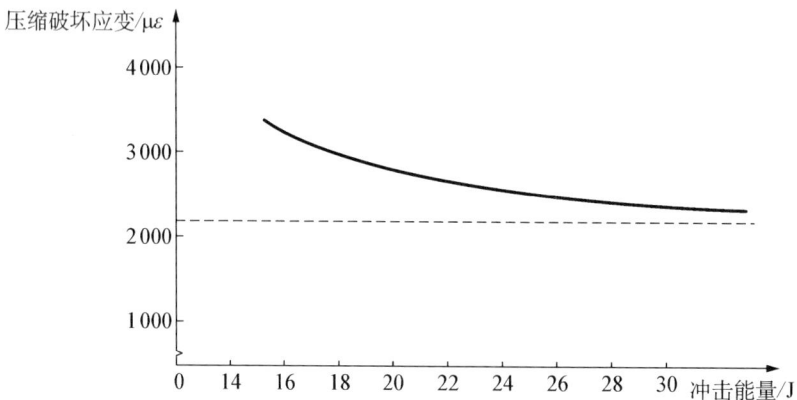

图 4-3 CAI 强度试验结果图线示意图

2) 关于冲击压缩曲线"门槛值"

如图 4-3 所示,理论上来说,此"门槛值"是压缩强度-冲击能量曲线渐近线(如存在的话)所对应的强度值,此值即为 CAI 许用值或压缩许用值,否则要取"条件门槛值"。

关于"门槛值"要注意几个问题:

① 不同的材料,不同的铺层,达到"门槛值$[\varepsilon_c]$(层压板压缩设计许用值)"时的冲击能量差别极大,例如 T300/5208 在 6 J 冲击能量时即达到"门槛值"$[\varepsilon_c]=-2700\mu\varepsilon$,而 T300/双马在 24J 时才达到"门槛值"$-2500\mu\varepsilon$。一般认为后者韧性比前者好,后者在低冲击能量时,破坏应变要大于前者,如图 4-4 所示,我们称"门槛值"(强度)所对应的冲击能量为"特征"能量 E^*。对于 T300/5208 的 $E^*=6$J,而T300/双马的 $E^*=24$J。

② E^* 太低的材料,在很低的 E^* 时便出现"破坏"(冲击能量加不上去,故图 4-4中 E^* 以后曲线已无实际意义)。在试验中为了能承受更高的冲击能量,一般需要进行典型的加筋壁板冲击试验,如图 4-5 所示。

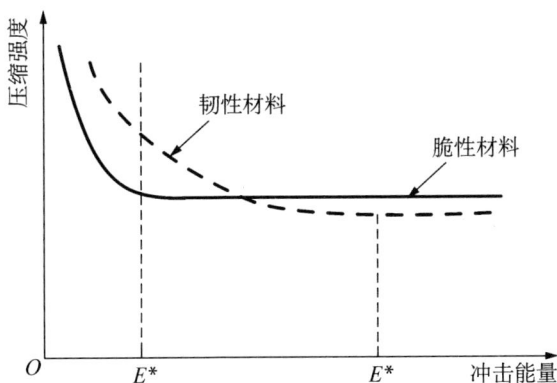

图 4-4　两类材料冲击-压缩曲线

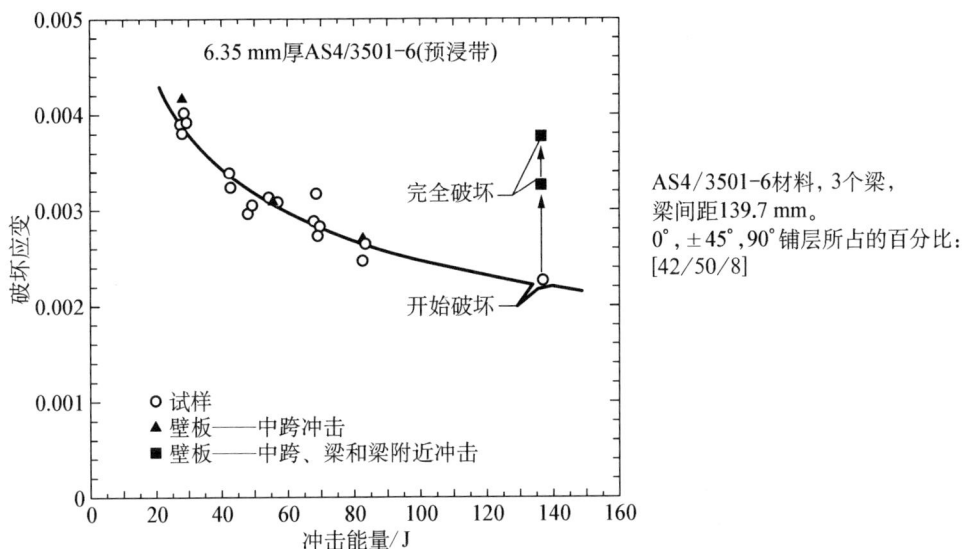

图 4-5　加筋壁板的冲击响应[2]

3）三种铺层冲击门槛值试验

表 4-8 中列出了 T300/双马层压板三种铺层的试验应变门槛值,试件按 NASA1142 标准,高温后处理后固化,冲击能量 20 J。

表 4-8　三种铺层的压缩冲击门槛值

铺层	铺层比例(0/±45/90)	层数	铺层顺序	$\varepsilon/\mu\varepsilon$
A	0.471∶0.50∶0.083	48	$[\pm45/0_2/\pm45/0_2/\pm45/0/90]_{2s}$	$-2\,550$
B	0.50∶0.417∶0.083	48	$[(45/0/-45/0)_3/(0/90/45/0/-45/0)_2]_s$	$-2\,150$
C	0.25∶0.666∶0.083	48	$[45/0/-45_2/0/45_2/0/-45/90/45/-45]_{2s}$	$-2\,900$

注:上表中第 5 列 $\varepsilon(\mu\varepsilon)$ 为应变的门槛值。

4）压缩许用值的选取

图 4-3 试验曲线以及表 4-8 试验数据是对冲击损伤试件进行压缩试验的结果。根据这些试验结果,参照国外大量的试验数据进行比较,合理地选取压缩许用值。

压缩许用值是根据不同冲击能量大小情况的 CAI 强度试验曲线确定的,在画出 CAI 强度和能量大小的关系曲线时要注意不同的冲击能量对应的损伤大小,这对许用值的选取是有关的。

（1）国外某些数据

AV-8B,F18 机翼蒙皮,波音 737 水平安定面(材料为 T300/5208 或与之相当的 AS4/3501),压缩设计值取 $[\varepsilon_c]_{DLL}=[\varepsilon_c]_{DUL}/1.5=-4\,000\mu\varepsilon/1.5\approx-2\,700\mu\varepsilon$。

（2）典型层压板某些试验数据

从 T300/双马与 T300/5208 冲击损伤破坏曲线来看,前者对冲击不敏感,门槛值要高于 T300/5208,故 T300/双马压缩与 AV-8B 和 F18 机相当,或略高。从试验数据来看,对 A 铺层:

① T300/5208 在 6 J 冲击能量时即达到 $[\varepsilon_c]=-2\,700\mu\varepsilon$。

② T300/双马在 20 J 冲击能量时未达到门槛值,在 24 J 时才达到,门槛值为 $[\varepsilon_c]=-2\,500\mu\varepsilon$。

③ 低冲击能量时,T300/双马的破坏应变稍高于 T300/5208,如 A 铺层在冲击能为 16 J 时:

T300/5208 $[\varepsilon_c]=-2\,700\mu\varepsilon$;

T300/双马 $[\varepsilon_c]=-2\,900\mu\varepsilon$。

根据上面的试验数据分析,对于 T300/双马这类材料取:

A 铺层 $[\varepsilon_c]=-2\,600\mu\varepsilon$;

B 铺层 $[\varepsilon_c]=-2\,200\mu\varepsilon$;

C 铺层 $[\varepsilon_c]=-2\,900\mu\varepsilon$;

平均值$[\varepsilon_c] \approx -2600 \mu\varepsilon$。

为确定压缩许用值提供更多的数据,可适当增加铺层种类及试件数量。

值得注意以下几点:

① 压缩许用值跟铺层情况有关,增大±45°含量可以提高$[\varepsilon_c]$,但要牺牲拉伸强度,追求好的铺层设计,可提高$[\varepsilon_c]$。

② 不同的试验方法,$[\varepsilon_c]$值会有差别,工程实际中,既要采取苛刻的方法,又要考虑方便,适当权衡。

③ 实际结构中,为方便使用起见,对不同铺层取统一的$[\varepsilon_c]$。

④ 用压缩冲击门槛值选取许用值是一种最严格的方法。

4.3.2.3　层压板剪切许用值

① 破坏机理的近似考虑。

一般认为损伤后的层压板受剪切仍然是一种值得考虑的严重情况,因为剪切受载可以转变为受压,如下图4-6所示的纯剪情况。

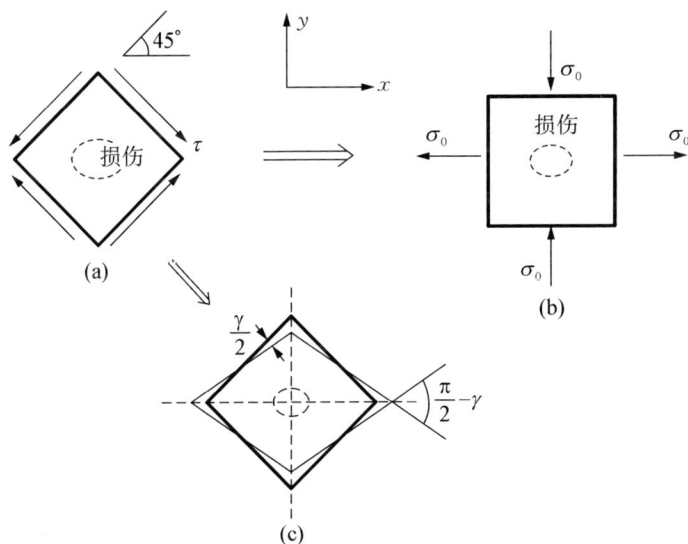

图4-6　纯剪单元

如图4-6(a)所示带冲击损伤承受纯剪τ,很容易转变为图4-6(b)所示的y方向压缩载荷(压缩应力σ_0),在压缩应力σ_0作用下,对冲击损伤是严重情况,在τ作用下单元(a)的剪切变形γ[见图4-6(c)],在转变到图4-6(b)压缩时,压缩应变为ε_y。很容易求得

$$\gamma = 2\,|\varepsilon_y|$$

因此,剪应变为压缩应变的2倍。

② 国外数据情况。

从国外强度计算早期的数据来看,许用剪切应变$[\gamma_{xy}] \approx 5\,400\,\mu\varepsilon$,近似为 2 倍$[\varepsilon_c]$。最近空客建议[3],对剪切许用值,取为

$$\gamma_{\text{all}}(i) = K_s \times \min[\varepsilon_{\text{all-c}}(i+45), \varepsilon_{\text{all-c}}(i-45)]$$

其中,i 为 4 种方向层中任何一单层,即 0,45,-45,90 层;

γ_{all} 为冲击后许用剪切应变(B 基准);

$\varepsilon_{\text{all-c}}$ 为冲击后许用压应变(B 基准);

K_s 为材料系数,由试验确定,一般没有适当试验数据时取 $K_s = 2$(对所有材料)。

③ 纯剪情况剪应变是正应变的 2 倍,是理论结果,但如果作为强度校核,还未考虑σ_x 值,如图 4 - 6(b)所示,若缺乏试验数据时,近似取许用剪切应变$[\gamma_{xy}] = 2[\varepsilon_c]$是可以的。

4.3.2.4　单向层压板的许用值

1) 单向层压板的强度值

单向层压板的强度值是层压板各种强度理论计算必需的力学参数,一般按照试验 B 基准值的破坏强度,但在实际飞机设计中,有时取比 B 基准再降低 20% 使用,理由如下。

复合材料(包括玻璃钢)等非金属材料,过去的规范中安全系数 f 取为 2.0 或 1.8。美军标及新的国军标与金属统一为 $f=1.5$,这样可以在做静力或疲劳试验时避开一些麻烦问题。但由于复合材料在加工与使用过程中的特有情况,安全系数应该比金属大,如取统一的安全系数 $f=1.5$,许用值取强度值 B 基准的 0.8 倍,则等价于许用值不降时安全系数 $f=1.875$。以 T300/双马单向层板为例,强度许用值如表 4 - 9 所示。

表 4 - 9　T300/双马单向层压板强度许用值(单位:MPa)

强度类别	平均值		B基准许用强度				
	130℃ 1%吸湿	室温 干态	室温 干态	100℃ 干态	130℃ 干态	室温 1%吸湿	100℃ 1%吸湿
X_t	1250	1063	1042	—	—	—	—
S	98	83	—	—	—	—	—
Y_t	60	51	—	—	41	—	—
X_c	1066	853	—	—	—	—	—
Y_c	204	163	—	52	—	—	—

2) 单向层压板的弹性模量

应力分析时,弹性模量取平均值。单向层压板的弹性模量分散性小。对刚度分

析(如稳定性分析、气弹)最好用 B 基准值。表 4-10 中给出平均值,室温干态下还给出 B 基准值。

表 4-10 T300/双马单向层压板的弹性模量(单位:MPa)

性能 \ 环境	室温干态	100℃干态	室温 1%吸湿	100℃ 1%吸湿
E_{1t}	138 008 [131 355]	130 843	121 581	(13 768)
G_{12}	5 304 [4 609]	/	/	/
E_{2t}	9 766 [8 897]	7 327	8 553	7 087
E_{1c}	124 610 [113 025]	/	123 162	120 543
E_{2c}	10 299 [9 412]	6 286	9 494	(10 086)

表 4-10 圆括号( )内的数据慎用,因 100℃,1%吸湿数据反而比室温 1%吸湿的数据高。

表 4-10 方括号[ ]内的数据为 B 基准值,E_{1t},E_{2t},E_{1c},E_{2c} 的统计试样数分别为 28、29、29、26 个。G_{12} 的统计试样为 10 个,作为 B 基准值统计要求试样数少了些。

根据单向层压板的弹性模量,用层压板理论计算的弹性模量比试验值偏高,E_t 高 1%~9%,E_c 高 3%~10%,G_{12} 高 3%~11%。

3)单向层压板的泊松比 ν_{12}

常温下通过 10 个试件贴片测量,取平均值结果为 $\nu_{12} \approx 0.3$。

4.3.3 T300/双马层压板许用值小结

下列的许用值仅是一种可能的选择。实际操作应根据材料、工艺制造和使用维护的实际情况,参考国内外相近机种、相近材料所采用的许用值权衡而定。

① 设计限制载荷(DLL)下层压板各个方向上应变不得大于下列许用应变:

$$[\varepsilon_t] = 3\,500\,\mu\varepsilon$$

$$[\varepsilon_c] = -2\,670\,\mu\varepsilon$$

$$[\gamma_{xy}] = 5\,330\,\mu\varepsilon$$

② 设计极限载荷(DUL)下,根据层压板强度理论校核强度(承载能力分析),其所用单向板数据:强度数据如表 4-9 所示;刚度数据如表 4-10 所示;$\nu_{12} = 0.3$。

③ 层间剪切强度见表 4-1 和表 4-3 所示,整理为表 4-11。

表 4-11　T300/双马层压板层间剪切强度

环境温度 层间剪切强度	室温	120℃	150℃
τ_b^i/MPa	110.5	82.8	—

④ 物理性能见表 4-5，表 4-6。

4.4　复合材料连接许用值

连接强度是复合材料结构重大的强度问题之一。实际设计实践中应进行大量的试验。包括常温自然状态下各种铺层和环境条件下各种铺层在不同几何尺寸时的连接强度试验，包括端距、板宽、孔径、埋头孔和载荷方向等对挤压强度的影响。环境试验结果是在一定环境范围（如 100℃ 吸湿量 1% 和 130℃ 吸湿量 1% 两种条件）下得到的。一般用统计方法确定最大挤压破坏强度的 B 基准值。

关于连接许用值问题有两点值得注意：

① 连接强度分析仅进行承载能力分析，是对应 DUL 载荷情况的破坏分析，许用值是极限强度值，连接区的层板许用值，不再按冲击后应变限制选取。

② 飞机上大量的机械连接，包括金属连接，小的挤压变形（如孔径变大）不会引起灾难性破坏，但影响长期使用的耐久性特性。通常也用孔变形限制（如 3% 的孔径变形）所对应的挤压应力作为强度极限值，用于 DUL 载荷计算。

4.5　冲击后层板压缩许用值确定方法

冲击后层板压缩许用值确定方法将于第 8 章作进一步研究。

参考文献

［1］　李武铨. 复合材料层压板许用值［G］. 航空工业公司研究所资料，2000，12.

［2］　MIL-HDBK-17-3F［M］. Volume 3 of 5，17 June，2002.

［3］　ESAC. Harmonized Analysis Method for Residual Strength after Impact［J］. X00RP0309419，24 Nov，2004.

5　复合材料应力分析及强度校核

5.1　基础知识

5.1.1　结构分析能量原理

目前结构应力分析采用有限元法,有限元位移法几乎已成为复杂结构应力分析的唯一方法。有限元法的数学基础是变分原理和分割近似原理。变分法中的泛函是结构的能量。

我们知道,虚功原理、应变能法(卡氏第一定理)和最小势能原理都能导出有限元法的基本方程。因此,对能量原理应有基本的认识。

1)虚功原理

如果对载荷系统作用下处于平衡的变形结构给一个微小的虚变形,那么由于外力所做的虚功等于内力(或应力合力)所做的虚功。详情从略。

2)应变能及应变能原理

(1)应变能

当一个外载荷作用于某系统,外力所做之功为

$$W = \int_0^{u_1} P(u)\,\mathrm{d}u \qquad (5-1)$$

上述结果表明外载荷所做的功在数值上等于载荷-位移曲线下面的面积,如图 5-1 所示。

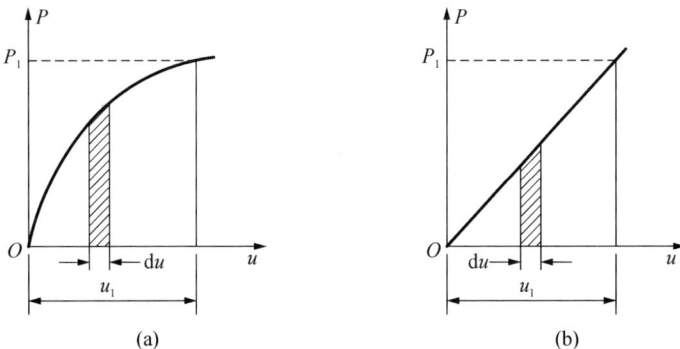

图 5-1　载荷-位移曲线

(a) 非线性；(b) 线性

P - u 为线性时　　　　　　　　　　$W = \dfrac{1}{2}P_1 u_1$

当系统为保守系统时,外力做的功转变为储存在系统内的位能,即应变能,因此式(5-1)也称为应变能。

（2）内力功的概念

在外力作用于系统过程中,内力也做功,并且在系统变形过程中,内力做的功总是负的。这是因为内力方向与变形方向相反的缘故。

有时应变能也定义为变形过程中内力做功的负值。因此,应变能总是正值。

（3）应变能的普遍表达式

$$U = \int_V \left(\int_0^{\varepsilon_x} \sigma_x \mathrm{d}\varepsilon_x + \int_0^{\varepsilon_y} \sigma_y \mathrm{d}\varepsilon_y + \int_0^{\varepsilon_z} \sigma_z \mathrm{d}\varepsilon_z + \int_0^{\gamma_{yz}} \tau_{yz} \mathrm{d}\gamma_{yz} + \int_0^{\gamma_{zx}} \tau_{zx} \mathrm{d}\gamma_{zx} + \int_0^{\gamma_{xy}} \tau_{xy} \mathrm{d}\gamma_{xy} \right) \mathrm{d}V$$

$$(5-2)$$

当胡克定律适用时上式变为

$$U = \frac{1}{2}\int_V (\sigma_x \varepsilon_x + \sigma_y \varepsilon_y + \sigma_z \varepsilon_z + \tau_{yz}\gamma_{yz} + \tau_{zx}\gamma_{zx} + \tau_{xy}\gamma_{xy}) \mathrm{d}V \qquad (5-3)$$

表5-1列出常用元件的应变能表达式。

表 5-1　应变能表达式

元　件		载荷	对应的位移	应变能
杆		轴向力 N	$\dfrac{N\mathrm{d}s}{EA}$	$\displaystyle\int_0^L \dfrac{N^2\mathrm{d}s}{2EA}$（$N$ 为变量） $\dfrac{N^2 L}{2EA}$（N 为常量）
		弯矩 M	$\dfrac{M}{EI}\mathrm{d}s$	$\displaystyle\int_0^L \dfrac{M^2\mathrm{d}s}{2EI}$
		扭矩 M_u	$\dfrac{M_k}{GJ_k}\mathrm{d}s$	$\displaystyle\int_0^L \dfrac{M_k^2}{2GJ_k}\mathrm{d}s$
		剪力 Q	$K\dfrac{Q\mathrm{d}s}{GA}$	$\displaystyle\int_0^L K\dfrac{Q^2\mathrm{d}s}{2GA}$
受剪板	长方形板	剪流 q	$\dfrac{qF}{G\delta}$	$\dfrac{q^2 F}{2G\delta}$
	平行四边形板	剪流 q	$\dfrac{qF}{G\delta}(1+1.538\tan^2\theta)$	$\dfrac{q^2 F}{2G\delta}(1+1.538\tan^2\theta)$
	梯形板	剪流 $\bar{q}$	$\dfrac{\bar{q}F}{G\delta}$	$\dfrac{\bar{q}^2 F}{2G\delta}$

表中 F 为四边形板面积,A 为杆剖面面积,K 为杆剖面剪切系数,其他为结构力学中常用符号。

(4) 应变能原理

① 卡氏第一定理:

我们仅讨论与结构分析非常有用的卡氏第一定理,它适用于线性及非线性结构分析。设一个结构同时承受 n 个广义载荷 P_1,P_2,$\cdots$,P_n,且这些载荷产生对应的广义位移为$(\delta_1$,δ_2,$\cdots$,$\delta_n)$,如果结构为非线性弹性结构,这些载荷彼此比例不变,应变能为

$$U = \sum_{i=1}^{n} \int_{0}^{\delta_i} P_i \mathrm{d}\delta \tag{5-4}$$

卡氏第一定理表达式为

$$P_i = \frac{\partial U}{\partial \delta_i}, \qquad i = 1, 2, \cdots, n \tag{5-5}$$

这是 n 个联立方程组。此定理简单证明如下:

结构的应变能等于载荷作用期间载荷所做的功,每个载荷 P_i 可表达为位移函数,将此载荷-位移关系代入式(5-4),因此应变能 U 可表达为位移 δ_i 的函数。

当一个位移 δ_i 增加微量 $\mathrm{d}\delta_i$,其他位移保持不变时应变能增量为 $\mathrm{d}U$,那么

$$\mathrm{d}U = \frac{\partial U}{\partial \delta_i} \mathrm{d}\delta_i \tag{5-6}$$

当位移 δ_i 增大微量 $\mathrm{d}\delta_i$ 时,相应力 P_i 做功,其他力不做功,因为其他位移不变。此功为 $P_i \mathrm{d}\delta_i$,它也等于结构中所储存的应变能之增量:

$$\mathrm{d}U - P_i \mathrm{d}\delta_i$$

故 $\frac{\partial U}{\partial \delta_i} \mathrm{d}\delta_i = P_i \mathrm{d}\delta_i$,得到 $P_i = \frac{\partial U}{\partial \delta_i}$。

这简单论述了卡氏第一定理成立的原因。以位移为变量,卡氏第一定理导出结构位移法的联立方程组。

② 线性结构情况的卡氏第一定理:

在这种情况,应变能为位移的二次函数,应变能 U 表达为

$$U = \frac{1}{2}\{\delta_i\}^{\mathrm{T}}[K]\{\delta_i\} \tag{5-7}$$

将式(5-5)写为矩阵形式:

$$\frac{\partial U}{\partial \{\delta_i\}} = [K]\{\delta_i\} \tag{5-8}$$

其中:$[K]$即为结构的刚度方阵。这就是刚度法(线性情况的位移法)的基本方程。

说明一下刚度互等定理。这是非常重要的概念。我们知道,对式(5-7)各位移求导:

$$
\left.\begin{array}{l}
P_1 = \dfrac{\partial U}{\partial \delta_1} = k_{11}\delta_1 + k_{12}\delta_2 + \cdots + k_{1n}\delta_n \\[2mm]
P_2 = \dfrac{\partial U}{\partial \delta_2} = k_{21}\delta_1 + k_{22}\delta_2 + \cdots + k_{2n}\delta_n \\[2mm]
\vdots \\[2mm]
P_n = \dfrac{\partial U}{\partial \delta_n} = k_{n1}\delta_1 + k_{n2}\delta_2 + \cdots + k_{nn}\delta_n
\end{array}\right\}
\qquad (5-9)
$$

这就是方程(5-8)的展开式。

将载荷对位移求导,得

$$
\frac{\partial P_1}{\partial \delta_1} = k_{11}, \ \frac{\partial P_1}{\partial \delta_2} = k_{12}, \ \ldots, \ \frac{\partial P_1}{\partial \delta_n} = k_{1n}
$$

$$
\frac{\partial P_2}{\partial \delta_1} = k_{21}, \ \frac{\partial P_2}{\partial \delta_2} = k_{22}, \ \ldots, \ \frac{\partial P_2}{\partial \delta_n} = k_{2n}
$$

$$
\vdots
$$

因此有

$$
k_{11} = \frac{\partial^2 U}{\partial \delta_1^2}, \ k_{12} = \frac{\partial^2 U}{\partial \delta_2\,\partial \delta_1}, \ \cdots, \ k_{1n} = \frac{\partial^2 U}{\partial \delta_n\,\partial \delta_1},
$$

$$
k_{21} = \frac{\partial^2 U}{\partial \delta_1\,\partial \delta_2}, \ k_{22} = \frac{\partial^2 U}{\partial \delta_2^2}, \ \cdots, \ k_{2n} = \frac{\partial^2 U}{\partial \delta_n\,\partial \delta_2}
$$

普遍式为

$$
k_{ij} = \frac{\partial^2 U}{\partial \delta_j\,\partial \delta_i} \qquad (5-10)
$$

很容易导出互等定理

$$
k_{ij} = \frac{\partial^2 U}{\partial \delta_j\,\partial \delta_i} = \frac{\partial^2 U}{\partial \delta_i\,\partial \delta_j} = k_{ji} \qquad (5-11)
$$

3)势能及势能原理

势能原理在结构力学中是非常重要的。可以认为卡氏定理是势能原理的一特定形式。

(1)势能定义

任一机械体系或结构体系的势能定义为该体系从实际形态运动到某一参考状态时所有力所做的功。

为此,我们总采取卸载的结构形状作为参考形态(对弹性结构时,即势能为零的状态为参考状态)。因此,我们所说的势能是实际状态的势能,值得注意的是,实际状态并不一定是平衡状态。

（2）内力势能

内力势能为受载结构中所储存的应变能 U，因为如果结构从它的实际形状变到它的卸载形态时，所恢复的功等于应变能。

（3）外力势能

外力势能为什么总是负的？由定义可知，因为它从最终位置回移至初始状态（参考状态），结构上每一载荷都做负功（因为载荷方向跟位移方向相反）。因此，外载势能为 $-\sum_{i=1}^{n} P_i \delta_i$。

应特别注意，外载 P_i 势能跟结构加载过程外力做的功是不相同的，加载过程中 P_i 是从零逐渐增大到最终值。此时，$U = W = \int_0^{\delta_1} P(\delta)\mathrm{d}\delta$。相反，外力势能为力的最终值从其最终位置回到参考状态所做的功（在线性时，为 $-P_i \delta_i$，没有 $1/2$）。

（4）总势能表达式

$$\Pi(\delta) = U - \sum_{i=1}^{n} P_i \delta_i \qquad (5-12)$$

（5）势能驻值原理

$$\frac{\partial \Pi(\delta)}{\partial \delta_i} = 0 \quad i = 1, 2, \cdots, n \qquad (5-13)$$

得到的 $P_i = \dfrac{\partial U}{\partial \delta_i}$ 与卡氏第一定律一样。

当势能为驻值时，平衡方程满足。驻值原理叙述如下：

如果弹性结构（线性或非线性）的势能表达为未知节点位移的函数，那么当位移值能使总势能为一驻值时，结构处于平衡。通常处于稳定平衡，因此，总势能为最小值。式（5-13）也称为最小势能原理。下面以最简单的结构情况说明最小势能原理、虚功原理与平衡方程的等价关系。

（6）势能原理，虚功原理与平衡方程等价性

以简单的一维弹簧为例说明三者的等价性。设长为 L 的弹簧，一端 O 固定，在另一端 A 点加拉力或压力。如图 5-2 所示，在外力 f 作用下，A 点位移为 u，研究这种情况的三个问题等价性：

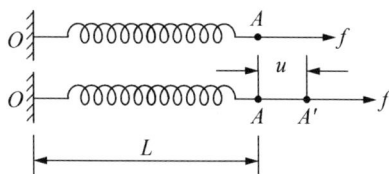

图 5-2 一维受拉压弹簧

最小势能原理：$\min \Pi(u)$；虚功原理：$auv - fv = 0$；平衡方程：$au - f = 0$；

① 平衡方程。

● 力与变形成正比：

$$f = cu \text{（弹簧常数 } c > 0） \qquad (5-14)$$

- 弹性反力。

弹性反力为 $$R = -cu \qquad\qquad (5-15)$$

- 平衡方程。

当弹簧伸长为 u 时,合力 $F = R + f = -cu + f$。

当 $F = 0$ 时,弹簧处于平衡状态,即

$$-cu + f = 0 \qquad\qquad (5-16)$$

式(5-16)即为平衡方程,而式(5-14)或式(5-15)是胡克定律。

由式(5-16)可解出位移 $u = f/c$,节点反力 $R = -f$。

② 势能及最小势能原理。

- 势能 $\Pi(u)$。

对于质点 A 来说,F 为外力(即 $F = R + f$),质点在外力作用下移动距离 $\mathrm{d}u$,如力与位移方向一致,则 F 所做的功等于 $\mathrm{d}W = F\mathrm{d}u$。质点势能 $\mathrm{d}\Pi$,$\mathrm{d}\Pi = -\mathrm{d}W = -F\mathrm{d}u$。写为

$$\frac{\mathrm{d}\Pi}{\mathrm{d}u} = -F \qquad\qquad (5-17)$$

积分后得

$$\Pi = -\int F\mathrm{d}u + \Pi_0 \qquad\qquad (5-18)$$

式中:积分常数 Π_0 表示基准状态,取基准状态势能为 0,则

$$\Pi = -\int F\mathrm{d}u$$

将合力 F 代入并积分,得到弹簧变形为 u 时的势能为

$$\Pi(u) = -\int F\mathrm{d}u = \frac{1}{2}cu^2 - fu \qquad\qquad (5-19)$$

式中:$\frac{1}{2}cu^2$ 为应变能,$-fu$ 即为外力势能。

- 最小势能原理。

根据式(5-17),平衡时 $F = 0$,等价于 $\frac{\mathrm{d}\Pi}{\mathrm{d}u} = 0$,将式(5-19)代入得到式(5-16),这就是由势能极值原理导出平衡方程。但由于 $\frac{\mathrm{d}^2\Pi}{\mathrm{d}u^2} = c > 0$,这时,势能取极小值。

所以,**平衡状态的位移 u 使势能取极小值,反之,使势能取极小值的变形状态必为平衡状态,这就是最小势能原理。**

③ 虚功原理。

设平衡状态 u,获一增量 v(虚位移)后变为 $u + v$,这时弹簧势能由 $\Pi(u)$ 变到

$\Pi(u+v)$，因为 $\Pi(u)$ 是 u 的二次函数，且 v 很小（相当于小增量），根据级数展开：

$$\Pi(u+v) = \Pi(u) + \Pi'(u)v + \frac{1}{2}\Pi''(u)v^2 = \Pi(u) + \Pi'(u)v + \frac{1}{2}cv^2$$

如果在状态 u 势能最小，必须 $\Pi(u+v) - \Pi(u) > 0$，显然，Π 达到极小值的充分必要条件为 $\Pi'(u)v = 0$，即 $cuv - fv = 0$（虚功原理），得到式(5-16)。因此，在此简单例子中，势能原理、虚功原理与平衡方程都可导出同样的方程(5-16)。

这就证明了势能原理、虚功原理与平衡方程等价性。对于此简单问题，上述 3 种数学提法的等价性几乎是同义反复，没有实质性区别，但对于复杂问题，不同的提法将导致不同的解题效果。

5.1.2　有限元基础知识

5.1.2.1　基本原理

1) 基本原理

数学家冯康谈到有限元原理时作如下精辟的论述："**有限元素法的数学基础是变分原理和分割近似原理。人们熟知，方砖可以砌出圆井，直锯可以锯出弯板，把一根连续曲线，分段以直代曲而得到近似的折线，分割愈细逼真度越高，这就是所谓的分割近似方法，或称分片插值方法。有限元素法就是在变分原理的基础上，运用分片插值的手段形成解题方法，把复杂结构分割成有限多个基本单元，即点、线、面、体等单元，并将待解函数在每个单元上进行分片插值，通常是极简单的线性或低次的多项式插值，而整个结构的总体能量泛函就合理地简化为单元能量的累加和，从而把无限多个自由度的二次泛函的极值问题离散为有限多个自由度的普通多元二次函数的极值问题，后者又等价于线性代数方程组，然后进行求解**"[2]。

不要说复杂结构，就连如图 5-3 所示的平面结构，在外力作用下，也很难给出精确的位移函数 $u = f_1(x, y)$，$v = f_2(x, y)$（如位移函数已知，应力就可求得）。但是，我们可以将图 5-3(a) 的大结构分成很多小片，如图 5-3(b) 所示。每个小片内部的位移函数就可以用简单的函数近似表示精确的位移函数，小片越小，结果越精确，这就是**插值函数的分割近似原理**。

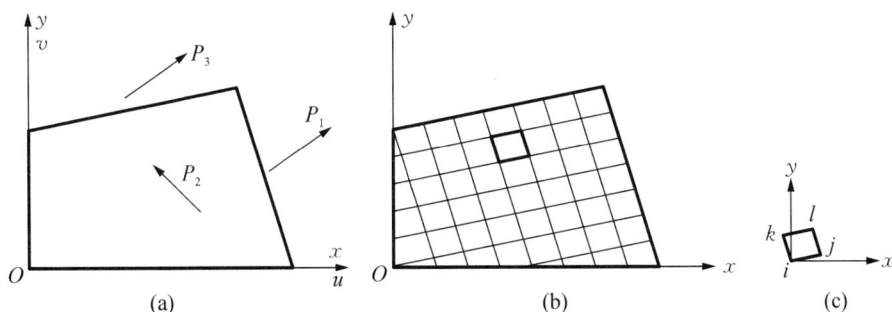

(a)　　　　　　　　　　(b)　　　　　　　(c)

图 5-3　有限元法示意图

我们将图 5 - 3(c)所示的小片内部的近似位移函数用它的 4 个节点位移表示,即

$$\begin{Bmatrix} u_e(x, y) \\ v_e(x, y) \end{Bmatrix} = N\{\delta_e\}, \{\delta_e\} = \begin{bmatrix} u_i & v_i & u_j & v_j & u_l & v_l & u_k & v_k \end{bmatrix}^T$$

$\{\delta_e\}$的阶数为(8×1),是节点位移。这一片的节点位移与其他片的节点位移在共同点上是一样的,这就满足位移协调条件。

本片力应满足平衡条件,把应力简化到节点上,节点力应满足平衡条件,这是通过变分原理来达到的。那么整个结构的平衡条件是如何得到满足? 每个节点上满足平衡,整个结构的平衡条件就满足了。

通过变分原理建立力与位移关系,得到元件的刚度方阵,所有元素共同点上的节点力叠加应等于节点外载,整个结构在节点上的刚度分量直接叠加就得到总刚度。这样就得到有限元法的基本方程$\{P\} = [K]\{\delta\}$。求解结构节点位移$\{\delta\}$。这样求解满足了平衡条件和位移协调条件,在建立元件的刚度方阵应用了材料本构关系,3 个基本方程得到满足。

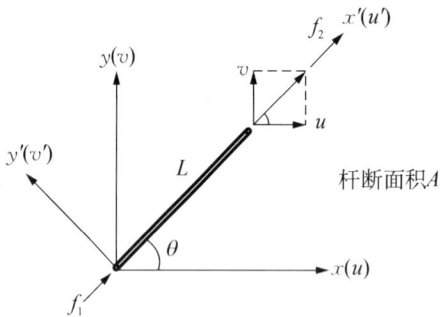

2) 平面中的杆元素

(1) 单元自身坐标系中单元刚度推导

一维单元自由热膨胀及应力σ_x作用时的总应变ε_x为

$$\varepsilon_x = \alpha \Delta T + \frac{\sigma_x}{E} \quad (5-20)$$

所以 $\sigma_x = E(\varepsilon_x - \alpha \Delta T) \quad (5-21)$

其中:E 为材料弹性模量;α 为热胀系数;ΔT 为温升。

图 5 - 4 杆单元

设位移函数 $u'(x') = ax' + b$,可求得

$$b = u_1', a = \frac{u_2' - u_1'}{L}$$

其中:u_1', u_2'分别为单元节点 1,2 在自身坐标轴方向的位移。

将式(5 - 21)写为:

$$\sigma_x = \sigma_{x1} + \sigma_{x2}$$

其中 $\sigma_{x1} = E\varepsilon_x, \sigma_{x2} = -E \cdot \alpha \cdot \Delta T, \varepsilon_x = \frac{u_2' - u_1'}{L}$

$$U = \frac{1}{2} \int_0^L A \sigma_{x1} \varepsilon_x \mathrm{d}x + \int_0^L A \sigma_{x2} \varepsilon_x \mathrm{d}x$$

$$= \frac{AE}{2} \frac{(u'_2 - u'_1)^2}{L} - EA\,\alpha\Delta T(u'_2 - u'_1)$$

根据应变能原理

$$f_1 = \frac{\partial U}{\partial u'_1} = \frac{EA}{L}(u'_1 - u'_2) + EA\,\alpha\Delta T$$

$$f_2 = \frac{\partial U}{\partial u'_2} = \frac{EA}{L}(u'_2 - u'_1) - EA\,\alpha\Delta T$$

写为

$$\begin{Bmatrix} f_1 \\ f_2 \end{Bmatrix} = \frac{EA}{L} \begin{bmatrix} 1 & -1 \\ -1 & 1 \end{bmatrix} \begin{Bmatrix} u'_1 \\ u'_2 \end{Bmatrix} + \begin{Bmatrix} EA\,\alpha\Delta T \\ -EA\,\alpha\Delta T \end{Bmatrix} \tag{5-22}$$

式(5-22)也可改写为

$$\begin{Bmatrix} f_1 \\ f_2 \end{Bmatrix} + \begin{Bmatrix} -EA\,\alpha\Delta T \\ EA\,\alpha\Delta T \end{Bmatrix} = \frac{EA}{L} \begin{bmatrix} 1 & -1 \\ -1 & 1 \end{bmatrix} \begin{Bmatrix} u'_1 \\ u'_2 \end{Bmatrix}$$

因此,单元自身坐标系中杆的单元刚度(简称元刚)为

$$[K'_e] = \frac{EA}{L} \begin{bmatrix} 1 & -1 \\ -1 & 1 \end{bmatrix} \tag{5-23}$$

其中: $\begin{Bmatrix} -EA\,\alpha\Delta T \\ EA\,\alpha\Delta T \end{Bmatrix}$ 称为热载。

(2) 坐标变换

将 $u'(x')$ 方向转换到统一坐标 x,y 方向,

$$\left. \begin{aligned} x' &= x\cos\theta + y\sin\theta \\ y' &= -x\sin\theta + y\cos\theta \end{aligned} \right\}$$

那么

$$\left. \begin{aligned} u'_1 &= u_1\cos\theta + v_1\sin\theta \\ u'_2 &= u_2\cos\theta + v_2\sin\theta \end{aligned} \right\}$$

写为

$$\begin{Bmatrix} u'_1 \\ u'_2 \end{Bmatrix} = \begin{bmatrix} \cos\theta & \sin\theta & 0 & 0 \\ 0 & 0 & \cos\theta & \sin\theta \end{bmatrix} \begin{Bmatrix} u_1 \\ v_1 \\ u_2 \\ v_2 \end{Bmatrix} \tag{5-24}$$

简写为

$$\{u'\} = [T]\{u\}$$

统一坐标系中结点力 F_{xi} 与 f_i 的关系为

$$F_{x1} = f_1\cos\theta, \ F_{y1} = f_1\sin\theta, \ F_{x2} = f_2\cos\theta, \ F_{y2} = f_2\sin\theta$$

写为

$$\begin{Bmatrix} F_{x1} \\ F_{y1} \\ F_{x2} \\ F_{y2} \end{Bmatrix} = [T]^{\mathrm{T}} \begin{Bmatrix} f_1 \\ f_2 \end{Bmatrix} \qquad (5-25)$$

而
$$\left.\begin{array}{l} \{F_{x1} \quad F_{y1} \quad F_{x2} \quad F_{y2}\}^{\mathrm{T}} = \{F\} \\ \{F\} = [T]^{\mathrm{T}}\{f\} = [T]^{\mathrm{T}}[K'_{\mathrm{e}}][T]\{u\} = [K_{\mathrm{e}}]\{u\} \end{array}\right\} \qquad (5-26)$$

x'，y'，z' 到 x，y，z 变换，只要位移满足如下关系：

$$\{u'\}_{(m\times1)} = [T]_{(m\times n)} \{u\}_{(n\times1)}$$

很容易证明，自身坐标中的元刚 $[K'_{\mathrm{e}}]$ 到统一坐标中元刚 $[K_{\mathrm{e}}]$ 的变换为

$$[K_{\mathrm{e}}] = [T]^{\mathrm{T}}[K'_{\mathrm{e}}][T] \qquad (5-27)$$

其中：$[T]^{\mathrm{T}}$ 表示 $[T]$ 矩阵的转置。

3）单元刚度 $[K_{\mathrm{e}}]$ **叠加**成总刚——**对号入座**

① 刚度分量 k_{ij} 的意义：

$$F_i = k_{i1}\delta_1 + k_{i2}\delta_2 + \cdots + k_{ij}\delta_j + \cdots + k_{in}\delta_n$$

k_{ij} 的意义是：$\delta_j = 1$，其他位移为 0 时，第 i 分量的力，因此，它是力的概念，可以叠加。以最简单例子（图 5-5）说明如下：

$$杆(1) \quad \begin{Bmatrix} F_{x1} \\ F_{y1} \\ F_{x4} \\ F_{y4} \end{Bmatrix} = \begin{bmatrix} k_{11}^{(1)} & k_{12}^{(1)} & k_{13}^{(1)} & k_{14}^{(1)} \\ k_{21}^{(1)} & k_{22}^{(1)} & k_{23}^{(1)} & k_{24}^{(1)} \\ k_{31}^{(1)} & k_{32}^{(1)} & k_{33}^{(1)} & k_{34}^{(1)} \\ k_{41}^{(1)} & k_{42}^{(1)} & k_{43}^{(1)} & k_{44}^{(1)} \end{bmatrix} \begin{Bmatrix} u_1 \\ v_1 \\ u_4 \\ v_4 \end{Bmatrix} = [k_{ij}^{(1)}]\{\delta\}$$

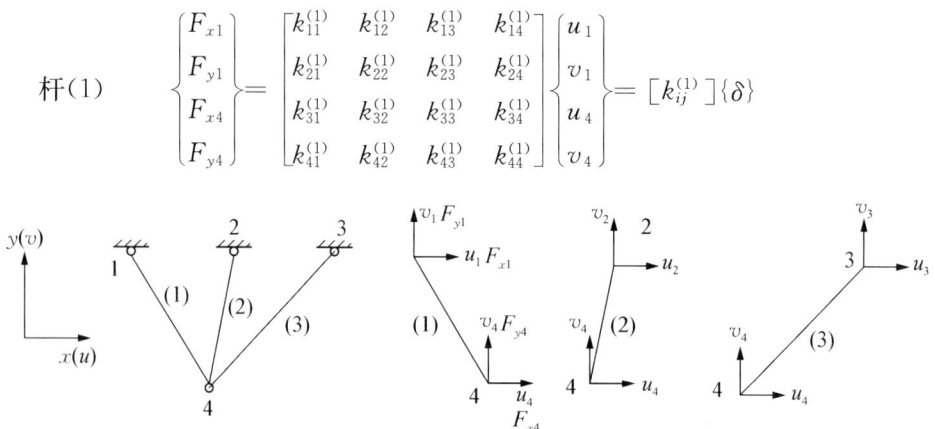

图 5-5　简单的二力杆结构

$$
杆(2) \quad \begin{Bmatrix} F_{x2} \\ F_{y2} \\ F_{x4} \\ F_{y4} \end{Bmatrix} = \begin{bmatrix} k_{11}^{(2)} & k_{12}^{(2)} & k_{13}^{(2)} & k_{14}^{(2)} \\ k_{21}^{(2)} & k_{22}^{(2)} & k_{23}^{(2)} & k_{24}^{(2)} \\ k_{31}^{(2)} & k_{32}^{(2)} & k_{33}^{(2)} & k_{34}^{(2)} \\ k_{41}^{(2)} & k_{42}^{(2)} & k_{43}^{(2)} & k_{44}^{(2)} \end{bmatrix} \begin{Bmatrix} u_2 \\ v_2 \\ u_4 \\ v_4 \end{Bmatrix} = \begin{bmatrix} k_{ij}^{(2)} \end{bmatrix} \{\delta\}
$$

$$
杆(3) \quad \begin{Bmatrix} F_{x3} \\ F_{y3} \\ F_{x4} \\ F_{y4} \end{Bmatrix} = \begin{bmatrix} k_{11}^{(3)} & k_{12}^{(3)} & k_{13}^{(3)} & k_{14}^{(3)} \\ k_{21}^{(3)} & k_{22}^{(3)} & k_{23}^{(3)} & k_{24}^{(3)} \\ k_{31}^{(3)} & k_{32}^{(3)} & k_{33}^{(3)} & k_{34}^{(3)} \\ k_{41}^{(3)} & k_{42}^{(3)} & k_{43}^{(3)} & k_{44}^{(3)} \end{bmatrix} \begin{Bmatrix} u_3 \\ v_3 \\ u_4 \\ v_4 \end{Bmatrix} = \begin{bmatrix} k_{ij}^{(3)} \end{bmatrix} \{\delta\}
$$

其中:$k_{ij}^{(m)}$ 表示第 (m) 杆的元刚系数,例如:

$k_{33}^{(1)}$ 表示 $u_4=1$,其他位移 $=0$ 时,第 (1) 杆的 F_{x4} 力;

$k_{33}^{(2)}$ 表示 $u_4=1$,其他位移 $=0$ 时,第 (2) 杆的 F_{x4} 力;

$k_{33}^{(3)}$ 表示 $u_4=1$,其他位移 $=0$ 时,第 (3) 杆的 F_{x4} 力。

我们将系统统一编号为

u_1,v_1,u_2,v_2,u_3,v_3,u_4,v_4;F_{x1},F_{y1},F_{x2},F_{y2},F_{x3},F_{y3},F_{x4},F_{y4},那么,各杆元素刚度矩阵重新排列如下:

$$
杆(1) \quad \begin{Bmatrix} F_{x1} \\ F_{y1} \\ F_{x2} \\ F_{y2} \\ F_{x3} \\ F_{y3} \\ F_{x4} \\ F_{y4} \end{Bmatrix} = \begin{bmatrix} k_{11}^{(1)} & k_{12}^{(1)} & 0 & 0 & 0 & 0 & k_{13}^{(1)} & k_{14}^{(1)} \\ k_{21}^{(1)} & k_{22}^{(1)} & 0 & 0 & 0 & 0 & k_{23}^{(1)} & k_{24}^{(1)} \\ 0 & 0 & 0 & 0 & 0 & 0 & 0 & 0 \\ 0 & 0 & 0 & 0 & 0 & 0 & 0 & 0 \\ 0 & 0 & 0 & 0 & 0 & 0 & 0 & 0 \\ 0 & 0 & 0 & 0 & 0 & 0 & 0 & 0 \\ k_{31}^{(1)} & k_{32}^{(1)} & 0 & 0 & 0 & 0 & k_{33}^{(1)} & k_{34}^{(1)} \\ k_{41}^{(1)} & k_{42}^{(1)} & 0 & 0 & 0 & 0 & k_{43}^{(1)} & k_{44}^{(1)} \end{bmatrix} \begin{Bmatrix} u_1 \\ v_1 \\ u_2 \\ v_2 \\ u_3 \\ v_3 \\ u_4 \\ v_4 \end{Bmatrix}
$$

$$
杆(2) \quad \begin{Bmatrix} F_{x1} \\ F_{y1} \\ F_{x2} \\ F_{y2} \\ F_{x3} \\ F_{y3} \\ F_{x4} \\ F_{y4} \end{Bmatrix} = \begin{bmatrix} 0 & 0 & 0 & 0 & 0 & 0 & 0 & 0 \\ 0 & 0 & 0 & 0 & 0 & 0 & 0 & 0 \\ 0 & 0 & k_{11}^{(2)} & k_{12}^{(2)} & 0 & 0 & k_{13}^{(2)} & k_{14}^{(2)} \\ 0 & 0 & k_{21}^{(2)} & k_{22}^{(2)} & 0 & 0 & k_{23}^{(2)} & k_{24}^{(2)} \\ 0 & 0 & 0 & 0 & 0 & 0 & 0 & 0 \\ 0 & 0 & 0 & 0 & 0 & 0 & 0 & 0 \\ 0 & 0 & k_{31}^{(2)} & k_{32}^{(2)} & 0 & 0 & k_{33}^{(2)} & k_{34}^{(2)} \\ 0 & 0 & k_{41}^{(2)} & k_{42}^{(2)} & 0 & 0 & k_{43}^{(2)} & k_{44}^{(2)} \end{bmatrix} \begin{Bmatrix} u_1 \\ v_1 \\ u_2 \\ v_2 \\ u_3 \\ v_3 \\ u_4 \\ v_4 \end{Bmatrix}
$$

$$
\text{杆(3)}\quad
\begin{Bmatrix}
F_{x1} \\
F_{y1} \\
F_{x2} \\
F_{y2} \\
F_{x3} \\
F_{y3} \\
F_{x4} \\
F_{y4}
\end{Bmatrix}
=
\begin{bmatrix}
0 & 0 & 0 & 0 & 0 & 0 & 0 & 0 \\
0 & 0 & 0 & 0 & 0 & 0 & 0 & 0 \\
0 & 0 & 0 & 0 & 0 & 0 & 0 & 0 \\
0 & 0 & 0 & 0 & 0 & 0 & 0 & 0 \\
0 & 0 & 0 & 0 & k_{11}^{(3)} & k_{12}^{(3)} & k_{13}^{(3)} & k_{14}^{(3)} \\
0 & 0 & 0 & 0 & k_{21}^{(3)} & k_{22}^{(3)} & k_{23}^{(3)} & k_{24}^{(3)} \\
0 & 0 & 0 & 0 & k_{31}^{(3)} & k_{32}^{(3)} & k_{33}^{(3)} & k_{34}^{(3)} \\
0 & 0 & 0 & 0 & k_{41}^{(3)} & k_{42}^{(3)} & k_{43}^{(3)} & k_{44}^{(3)}
\end{bmatrix}
\begin{Bmatrix}
u_1 \\
v_1 \\
u_2 \\
v_2 \\
u_3 \\
v_3 \\
u_4 \\
v_4
\end{Bmatrix}
$$

② 3 个杆叠加后的总刚 $[K]$ 如图 5-6 所示,叠加后的 $[K]$ 是奇异的,因此,要去掉约束点所对应的位移行列,矩阵 $[K]$ 变为 (2×2) 阶的矩阵 $[\overline{K}]$,即图 5-6 中的涂黑部分,它是由各元刚中部分刚度分量直接叠加而成,表示式如下:

$$
[\overline{K}] =
\begin{bmatrix}
k_{33}^{(1)} & k_{34}^{(1)} \\
k_{43}^{(1)} & k_{44}^{(1)}
\end{bmatrix}
+
\begin{bmatrix}
k_{33}^{(2)} & k_{34}^{(2)} \\
k_{43}^{(2)} & k_{44}^{(2)}
\end{bmatrix}
+
\begin{bmatrix}
k_{33}^{(3)} & k_{34}^{(3)} \\
k_{43}^{(3)} & k_{44}^{(3)}
\end{bmatrix}
$$

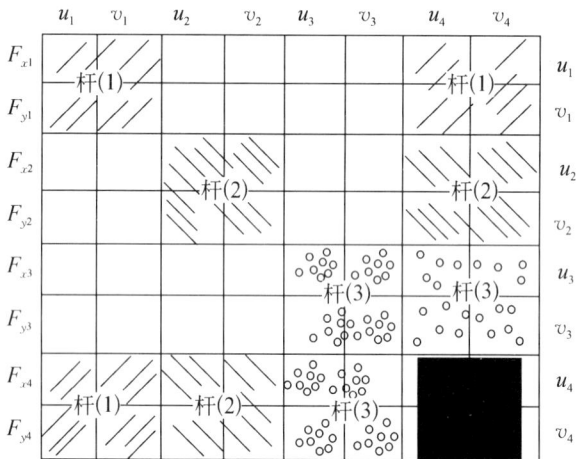

图 5-6 元刚叠加为 $[K]$

因此,早期有限元位移法也叫直接刚度法。

4) 平面应力单元及坐标变换问题

(1) 平面应力单元的单元刚度 $[K_e]$

首先建立自身坐标系的单元刚度矩阵 $[K_e']$,再进行坐标变换到统一坐标系中的元刚 $[K_e]$。

① 选取合适的单元位移函数(分片插值函数):

$$
\begin{Bmatrix}
u'(x', y') \\
v'(x', y')
\end{Bmatrix}
= N\{\delta_e'\}
\tag{5-28}
$$

其中$\{\delta'_e\}$为单元节点自身坐标系中的位移矢量,而 N 仅是单元节点 i 坐标 x'_i, y'_i的函数。

② 建立单元应力,应变表达式为

$$\left\{\begin{array}{c} \varepsilon_x \\ \varepsilon_y \\ \gamma_{xy} \end{array}\right\} = \boldsymbol{B}\{\delta'_e\} \tag{5-29}$$

$$\left\{\begin{array}{c} \sigma_x \\ \sigma_y \\ \tau_{xy} \end{array}\right\} = \boldsymbol{DB}\{\delta'_e\} \tag{5-30}$$

注意,式(5-29)的应变是对自身坐标系,式中 x 应是 x',书写时略去。其中:$\boldsymbol{D}$ 为材料弹性矩阵;$\boldsymbol{B}$ 为几何矩阵。

③ 单元势能 $\varPi$ 表达式:

$$\varPi = \frac{1}{2}\int_{\Omega}\{\delta'_e\}^{\mathrm{T}}\boldsymbol{B}^{\mathrm{T}}\boldsymbol{DB}\{\delta'_e\}\mathrm{d}\Omega - \{\delta'_e\}^{\mathrm{T}}\{F'_e\} \tag{5-31}$$

其中:$\{F'_e\}$为自身坐标系单元节点力矢量;Ω 为单元体积域。

$$\{F'_e\} = \{\begin{array}{cccc} F'_{x1} & F'_{y1} & F'_{x2} & F'_{y2} \quad \cdots \end{array}\}$$

④ 利用最小势能原理,建立刚度方程:

$$\frac{\partial \varPi}{\partial\{\delta'_e\}} = 0$$

得到

$$\{F'_e\} = \left(\int_{\Omega}\boldsymbol{B}^{\mathrm{T}}\boldsymbol{DB}\,\mathrm{d}\Omega\right)\{\delta'_e\} \tag{5-32}$$

单元自身坐标系中刚度矩阵 $\qquad [K'_e] = \int_{\Omega}\boldsymbol{B}^{\mathrm{T}}\boldsymbol{DB}\,\mathrm{d}\Omega \tag{5-33}$

类似式(5-27)的坐标变换得到$[K_e]$。关键是求变换矩阵$[T]$。

(2) 坐标变换

① 元素自身坐标系 x', y', z' 与统一坐标系 x, y, z 变换关系。

两坐标系坐标轴方向的单位矢量分别为 $\boldsymbol{i}'$, $\boldsymbol{j}'$, $\boldsymbol{k}'$ 及 $\boldsymbol{i}$, $\boldsymbol{j}$, $\boldsymbol{k}$(如图 5-7 所示)。

② 设 A 为空间任一点,它在两坐标系中的坐标值分别为$(x'$, y', $z')$,(x, y, z)。

③ $\boldsymbol{OA}$ 矢量 $\boldsymbol{R}$ 写为

$$\boldsymbol{R} = \boldsymbol{OA} = x\boldsymbol{i} + y\boldsymbol{j} + z\boldsymbol{k}$$

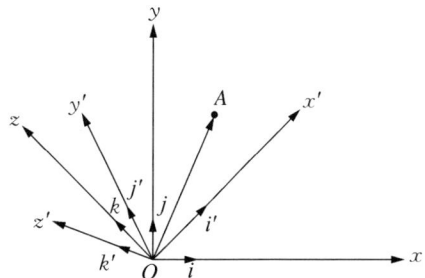

图 5-7 坐标系的矢量表示

分量 x', y', z' 分别是矢量 $\boldsymbol{R}$ 与单位矢量 $\boldsymbol{i'}$, $\boldsymbol{j'}$, $\boldsymbol{k'}$ 的**点积**, 故有

$$
\begin{Bmatrix} x' \\ y' \\ z' \end{Bmatrix} = \begin{Bmatrix} R \cdot i' \\ R \cdot j' \\ R \cdot k' \end{Bmatrix} = \begin{bmatrix} i \cdot i' & j \cdot i' & k \cdot i' \\ i \cdot j' & j \cdot j' & k \cdot j' \\ i \cdot k' & j \cdot k' & k \cdot k' \end{bmatrix} \begin{Bmatrix} x \\ y \\ z \end{Bmatrix} \tag{5-34}
$$

即得到两个坐标系的基本变换关系为

$$
\begin{Bmatrix} x' \\ y' \\ z' \end{Bmatrix} = \begin{bmatrix} l_1 & m_1 & n_1 \\ l_2 & m_2 & n_2 \\ l_3 & m_3 & n_3 \end{bmatrix} \begin{Bmatrix} x \\ y \\ z \end{Bmatrix} \tag{5-35}
$$

简写为

$$
\begin{Bmatrix} x' \\ y' \\ z' \end{Bmatrix} = [T] \begin{Bmatrix} x \\ y \\ z \end{Bmatrix} \tag{5-36}
$$

其中: l_1, m_1, n_1 分别是 x' 对 x, y, z 轴的方向余弦; l_2, m_2, n_2 分别是 y' 对 x, y, z 轴的方向余弦; l_3, m_3, n_3 分别是 z' 对 x, y, z 轴的方向余弦。

④ 平面应力(或应变)单元坐标变换计算方法。

如图 5-8 所示, 将四边形 1234 在平面坐标系中的位移 u'_i, v'_i 转到空间坐标系 u_i, v_i, $w_i (i=1, 2, 3, 4)$ 的方法如下:

要建立如下关系

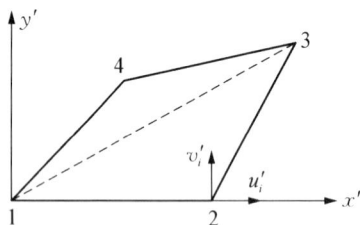

图 5-8 四边形自身坐标系

$$
\begin{Bmatrix} u'_i \\ v'_i \end{Bmatrix} = [T_i] \begin{Bmatrix} u_i \\ v_i \\ w_i \end{Bmatrix} \tag{5-37}
$$

$$
\begin{Bmatrix} u'_i \\ v'_i \end{Bmatrix} = \begin{bmatrix} l_1 & m_1 & n_1 \\ l_2 & m_2 & n_2 \end{bmatrix} \begin{Bmatrix} u_i \\ v_i \\ w_i \end{Bmatrix} \tag{5-38}
$$

由式(5-38)可知, l_1, m_1, n_1 为 $\boldsymbol{x'}$ 矢量(即 $\boldsymbol{i'}$)对 x, y, z 的方向余弦; l_2, m_2, n_2 为 $\boldsymbol{y'}$ 矢量(即 $\boldsymbol{j'}$)对 x, y, z 的方向余弦;

已知 4 个节点在统一坐标中的坐标值 x_i, y_i, z_i, 由此 4 个点坐标建立坐标轴 $\boldsymbol{x'}$, $\boldsymbol{y'}$ 矢量:

$$
\boldsymbol{x'} = \boldsymbol{12} = x_{21}\boldsymbol{i} + y_{21}\boldsymbol{j} + z_{21}\boldsymbol{k}
$$

其中, $x_{21} = x_2 - x_1$, 那么 $\boldsymbol{y'}$ 如何建立?

我们知道, $\boldsymbol{y'} = \boldsymbol{z'} \times \boldsymbol{x'}$ 先求 $\boldsymbol{z'}$。

因为 $z' = x' \times 13$，矢量 $13 = x_{31}i + y_{31}j + z_{31}k$　　所以有

$$z' = x' \times 13 = \begin{vmatrix} i & j & k \\ x_{21} & y_{21} & z_{21} \\ x_{31} & y_{31} & z_{31} \end{vmatrix} = a_z i + b_z j + c_z k$$

z' 求得后，便可求 y'，用程序求得 y'，设为

$$y' = a_y i + b_y j + c_y k$$

那么

$$l_1 = x' \cdot i = x_{21}/|x'|, \ m_1 = x' \cdot j = y_{21}/|x'|, \ n_1 = x' \cdot k = z_{21}/|x'|$$

同理

$$l_2 = y' \cdot i = a_y/|y'|, \ m_2 = y' \cdot j = b_y/|y'|, \ n_2 = y' \cdot k = c_y/|y'|$$

其中：$|x'|$，$|y'|$ 分别为 x'，y' 的矢量模。

就可求得

$$[T_i] = \begin{bmatrix} l_1 & m_1 & n_1 \\ l_2 & m_2 & n_2 \end{bmatrix} \tag{5-39}$$

因此，得到平面单元的变换关系为

$$\begin{Bmatrix} \delta'_1 \\ \delta'_2 \\ \delta'_3 \\ \delta'_4 \end{Bmatrix} = \begin{bmatrix} [T_i] & & & \\ & [T_i] & & \\ & & [T_i] & \\ & & & [T_i] \end{bmatrix} \begin{Bmatrix} \delta_1 \\ \delta_2 \\ \delta_3 \\ \delta_4 \end{Bmatrix} \tag{5-40}$$

简写为

$$\{\delta'_e\} = [T]\{\delta_e\} \tag{5-40-1}$$

式(5-40)中，$\delta'_i = \begin{Bmatrix} u'_i \\ v'_i \end{Bmatrix}$，$\delta_i = \begin{Bmatrix} u_i \\ v_i \\ w_i \end{Bmatrix}$，$i = 1, 2, 3, 4$ $\tag{5-40-2}$

⑤ 三维单元的坐标变换。

对于三维单元要求给定位移函数 $w'(x', y')$，同样可得到

$$l_3 = z' \cdot i = a_z/|z'|, \ m_3 = z' \cdot j = b_z/|z'|, \ n_3 = z' \cdot k = c_z/|z'|$$

那么有

$$[T_i] = \begin{bmatrix} l_1 & m_1 & n_1 \\ l_2 & m_2 & n_2 \\ l_3 & m_3 & n_3 \end{bmatrix} \tag{5-41}$$

对于三维,仅是式(5-40)左边第 i 点位移矢量增加 w_i' 分量。

5)空间薄壳单元

(1)单元任一节点 i 在自身坐标系中的位移矢量

如图 5-9 所示,有

$$\{\delta_i'\} = \begin{bmatrix} u_i' & v_i' & w_i' & \theta_{xi}' & \theta_{yi}' & \theta_{zi}' \end{bmatrix}^{\mathrm{T}}$$

其中: $\theta_{xi}' = \left(\dfrac{\partial w'}{\partial y'}\right)_i$; $\theta_{yi}' = -\left(\dfrac{\partial w'}{\partial x'}\right)_i$;转角按右手法则定正负。

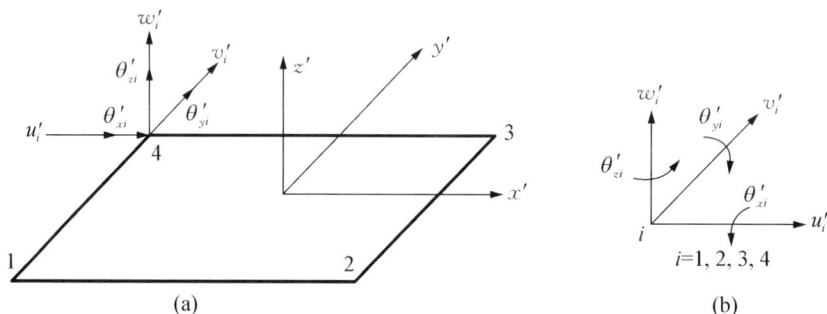

图 5-9 四边形位移矢量

我们知道,在板弯理论中是不考虑 $M_{\theta zi}'$(对应 θ_{zi}'), θ_{zi}' 不影响单元的应力状态,为了便于以后把局部坐标变为总体坐标,把 θ_{zi}' 也包括在节点 i 中,虚拟一个 $M_{\theta zi}'$。

与 $\{\delta_i'\}$ 对应的节点力为

$$\{F_i'\} = \begin{bmatrix} F_{xi}' & F_{yi}' & F_{zi}' & M_{\theta xi}' & M_{\theta yi}' & M_{\theta zi}' \end{bmatrix}^{\mathrm{T}}。$$

单元自身坐标系中的位移矢量为

$$\{\delta_e'\} = \begin{bmatrix} \delta_1' & \delta_2' & \delta_3' & \delta_4' \end{bmatrix}^{\mathrm{T}}_{(24\times 1)}$$

单元上任一点的挠度为

$$\begin{Bmatrix} u'(x, y) \\ v'(x, y) \\ w'(x, y) \end{Bmatrix} = [N]\{\delta_e'\} \tag{5-42}$$

其中: $[N] = \begin{bmatrix} N_1 & N_2 & N_3 & N_4 \end{bmatrix}$, $[N_i]$ 的阶数为 3×6。

(2)任一点应变

$$\{\bar{\varepsilon}\} = \begin{bmatrix} \varepsilon_x & \varepsilon_y & \gamma_{xy} & \kappa_x & \kappa_y & \kappa_{xy} \end{bmatrix}^{\mathrm{T}}$$

$\{\bar{\varepsilon}\} = \begin{bmatrix} B_1 & B_2 & B_3 & B_4 \end{bmatrix}\{\delta_e'\}$, B_i 阶数为 6×6。

(3)自身坐标系元素刚度推导

例如,复合材料层板广义应力-应变关系为

$\{\bar{\sigma}\} = \bar{\boldsymbol{D}}\{\bar{\varepsilon}\}$，而$\{\bar{\varepsilon}\} = \boldsymbol{B}\{\delta'_e\}$，与$\{\delta'_e\}$对应的节点力($i$点)为

$\{F'_i\} = \begin{bmatrix} F'_{xi} & F'_{yi} & F'_{zi} & M'_{\theta xi} & M'_{\theta yi} & M'_{\theta zi} \end{bmatrix}^{\mathrm{T}}$，单元的节点力为$\{F'_e\}$，利用能量原理或虚功原理得

$$\{F'_e\} = \iint \boldsymbol{B}^{\mathrm{T}} \bar{\boldsymbol{D}} \boldsymbol{B} h \, \mathrm{d}x\mathrm{d}y \cdot \{\delta'_e\} \tag{5-43}$$

自身坐标系中元素刚度　$\begin{bmatrix} K'_e \end{bmatrix} = \iint \boldsymbol{B}^{\mathrm{T}} \bar{\boldsymbol{D}} \boldsymbol{B} h \, \mathrm{d}x\mathrm{d}y$ $\tag{5-44}$

其中：h 为板厚度。

要特别注意，不要把节点力$\{F'\}_e$与层板广义应力 $\{\bar{\sigma}\} = \{N \quad M\}^{\mathrm{T}}$ 混为一谈，虽然里面都含有弯矩，它们之间的关系要通过有限元运算确定。然后进行坐标变换。板弯元要注意以下几个问题：

① 自身坐标系中位移分量不仅是 u'_i，v'_i，w'_i，还增加了 θ'_{xi}，θ'_{yi}，θ'_{zi}，因此，要对转角分量进行变换；

② 上面对 u'_i，v'_i，w'_i 变换的公式同样适用于 θ'_{xi}，θ'_{yi}，θ'_{zi} 的变换，从矢量角度是同等的，因此，$[T_i]$的式(5-41)变为

$$[T_i] = \begin{bmatrix} l_1 & m_1 & n_1 & & & \\ l_2 & m_2 & n_2 & & & \\ l_3 & m_3 & n_3 & & & \\ & & & l_1 & m_1 & n_1 \\ & & & l_2 & m_2 & n_2 \\ & & & l_3 & m_3 & n_3 \end{bmatrix} \tag{5-45}$$

6）如何确定单元中的 $\boldsymbol{N}$ 及 $\boldsymbol{B}$［见式(5-28)及式(5-29)］

以三角形为例说明一般的过程。以 x'，y' 表示自身坐标系，如图 5-10 所示。

设　$\left.\begin{array}{l} u'(x', y') = \alpha_1 + \alpha_2 x' + \alpha_3 y' \\ v'(x', y') = \alpha_4 + \alpha_5 x' + \alpha_6 y' \end{array}\right\}$ $\tag{5-46}$

其中：$u'(x', y')$，$v'(x', y')$为自身平面中 x'，y' 方向的位移。

将 $x' = x'_i$，$y' = y'_i$ 代入式(5-46)得 u'_i，v'_i：

$$\left.\begin{array}{l} u'_1 = \alpha_1 + \alpha_2 x'_1 + \alpha_3 y'_1 \\ v'_1 = \alpha_4 + \alpha_5 x'_1 + \alpha_6 y'_1 \\ u'_2 = \alpha_1 + \alpha_2 x'_2 + \alpha_3 y'_2 \\ v'_2 = \alpha_4 + \alpha_5 x'_2 + \alpha_6 y'_2 \\ u'_3 = \alpha_1 + \alpha_2 x'_3 + \alpha_3 y'_3 \\ v'_3 = \alpha_4 + \alpha_5 x'_3 + \alpha_6 y'_3 \end{array}\right\} \tag{5-47}$$

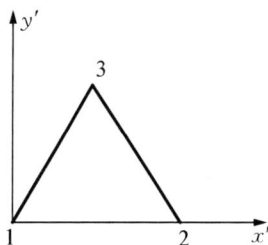

图 5-10　三角形自身坐标系

将式(5-47)写为矩阵形式：

$$\{\delta'_e\} = [\bar{x}_i]\{\alpha\} \tag{5-48}$$

其中：$[\bar{x}_i]$ 为节点 i 的坐标值组成的矩阵，$\{\alpha\} = \begin{bmatrix} \alpha_1 & \alpha_2 & \alpha_3 & \alpha_4 & \alpha_5 & \alpha_6 \end{bmatrix}^{\mathrm{T}}$。

由式(5-48)得

$$\{\alpha\} = [\bar{x}_i]^{-1}\{\delta'_e\} \tag{5-49}$$

$$\left.\begin{aligned}
\alpha_1 &= \begin{bmatrix} 1 & 0 & 0 & 0 & 0 & 0 \end{bmatrix}\{\alpha\} = \begin{bmatrix} 1 & 0 & 0 & 0 & 0 & 0 \end{bmatrix}[\bar{x}_i]^{-1}\{\delta'_e\} \\
\alpha_2 &= \begin{bmatrix} 0 & 1 & 0 & 0 & 0 & 0 \end{bmatrix}[\bar{x}_i]^{-1}\{\delta'_e\} \\
&\vdots \\
\alpha_6 &= \begin{bmatrix} 0 & 0 & 0 & 0 & 0 & 1 \end{bmatrix}[\bar{x}_i]^{-1}\{\delta'_e\}
\end{aligned}\right\} \tag{5-50}$$

将 α_i 代入式(5-46)得

$$u'(x',\ y') = \begin{bmatrix} 1 & x' & y' & 0 & 0 & 0 \end{bmatrix}[\bar{x}_i]^{-1}\{\delta'_e\} \tag{5-51}$$

可简写为

$$u'(x',\ y') = [N_1]\{\delta'_e\} \tag{5-52}$$

$$v'(x',\ y') = \begin{bmatrix} 0 & 0 & 0 & 1 & x' & y' \end{bmatrix}[\bar{x}_i]^{-1}\{\delta'_e\} \tag{5-53}$$

$$v'(x',\ y') = [N_2]\{\delta'_e\} \tag{5-54}$$

$$\boldsymbol{N} = \begin{bmatrix} N_1 \\ N_2 \end{bmatrix}_{(2\times 6)} \tag{5-55}$$

$\boldsymbol{B}$ 矩阵求法：

$$\left.\begin{aligned}
\varepsilon_{x'} &= \frac{\partial u'(x',\ y')}{\partial x'} = \alpha_2,\ \varepsilon_{y'} = \frac{\partial v'(x',\ y')}{\partial y'} = \alpha_6 \\
\gamma_{x'y'} &= \frac{\partial u'(x',\ y')}{\partial y'} + \frac{\partial v'(x',\ y')}{\partial x'} = \alpha_3 + \alpha_5 \\
\begin{Bmatrix} \varepsilon_{x'} \\ \varepsilon_{y'} \\ \gamma_{x'y'} \end{Bmatrix} &= \begin{bmatrix} 0 & 1 & 0 & 0 & 0 & 0 \\ 0 & 0 & 0 & 0 & 0 & 1 \\ 0 & 0 & 1 & 0 & 1 & 0 \end{bmatrix}\{\alpha\}
\end{aligned}\right\} \tag{5-56}$$

简写为

$$\{\varepsilon\} = \boldsymbol{C}\{\alpha\} \tag{5-57}$$

将式(5-49)代入：

$$\{\varepsilon\} = \boldsymbol{C}[\bar{x}_i]^{-1}\{\delta'_e\} = B\{\delta'_e\} \tag{5-58}$$

其中：

$$
\begin{aligned}
\boldsymbol{B} &= \boldsymbol{C}[\bar{x}_i]^{-1} \\
\boldsymbol{C} &= \begin{bmatrix} 0 & 1 & 0 & 0 & 0 & 0 \\ 0 & 0 & 0 & 0 & 0 & 1 \\ 0 & 0 & 1 & 0 & 1 & 0 \end{bmatrix}
\end{aligned} \quad\Bigg\}
\tag{5-59}
$$

一般 $\boldsymbol{C}$ 矩阵是 x'，y' 的函数，对于三角形情况，应变是常值，所以它是常量。$\boldsymbol{B}$ 是几何矩阵。

7）基本步骤

① 将多维结构离散为有限多个节点及有限多个单元（一般需多种不同形式的单元），简称"建模"。

② 建立单元刚度矩阵 $[K_e]$。

a. 选取合适的单元位移函数（分片插值函数）

$$
\left\{\begin{array}{l} u'(x, y) \\ v'(x, y) \\ w'(x, y) \end{array}\right\} = [N]\{\delta'_e\}
\tag{5-60}
$$

其中：$\{\delta'_e\}$ 为单元自身坐标系节点位移矢量；而 $[N]$ 仅是单元节点 i 的坐标 x'_i，y'_i 的函数。

b. 建立单元应力，应变表达式为

$$
\{\varepsilon\} = \boldsymbol{B}\{\delta'_e\}
\tag{5-61}
$$

$$
\{\sigma\} = \boldsymbol{DB}\{\delta'_e\}
\tag{5-62}
$$

其中：$\boldsymbol{D}$ 为材料弹性矩阵；$\boldsymbol{B}$ 为几何矩阵。对于复合材料层板，$\{\varepsilon\}$，$\{\sigma\}$ 要用广义 $\{\bar{\varepsilon}\}$，$\{\bar{\sigma}\}$ 表示。广义 $\{\bar{\varepsilon}\}$，$\{\bar{\sigma}\}$ 见后面说明。

c. 单元势能 $\varPi$ 表达式

$$
\varPi = \frac{1}{2}\left(\int_{\Omega}\{\delta'_e\}^{\mathrm{T}}\boldsymbol{B}^{\mathrm{T}}\boldsymbol{DB}\{\delta'_e\}\mathrm{d}\Omega\right) - \{\delta'_e\}^{\mathrm{T}}\{F'_e\}
\tag{5-63}
$$

其中：$\{F'_e\}$ 为单元自身坐标系中节点力矢量。

d. 利用最小势能原理，建立刚度方程

$$
\frac{\partial \varPi}{\partial\{\delta'_e\}} = 0
\tag{5-64}
$$

得到

$$
\{F'_e\} = \left(\int_{\Omega}\boldsymbol{B}^{\mathrm{T}}\boldsymbol{DB}\,\mathrm{d}\Omega\right)\{\delta'_e\}
\tag{5-65}
$$

单元自身坐标系中刚度矩阵为

$$[K'_e] = \int_\Omega \boldsymbol{B}^\top \boldsymbol{DB} \mathrm{d}\Omega \tag{5-66}$$

当位移函数复杂时,式(5-66)要进行数值积分才能求得$[K'_e]$,这时要进行坐标变换,求出统一坐标中元刚$[K_e]$。

③ 建立整体结构刚度方程。

将元刚$[K_e]$叠加求出总刚度矩阵,处理约束后得到$[K]$;再根据节点力平衡条件:

$$P_i = \sum_j^m F_i^{(j)} \qquad j = 1, 2, \cdots, m; i = 1, 2, \cdots, n \tag{5-67}$$

其中:$F_i^{(j)}$表示会交于第i点处第j个元素的内力,i点共m个元素;P_i表示i点的外力。最后得到结构总的平衡方程

$$P = KU \tag{5-68}$$

④ 求解。

求解式(5-68),求得结构节点位移U,取出单元节点位移$\{\delta_e\}$,再求$\{\delta'_e\}$,用式(5-61)及式(5-62)求出各单元应变和应力。

5.1.2.2 稳定分析有限元法基本概念简介

1) 基本物理概念和势能极值原理

变形体(例如板、杆)在面内力(或轴向力)F_0和侧向力P(垂直于板面或杆轴线)共同作用下,板或杆将产生轴向变形及侧向弯曲变形,这是确定无疑的事实。但是当$P = 0$时(无侧向载荷),仅有面内(或轴向)压缩载荷F_0的作用,当F_0很小时,板或杆没有弯曲变形(w),当达到一个临界值F_{cr}时,板突然产生弯曲变形,这时变形已处于不稳定状态。面内(或轴向)力F_0作用下板或杆由稳定平衡过渡到不稳定平衡状态。因此,这是研究面内(或轴向)力F_0作用下,对板(或杆)弯曲变形的平衡问题。研究在F_0达到F_{cr}时系统势能变化是解释此物理现象最有效的方法。这一物理现象最先是由欧拉解决的。

我们知道,系统的平衡状态给一微小的位移(Δw),系统势能增加,即$\Delta \Pi > 0$,此时称此平衡状态为稳定平衡状态。当给一微小变形而离开此平衡状态,系统的势能将减少,即$\Delta \Pi < 0$,此时系统的平衡是不稳定的。这两者之间的分界即为$\Delta \Pi = 0$,这叫随遇平衡。这就是熟知的钢球平衡问题。如图5-11所示,当势能Π达到极值即$\partial \Pi = 0$是研究临界状态的方法,即势能极值原理。

稳定平衡　　　　不稳定平衡　　　　随遇平衡

图5-11 钢球平衡问题

2) 势能表达式

以梁为例,讨论如图 5-12 所示系统在轴力作用下的势能。

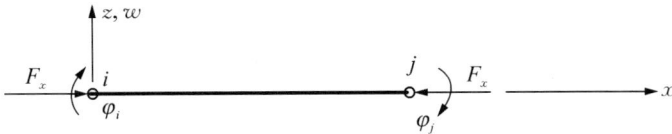

图 5-12 受轴压杆

杆的弯曲应变能

$$U = \frac{1}{2}\int_L EI\left(\frac{\mathrm{d}^2 w}{\mathrm{d}x^2}\right)^2 \mathrm{d}x \qquad (5-69)$$

当杆出现 w 位移时,杆微元 $\mathrm{d}x$ 轴向移动量为 $\frac{1}{2}\left(\frac{\mathrm{d}w}{\mathrm{d}x}\right)^2 \mathrm{d}x$

故外力 F_x 的势能为

$$V = -\int \frac{1}{2}F_x\left(\frac{\mathrm{d}w}{\mathrm{d}x}\right)^2 \mathrm{d}x \qquad (5-70)$$

总势能为

$$\Pi = U + V = \frac{1}{2}\int \left\{ EI\left(\frac{\mathrm{d}^2 w}{\mathrm{d}x^2}\right)^2 - F_x\left(\frac{\mathrm{d}w}{\mathrm{d}x}\right)^2 \right\} \mathrm{d}x \qquad (5-71)$$

3) 势能驻值原理

设位移为

$$w(x) = [N][\delta_b] \qquad (5-72)$$

其中 $[\delta_b]$ 为节点位移:

$$[\delta_b] = [w_i,\ \varphi_i,\ w_j,\ \varphi_j]^{\mathrm{T}} \qquad (5-73)$$

利用势能驻值原理 $\dfrac{\partial \Pi}{\partial \{\delta\}} = 0$ 得

$$([k_b] + [k_\sigma])\{\delta\} = \{0\} \qquad (5-74)$$

其中:$[k_b]$ 为弯曲刚度;$[k_\sigma]$ 为几何刚度。几何刚度 $[k_\sigma]$ 是外力 F_x 及几何尺寸的函数,当 F_x 为负时,它为负值。表示轴压力 F_x 使系统的刚度减少,几何刚度跟 F_x 成正比。

令 $F = \lambda F_x$,则式(5-74)改写为

$$([k_b] + \lambda[k_\sigma])\{\delta\} = \{0\} \qquad (5-75)$$

这就是稳定分析的基本方程。它是齐次方程组,为了求出异于零的解,系数行

列式必须为零,即

$$| [k_b] + \lambda [k_\sigma] | = 0 \qquad (5-76)$$

求出 λ 值,则 $F_{cr} = \lambda F_x$。

推广到复杂结构情况,将各单元的势能叠加,同样得到跟式(5-76)一样形式的总体结构稳定方程

$$| [K_b] + \lambda [K_\sigma] | = 0 \qquad (5-77)$$

结构的总刚度为

$$[K] = [K_b] + \lambda [K_\sigma]$$

当 λ 达到某些值时,$[K]$ 的行列式为零,这就是弹性稳定问题的力学数学概念。

4)求解步骤

求解分两步:

第一步:在所有外力(包括面内、面外力系)作用下进行应力分析,求出面内内力系 $\{F\}$;

第二步:形成结构的几何刚度矩阵 $[K_\sigma]$,它仅是面内内力 $\{F\}$ 及几何尺寸的函数,然后按式(5-77)求解得到 λ_1, λ_2, $\cdots$, λ_m,表示求出 m 个特征值。

要特别强调的是,不像研究单个元件(如一块板或一个梁元),在那里我们关心的是最小的 $\lambda_{min} = \lambda_{cr}$,而对于复杂结构来说,不同的 λ_i 代表不同的部位(或构件)失稳时的 λ 值。这就是"外力系"(所有的外力,包括侧向力)作用下不同的构件失稳的情况,λ_{min} 是对应首先失稳的部位(或构件),λ_{max} 可能是最不容易失稳的部位。因此,失稳的临界值是对于整个外载荷而说的。如外力系用 $\bar{P}$ 表示,它是侧向力及面内外力系组成,或称载荷情况 $\bar{P}$,设求得

$$\lambda_1 = 0.9, \quad \lambda_2 = 0.95, \cdots$$

这表明,这种载荷情况加载到90%时,就会使得某部位首先失稳。因此,临界载荷是指整个载荷系:

$$\bar{P}_{cr} = \lambda_{cr} \bar{P} \qquad (5-78)$$

5.1.2.3　有关有限元的几个问题

1)关于插值函数问题

表达单元变形模式的插值函数是有限元法的一个重要特点。因为插值函数的选择对提高有限元法的精度极为重要。因此,对插值函数的研究在有限元发展过程中曾经做了不少工作,对于选用的插值函数应该满足什么要求,这里不详细论述,仅单介绍有关插值函数最基本的基础知识。

(1)插值函数分两大类

① Lagrange 型插值:

仅要求插值多项式本身在插值点上取已知值,称为 Lagrange 型。

② Hermite 型插值:

除了要求多项式本身在插值点上取已知值外,还要求插值多项式的导数(一阶、二阶……)在插值点上取已知值,即称它为 Hermite 型插值。

(2) 单元插值函数的协调性

对于某些插值函数,在元素的公共边界上,不仅函数值本身,连它的微商都连续,这就是协调的插值函数。相反,某些插值函数本身函数值在单元公共边上就不连续,例如平面单元中,取双线性插值:

$$\begin{cases} u = A_1 x + B_1 y + C_1 xy + D_1 \\ v = A_2 x + B_2 y + C_2 xy + D_2 \end{cases} \tag{5-79}$$

这对于矩形边,在公共边上位移是连续的,但对于梯形板则公共边 1→2 上位移不连续且沿 1→2 方向位移 u' 是该方向 x' 坐标的二次函数,如图 5-13 所示。

我们知道,在 1→2 公共边上 u' 是自身坐标 x' 的二次函数,单凭两个端点的位移 u'_1 和 u'_2 是不能唯一确定此函数的。因此,对于任意四边形,这种位移函数是不能选用的。

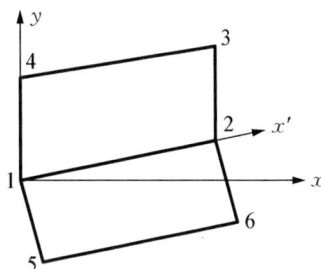

图 5-13 任意四边形自身坐标

2) 关于总刚[K]的形成及处理

(1) "对号入座"将元刚叠加成总刚(见图 5-5 及图 5-6 所示)

(2) 总刚[K]的三带特性

如上面所介绍的,直接"对号入座"(各位移分量编号)叠加,得到的总刚[K]具有如图 5-14 所示的三带特性。

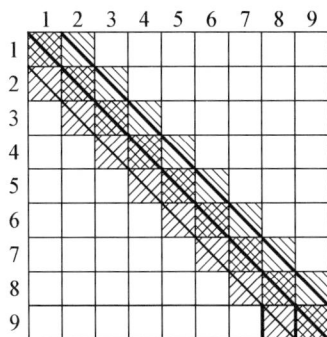

打剖面线部分刚度分量 k_{ij} 有数值,其他分量为零。

图 5-14 [k]的三带型式示意图

从图上可以看出,总刚[K]中大部分为 0,一般都要去零存放。

(3) 约束条件的处理

如图 5-6 所示的刚度 $[K]$，各行或各列元素之和为 0，即 $\sum_{i=1}^{n} k_{ij} = 0$，故 $[K]$ 是奇异的，必须进行约束处理：

① $u_i = 0$，则对应的行列去掉，使其降阶；

② u_i，u_j 之间有某种关系，如 $u_i = cu_j$，将对应 u_i 的行列乘上 c，加到 u_j 对应的行列上；处理后，$[K]$ 变为 $[\bar{K}]$，可求逆。

3）热应力分析

（1）基本概念

气动加热，即结构温度变化时，下列 3 种原因之一会出现热应力：

① 由于温度分布不均；

② 由于"约束"，即使温度均匀分布也会引起热力。从热应力观点来看，无约束复杂结构基本不存在；

③ 结构材料热膨胀系数不同。

（2）理论基础

① 设理想弹性体在均匀温度 T_0 时无载荷的状态为无变形状态。在加温至 $T = T(x, y, z)$ 时，并任其自由膨胀。当结构是各向同性时，体内单元将在各方向作等量膨胀而没有剪应变，那么，热应变为

$$\varepsilon_m = \alpha(T - T_0)$$

② 若物体受约束不能自由膨胀时，在外载荷和热同时作用下，将产生应力 σ_{ij} 和应变 ε_{ij}，总应变为应力应变 $\varepsilon_{ij,\sigma}$ 和热应变 $\varepsilon_{ij,m}$ 之和：

$$\varepsilon_{ij} = \varepsilon_{ij,\sigma} + \varepsilon_{ij,m}$$

对于一维情况，应力-应变关系如图 5-15 所示。

一维应力应变关系为

$$\varepsilon = \varepsilon_\sigma + \alpha\Delta T = \frac{\sigma}{E} + \alpha\Delta T \tag{5-80}$$

由此得

$$\sigma = E(\varepsilon - \alpha\Delta T) \tag{5-81}$$

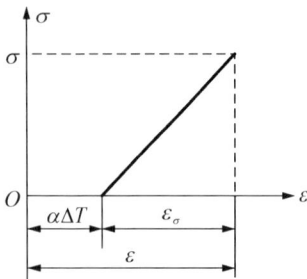

图 5-15 应力-应变关系

其中：ε 为总应变；ε_σ 为应力引起的弹性应变；E 为弹性模量；α 为材料热膨胀系数。对于多维问题，式（5-81）变为

$$\{\sigma\} = [G](\{\varepsilon\} - \Delta T\{\alpha\}) \tag{5-82}$$

其中：$[G]$ 为材料弹性矩阵。式（5-81）及式（5-82）是热应力分析的理论基础。

（3）"热载"的概念

在建立结构(或元素)的刚度方程时,由式(5-81)或式(5-82)出发,可得到下列关系:

$$\{F\} = [K]\{\delta\} - \{F_T\} \qquad (5-83)$$

或写为

$$\{F\} + \{F_T\} = [K]\{\delta\} \qquad (5-84)$$

其中:$\{F\}$,$\{\delta\}$分别为外载荷和位移矢量;$[K]$为刚度矩阵。$\{F_T\}$是ΔT、α及结构参数的函数,称为"热载"矢量。

当外力矢量$\{F\}$为0时,式(5-84)变为

$$\{F_T\} = [K]\{\delta\} \qquad (5-85)$$

即无载荷时,结构在热作用下仍会产生变形(及应力)。热对结构的作用效应相当于"载荷"对结构的作用效应。例如,一个等截面杆,在均布温度ΔT作用下(图5-16),热载为

$$F_{Ax} = -\alpha(\Delta T)EA$$

$$F_{Bx} = \alpha(\Delta T)EA$$

其中:A为杆的截面积;E为弹性模量。

图5-16 杆热载

若A、B两端固支,热载作用下,A、B点无位移,但根据式(5-81),杆热应力$\sigma = -E\alpha\Delta T$。

复杂结构热应力问题,在20世纪70年代已基本解决,目前几乎所有知名结构分析软件均有热应力分析功能。

4) 有限元模型中节点外载荷计算问题

将分布气动载荷转变到有限元模型节点上的集中载荷,这是在有限元分析之前必须解决的问题。原理虽然简单,但实际上问题并不简单。即使有各种各样的计算软件也有各种各样的问题。

(1) 气动载荷的表达方式

以翼面为例,说明气动载荷表达方式。

① 小展弦机翼。

将真实的分布载荷按某种方法分到许多块小块的载荷面积中心(x_i, z_i)上,如图5-17所示。

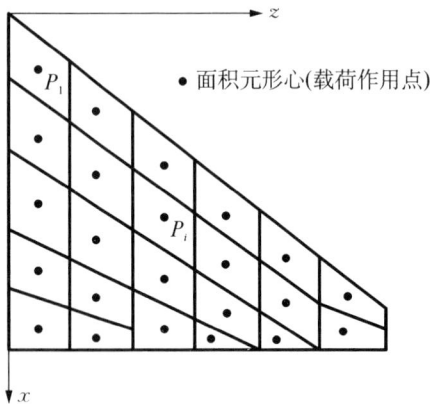

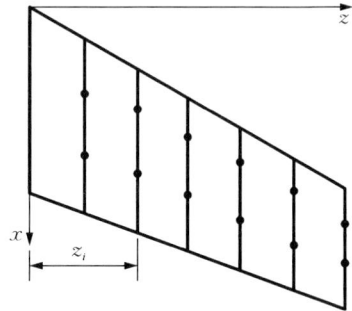

图 5-17　小展弦比机翼载荷面积元　　　　图 5-18　大展弦比机翼

P_i 是第 i 块面积中心点上的外载，x_i，z_i 表示 P_i 作用点坐标，$i=1, 2, \cdots, m$，共 m 块面积元。

② 对于大展弦比机翼。

一般外载给在沿展向的各个弦向剖面上，每个剖面可能给几个点，如图 5-18 所示。

给定若干个弦剖面 z_i 上，$i=1, 2, 3, \cdots$ 给定 $P_{i,1}, z_i, x_1, P_{i,2}, z_i, x_2$。

(2) 如何将 P_i 转变到有限元模型节点载荷

以翼面为例说明，P_i 为 y 方向平行力系。

① 平衡条件：

设外载 P_i 作用点 (x_i, z_i) 转变为有限元模型点 (x_j, z_j) 上为 F_j，$j=1, 2, \cdots, N$。

一般一个 P_i 要转到若干个有限元模型 j 点上。设转到 k 个有限元节点上，根据平衡方程，设 P_i 为 y 方向（垂直弦平面），那么 F_j 也为 y 方向，要满足 3 个平衡方程：

$$\left. \begin{aligned} \sum Y = 0, \quad & P_i = \sum_{j=1}^{k} F_j \\ \sum M_z = 0, \quad & P_i x_i = \sum_{j}^{k} F_j x_j \\ \sum M_x = 0, \quad & P_i z_i = \sum_{j}^{k} F_j z_j \end{aligned} \right\} \tag{5-86}$$

当 $k=3$ 时，式(5-86)有唯一满足静力平衡的解。

当 $k>3$ 时，未知数多于方程数目，面临如何求解的问题。

② 广义插值面样条函数方法。

目前对于翼面类结构较好的方法是取板面的变形广义样条函数。在集中力 P_i 作用下，样条面上各有限元点 j 处的反作用力 $F_j (j=1, 2, \cdots, k)$，如图 5-19 所示。

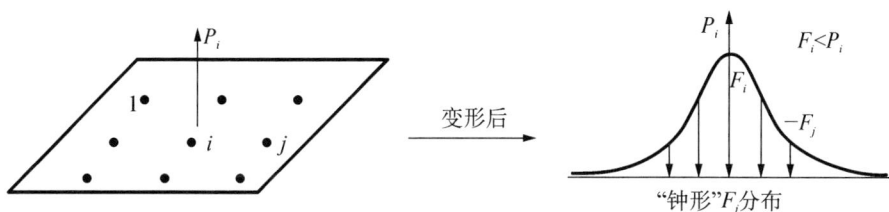

图 5-19　面样条变形曲面

从计算结果反映了下列 3 个非常重要的特点:

a. 在 P_i 的作用下,i 点周围的有限元节点 j 的载荷 F_j 成"钟形"分布,j 点离 i 点越近,F_j 越大,离 i 点越远,F_j 越接近于 0;

b. 当 j 点与 i 点重合时,F_j 仍小于 P_i,这是非常重要的特点;

c. k 值很多,即一个外载点 P_i 可分到很多的点上。

因此,可以说,此软件是目前有限元节点载荷计算中较好的,但对狭长机翼节点载荷分布规律可能有一定的误差。

③ 拉格朗日乘子法。

5) 关于有限元分析结果的评估问题

对有限元计算结果精度评估是非常困难的数学问题,因为结果误差有多方面原因。我们仅从使用角度来了解结果的可信性以及如何改善计算结果的精度。

一般认为,位移法计算结果比"理论"解偏小,当网格越细时,越接近真值,如图 5-20 所示。

为什么解的结果偏小,这涉及比较复杂的泛函的界问题。从直观上来说,网格越细,计算结果越接近真值,这是可以理解的,因为插值函数一般是线性或低次多项式,是近似的,分割越细,越接近真实的位移场。若位移函数是精确的,那么网格粗细对结果没有影响。

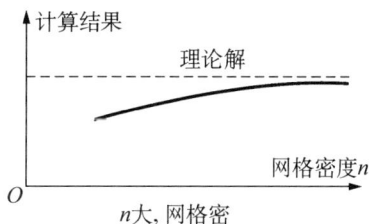

图 5-20　网格粗细对求解精度的影响

6) 计算结果可信性确认

目前强度设计人员大都使用大型的商业软件进行应力分析,有些误差来源使用者无法掌控。但是,对特定的结构采用什么元素,有限元模型如何建立对计算结果影响较大,将在后面详述。复杂结构分析也许根本不存在"精确解",因此,对复杂结构结果可信性的认可是困难的,为了得到好的分析结果,设计人员在使用有限元分析软件之前,下面的工作看来是必须做的:

① 充分了解和参照前人对此软件的使用经验;

② 所建立的复杂有限元模型的计算结果与实验结果数据做比较;

③ 以典型的有理论解,或有试验结果的例题对软件进行测试。当用户对该软件某些元素或分割方法的使用无把握,可用典型的有精确解的例题与有限元分析结

果做比较,以确认使用的正确性。

5.2 复合材料结构应力分析

5.2.1 基本原理和理论

5.2.1.1 应用经典层压板理论

由多层单向带组成的层压板按经典层板理论构成整个厚度上是均质的各向异性板的板单元。有限元素是整个板而不是单层板。与金属板不同之处就在于层压板是各向异性均质板而不是各向同性板。因此,除了物理方程不同之外,有限元的各种运算步骤均同于金属结构。

层压板的物理方程,即力学性能是按经典的层板理论和薄板理论来推导的。

1) 经典层板理论

① 层压板方程由各单层推导。

② 每单层为平面应力状态。

③ 假设各单层胶结完好,且层内树脂与层间树脂相同,层与层间无滑移产生,因此,层压板可以当作一个均质各向异性单个板来看待。

④ 在 MSC. NASTRAN 中板元如 QUAD4,QUAD8,TRIA3,TRIA6 等元素包括了横向剪切刚度

$$\begin{Bmatrix} Q_x \\ Q_y \end{Bmatrix} = \begin{bmatrix} G_3 \end{bmatrix} \begin{Bmatrix} \gamma_{xz} \\ \gamma_{yz} \end{Bmatrix} \tag{5-87}$$

其中:Q_x,Q_y 为单位长度横向剪力;γ_{xz},γ_{yz} 为横向剪应变。

⑤ 在早期 MSC. NASTRAN 中,复合材料板元的横向剪切应力(即层间剪切应力)计算时近似采用基本梁理论,忽略扭矩的影响,因此是近似的,这种近似性可以认为基本满足工程要求。

⑥ 经典层板理论是属于薄板理论。

2) 薄板理论

推导层压板应力-变形的方法,主要是根据板的厚度比板的平面尺寸小得多这一事实进行的。常用的层压板为 8~50 层,一般较薄。在各向同性薄板分析中,习惯将面内载荷和弯曲载荷分别处理。采用平面应力的弹性理论描述面内情况,采用经典的板弯曲理论描述弯曲情况。对于对称层板来说,由于这两种载荷不耦合,故分别处理,当两种载荷同时作用可将分析结果叠加。

薄板理论的经典假设为:

① 板厚比板的平面尺寸小得多;

② 不计表面形状的改变;

③ 垂直于未变形板平面的法线仍垂直于变形后的板平面;

④ 板的法向挠度沿板厚不变;

⑤ 忽略垂直于板面方向的应力。

层压板本构关系建立在经典层板理论的基础上,在推导层压板一系列公式之前,了解下面基本知识是有帮助的:

① Ply(单层,一般厚度为 0.12 mm 左右);

② Lamina(单向板,由多个方向相同的 Ply 叠在一起);

③ Laminate(层压板),是由各单层 Ply 按任意角度叠成;

④ 单层泊松比定义为:$\nu_{LT} = -\dfrac{\varepsilon_T}{\varepsilon_L}$, $\nu_{TL} = -\dfrac{\varepsilon_L}{\varepsilon_T}$;

⑤ 微元体应力方向规定:如图 5-21 所示,面(或边)的外法线方向同于坐标轴方向称为正面,反之为负面;正面上应力方向与坐标轴指向一致者为正号;负面上应力方向与坐标轴指向相反者为正号。

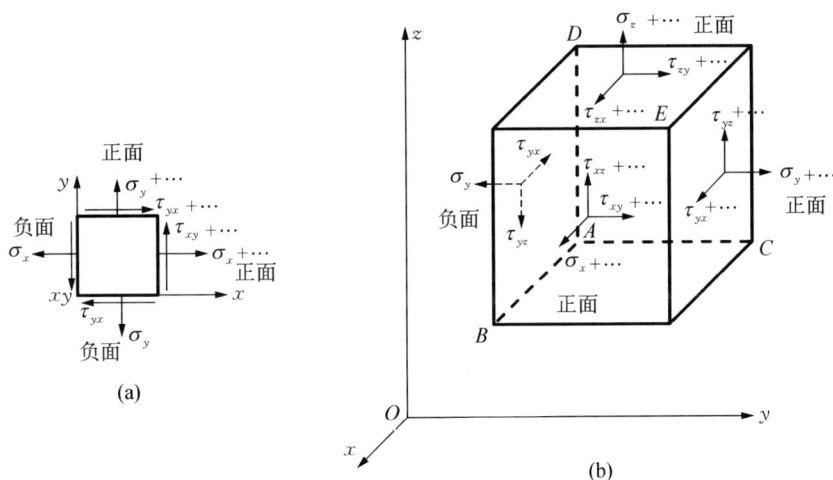

图 5-21   应力符号规定

(a) 平面元;   (b) 体元

3) 单层板应力-应变关系

(1) 正轴方向(L, T)

$$\begin{Bmatrix} \sigma_L \\ \sigma_T \\ \tau_{LT} \end{Bmatrix} = \begin{bmatrix} Q_{11} & Q_{12} & 0 \\ Q_{12} & Q_{22} & 0 \\ 0 & 0 & Q_{66} \end{bmatrix} \begin{Bmatrix} \varepsilon_L \\ \varepsilon_T \\ \gamma_{LT} \end{Bmatrix} \tag{5-88}$$

简写为 $\{\sigma_L\} = [Q]\{\varepsilon_L\}$;根据单层应变-应力关系,很容易推导出式(5-88)中的 Q_{ij} 为

$$Q_{11} = \frac{E_L}{1 - \nu_{LT}\nu_{TL}}, \quad Q_{12} = \frac{E_L \cdot \nu_{TL}}{1 - \nu_{LT}\nu_{TL}}, \quad Q_{22} = \frac{E_T}{1 - \nu_{LT}\nu_{TL}}, \quad Q_{66} = G_{LT}$$

$$\tag{5-89}$$

E_L，E_T，G_{LT}，ν_{LT} 为 4 个独立常数，根据定义很容易证明 $E_L \cdot \nu_{TL} = E_T \cdot \nu_{LT}$。其中：$\sigma_L$ 单层（或单向层压板）纤维方向的正应力，σ_T 为垂直纤维方向的正应力，ε_L，ε_T 是单层（或单向层压板）与 σ_L，σ_T 对应的应变。

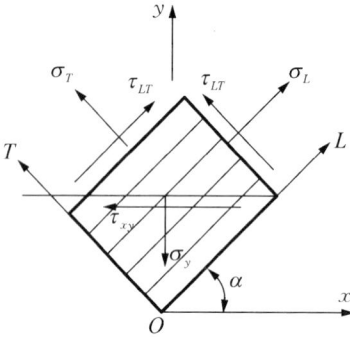

（2）任意方向(x, y)

如图 5-22 所示，取三角形元体平衡，求得

$$\sigma_y = \sigma_L n^2 + 2\tau_{LT} nm + \sigma_T m^2$$

$$\tau_{xy} = \sigma_L mn - mn\sigma_T + (m^2 - n^2)\tau_{LT}$$

其中：$m = \cos\alpha$；$n = \sin\alpha$

同理，取另外的三角形元体平衡可求σ_x。最后写成矩阵形式为

$$\left\{ \begin{array}{c} \sigma_x \\ \sigma_y \\ \tau_{xy} \end{array} \right\} = \begin{bmatrix} m^2 & n^2 & -2mn \\ n^2 & m^2 & 2mn \\ mn & -mn & (m^2-n^2) \end{bmatrix} \left\{ \begin{array}{c} \sigma_L \\ \sigma_T \\ \tau_{LT} \end{array} \right\}$$

$$(5-90)$$

图 5-22 三角形元体平衡

简写为

$$\{\sigma_x\} = [T]_\sigma \{\sigma_L\} \qquad (5-91)$$

（3）$\{\varepsilon_L\}$ 与 $\{\varepsilon_x\}$ 关系

不管平面或三维问题，只要式(5-91)成立，必有式(5-92)成立：

$$\{\varepsilon_L\} = [T]_\sigma^T \{\varepsilon_x\} \qquad (5-92)$$

其中：$\{\varepsilon_L\}$，$\{\varepsilon_x\}$ 是与 $\{\sigma_L\}$，$\{\sigma_x\}$ 对应的应变列阵。这是很容易通过能量原理证明的。这一关系的成立，对简化公式推导是很重要的。

（4）$\{\sigma_x\}$ 与 $\{\varepsilon_x\}$ 关系

由式(5-91)及式(5-92)很容易推导得

$$\{\sigma_x\} = [\overline{Q}]\{\varepsilon_x\} \qquad (5-93)$$

其中： $$[\overline{Q}] = [T]_\sigma [Q] [T]_\sigma^T \qquad (5-94)$$

4）层压板本构关系

（1）基本假设

① 层压板各单层之间粘结牢固，不产生滑移。

② 各单层认为是平面应力状态。

变形前垂直于中面的直线段，变形后仍垂直于变形后的中面，且长度不变。

③ 平行于中面诸截面上的正应力与其他应力相比很小，可略去。

（2）层压板几何描述

如图 5-23 所示，z_k 是 z 轴坐标值，不是距离，因此有正负号。

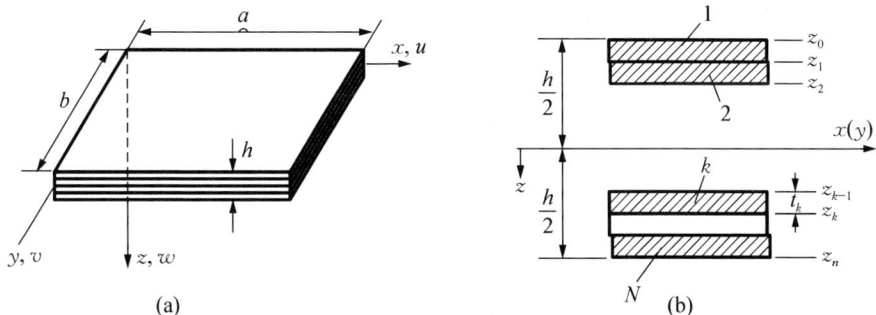

（a）

图 5-23 几何关系及参数

（3）变形分析

$$\left.\begin{array}{l} u = u(x, y, z) \\ v = v(x, y, z) \\ w = w(x, y, z) \end{array}\right\} \tag{5-95}$$

由直法线不变假设，即 $\varepsilon_z = \gamma_{xz} = \gamma_{zy} = 0$，可得

$$\left.\begin{array}{l} \varepsilon_z = \dfrac{\partial w}{\partial z} = 0 \qquad \text{因此 } w \text{ 与 } z \text{ 无关} \\[2mm] \gamma_{zx} = \dfrac{\partial u}{\partial z} + \dfrac{\partial w}{\partial x} = 0 \\[2mm] \gamma_{zy} = \dfrac{\partial v}{\partial z} + \dfrac{\partial w}{\partial y} = 0 \end{array}\right\} \tag{5-96}$$

将式(5-96)对 z 积分得

$$\left.\begin{array}{l} w = w(x, y) \\[2mm] u = u_0(x, y) - z\dfrac{\partial w(x, y)}{\partial x} \\[2mm] v = v_0(x, y) - z\dfrac{\partial w(x, y)}{\partial y} \end{array}\right\} \tag{5-97}$$

式中：w，u_0，v_0 表示中面位移分量，仅为 x，y 的函数。我们知道

$$\left.\begin{array}{l} \varepsilon_x = \dfrac{\partial u}{\partial x} \\[3mm] \varepsilon_y = \dfrac{\partial v}{\partial y} \\[3mm] \gamma_{xy} = \dfrac{\partial v}{\partial x} + \dfrac{\partial u}{\partial y} \end{array}\right\} \tag{5-98}$$

将式(5-97)代入式(5-98)得

$$\left.\begin{array}{l} \varepsilon_x = \dfrac{\partial u_0}{\partial x} - z\dfrac{\partial^2 w}{\partial x^2} \\[3mm] \varepsilon_y = \dfrac{\partial v_0}{\partial y} - z\dfrac{\partial^2 w}{\partial y^2} \\[3mm] \gamma_{xy} = \left(\dfrac{\partial u_0}{\partial y} + \dfrac{\partial v_0}{\partial x}\right) - 2z\dfrac{\partial^2 w}{\partial x\partial y} \end{array}\right\} \quad (5-99)$$

令 $\quad \{\varepsilon^0\} = \left\{\begin{array}{c} \varepsilon_x^0 \\ \varepsilon_y^0 \\ \gamma_{xy}^0 \end{array}\right\} = \left\{\begin{array}{c} \dfrac{\partial u_0}{\partial x} \\[2mm] \dfrac{\partial v_0}{\partial y} \\[2mm] \dfrac{\partial u_0}{\partial y} + \dfrac{\partial v_0}{\partial x} \end{array}\right\}, \quad \{\kappa\} = \left\{\begin{array}{c} \kappa_x \\ \kappa_y \\ \kappa_{xy} \end{array}\right\} = \left\{\begin{array}{c} -\dfrac{\partial^2 w}{\partial x^2} \\[2mm] -\dfrac{\partial^2 w}{\partial y^2} \\[2mm] -2\dfrac{\partial^2 w}{\partial x\partial y} \end{array}\right\} \quad (5-100)$

将式(5-99)写为

$$\left\{\begin{array}{c} \varepsilon_x \\ \varepsilon_y \\ \gamma_{xy} \end{array}\right\} = \left\{\begin{array}{c} \varepsilon_x^0 \\ \varepsilon_y^0 \\ \gamma_{xy}^0 \end{array}\right\} + z\left\{\begin{array}{c} \kappa_x \\ \kappa_y \\ \kappa_{xy} \end{array}\right\}$$

即 $$\{\varepsilon\} = \{\varepsilon^0\} + z\{\kappa\} \qquad (5-101)$$

式(5-101)是层板基本的变形关系。板中任一点的应变$\{\varepsilon\}$可用中面内的应变和弯曲应变表示。

(4) 层压板内力一般表达式

从图 5-23(a)切出层板中元体 $\mathrm{d}x \cdot \mathrm{d}y \cdot h = 1 \cdot 1 \cdot h$，见图 5-24(a)，由截面平衡方程可知

$$\left.\begin{array}{ll} N_x = \displaystyle\int_{-h/2}^{h/2} \sigma_x \mathrm{d}z, & N_y = \displaystyle\int_{-h/2}^{h/2} \sigma_y \mathrm{d}z \\[3mm] N_{xy} = \displaystyle\int_{-h/2}^{h/2} \tau_{xy} \mathrm{d}z, & N_{yx} = \displaystyle\int_{-h/2}^{h/2} \tau_{yx} \mathrm{d}z \\[3mm] Q_x = \displaystyle\int_{-h/2}^{h/2} \tau_{xz} \mathrm{d}z, & Q_y = \displaystyle\int_{-h/2}^{h/2} \tau_{yz} \mathrm{d}z \\[3mm] M_x = \displaystyle\int_{-h/2}^{h/2} \sigma_x z\,\mathrm{d}z, & M_y = \displaystyle\int_{-h/2}^{h/2} \sigma_y z\,\mathrm{d}z \\[3mm] M_{xy} = \displaystyle\int_{-h/2}^{h/2} \tau_{xy} z\,\mathrm{d}z, & M_{yx} = \displaystyle\int_{-h/2}^{h/2} \tau_{yx} z\,\mathrm{d}z \end{array}\right\} \quad (5-102)$$

$$N_{xy} = N_{yx}, \quad M_{xy} = M_{yx} \quad (\text{互等}) \qquad (5-103)$$

式(5-102)积分可化为对单层积分再求和：

$$\left\{\begin{array}{c} N_x \\ N_y \\ N_{xy} \end{array}\right\} = \sum_{k=1}^{n} \int_{z_{k-1}}^{z_k} \left\{\begin{array}{c} \sigma_x \\ \sigma_y \\ \tau_{xy} \end{array}\right\} \mathrm{d}z, \quad \left\{\begin{array}{c} M_x \\ M_y \\ M_{xy} \end{array}\right\} = \sum_{k=1}^{n} \int_{z_{k-1}}^{z_k} \left\{\begin{array}{c} \sigma_x \\ \sigma_y \\ \tau_{xy} \end{array}\right\} z\,\mathrm{d}z \quad (5-104)$$

实际上,式(5-93)是对每单层 k 成立,即　　$\{\sigma_x^k\} = [\overline{Q}^{(k)}]\{\varepsilon_x\}$

故式(5-104)可写成

$$\{N\} = \sum_{k=1}^{n} \int_{z_{k-1}}^{z_k} [\overline{Q}^{(k)}]\{\varepsilon\}\mathrm{d}z, \quad \{M\} = \sum_{k=1}^{n} \int_{z_{k-1}}^{z_k} [\overline{Q}^{(k)}]\{\varepsilon\}z\mathrm{d}z \quad (5-105)$$

将 $\{\varepsilon\}$ 代入,有

$$\left. \begin{aligned} \{N\} &= \sum_{k=1}^{n} \int_{z_{k-1}}^{z_k} [\overline{Q}^{(k)}](\{\varepsilon^0\} + z\{\kappa\})\mathrm{d}z \\ \{M\} &= \sum_{k=1}^{n} \int_{z_{k-1}}^{z_k} [\overline{Q}^{(k)}](\{\varepsilon^0\} + Z\{\kappa\})\mathrm{d}z \end{aligned} \right\} \quad (5-106)$$

因为 $\{\varepsilon^0\}$, $\{k\}$ 是中面内的应变及弯曲应变,仅是 x, y 函数,可以从积分及求和号中提出,将上式合写为

$$\begin{Bmatrix} N \\ M \end{Bmatrix} = \begin{bmatrix} \sum_{k=1}^{n} \int_{z_{k-1}}^{z_k} [\overline{Q}^{(k)}]\mathrm{d}z & \sum_{k=1}^{n} \int_{z_{k-1}}^{z_k} [\overline{Q}^{(k)}]z\mathrm{d}z \\ \sum_{k=1}^{n} \int_{z_{k-1}}^{z_k} [\overline{Q}^{(k)}]z\mathrm{d}z & \sum_{k=1}^{n} \int_{z_{k-1}}^{z_k} [\overline{Q}^{(k)}]z^2\mathrm{d}z \end{bmatrix} \begin{Bmatrix} \varepsilon^0 \\ \kappa \end{Bmatrix} \quad (5-107)$$

将式(5-107)积分并展开,得

$$\begin{Bmatrix} N_x \\ N_y \\ N_{xy} \\ M_x \\ M_y \\ M_{xy} \end{Bmatrix} = \begin{bmatrix} A_{11} & A_{12} & A_{16} & B_{11} & B_{12} & B_{16} \\ A_{12} & A_{22} & A_{26} & B_{12} & B_{22} & B_{26} \\ A_{16} & A_{26} & A_{66} & B_{16} & B_{26} & B_{66} \\ B_{11} & B_{12} & B_{16} & D_{11} & D_{12} & D_{16} \\ B_{12} & B_{22} & B_{26} & D_{12} & D_{22} & D_{26} \\ B_{16} & B_{26} & B_{66} & D_{16} & D_{26} & D_{66} \end{bmatrix} \begin{Bmatrix} \varepsilon_x^0 \\ \varepsilon_y^0 \\ \gamma_{xy}^0 \\ \kappa_x \\ \kappa_y \\ \kappa_{xy} \end{Bmatrix} \quad (5-108)$$

简写为

$$\begin{Bmatrix} N \\ M \end{Bmatrix} = \begin{bmatrix} A & B \\ B & D \end{bmatrix} \begin{Bmatrix} \varepsilon^0 \\ \kappa \end{Bmatrix} \quad (5-109)$$

其中:

$$\left. \begin{aligned} A_{ij} &= \sum_{k=1}^{n} \overline{Q}_{ij}^{(k)}(z_k - z_{k-1}) \\ B_{ij} &= \frac{1}{2} \sum \overline{Q}_{ij}^{(k)}(z_k^2 - z_{k-1}^2) \quad (i, j = 1, 2, 6) \\ D_{ij} &= \frac{1}{3} \sum \overline{Q}_{ij}^{(k)}(z_k^3 - z_{k-1}^3) \end{aligned} \right\} \quad (5-110)$$

式(5-108)是层压板最基本的本构关系,并未包括横向剪切力 Q_x, Q_y 的本构

关系,但很容易扩展。式(5-108)可写为广义应力-应变关系:

$$\{\bar{\sigma}\} = [\bar{D}]\{\bar{\varepsilon}\} \tag{5-111}$$

注意:图5-24内力方向规定与MSC/NASTRAN略有不同,后者规定如图5-25所示,图中 F_x 就是图5-24中的 N_x,其他分量也一样,即: $F_x = N_x$, $F_y = N_y$, $F_{xy} = N_{xy}$。

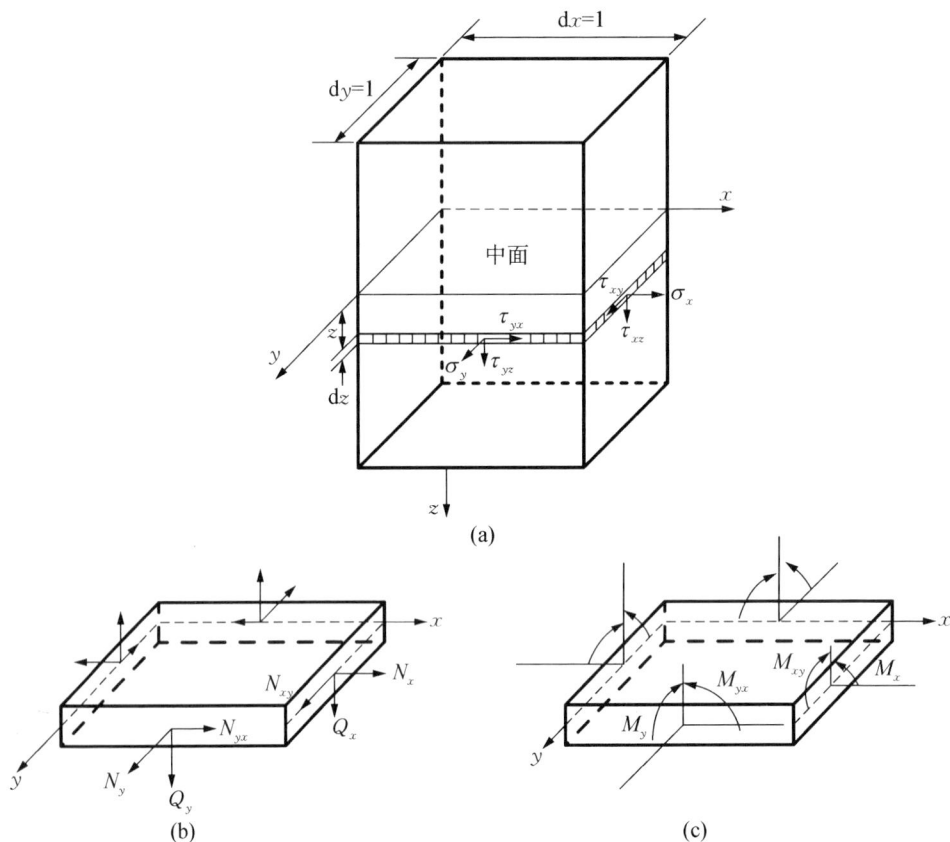

图5-24 层板元素内力方向规定

5) 层压板工程常数求法

层压板的工程常数 E_x, E_y, G_{xy}, ν_{xy}, ν_{yx} 是板面内特性,可根据上求得的[A]矩阵计算。

(1) 对称均衡铺层

$$\begin{Bmatrix} N_x \\ N_y \\ N_{xy} \end{Bmatrix} = \begin{bmatrix} A_{11} & A_{12} & 0 \\ A_{12} & A_{22} & 0 \\ 0 & 0 & A_{66} \end{bmatrix} \begin{Bmatrix} \varepsilon_x \\ \varepsilon_y \\ \gamma_{xy} \end{Bmatrix} \tag{5-112}$$

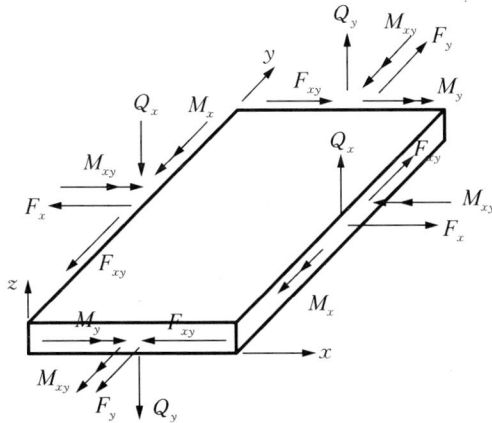

图 5-25 MSC. NASTRAN 板元素内力方向规定

上式写为

$$\begin{Bmatrix} \sigma_x \\ \sigma_y \\ \tau_{xy} \end{Bmatrix} = \frac{1}{h} \begin{bmatrix} A_{11} & A_{12} & 0 \\ A_{12} & A_{22} & 0 \\ 0 & 0 & A_{66} \end{bmatrix} \begin{Bmatrix} \varepsilon_x \\ \varepsilon_y \\ \gamma_{xy} \end{Bmatrix} \tag{5-113}$$

由于 $\sigma_x = \dfrac{E_x}{1-\nu_{xy}\nu_{yx}}\varepsilon_x + \dfrac{\nu_{yx}E_x}{1-\nu_{xy}\nu_{yx}}\varepsilon_y$（很容易由应变-应力关系反求此式）

根据式（5-113），$\dfrac{E_x}{1-\nu_{xy}\nu_{yx}} = \dfrac{A_{11}}{h}$，$\dfrac{\nu_{yx}E_x}{1-\nu_{xy}\nu_{yx}} = \dfrac{A_{12}}{h} = \nu_{yx}\dfrac{A_{11}}{h}$

所以
$$\nu_{yx} = \frac{A_{12}}{A_{11}}$$

同理
$$\nu_{xy} = \frac{A_{12}}{A_{22}}$$

而
$$\frac{E_x}{1-\nu_{xy}\nu_{yx}} = \frac{A_{11}}{h}$$

将 ν_{xy}，ν_{yx} 代入，得

$$E_x = (A_{11}A_{22} - A_{12}^2)/(hA_{22})$$

同理
$$E_y = (A_{22}A_{11} - A_{12}^2)/(hA_{11})$$

$$G_{xy} = A_{66}/h$$

对称均衡铺层工程常数汇总为

$$\left. \begin{aligned} E_x &= (A_{11}A_{22} - A_{12}^2)/(hA_{22}) \\ E_y &= (A_{22}A_{11} - A_{12}^2)/(hA_{11}) \\ G_{xy} &= A_{66}/h, \ \nu_{xy} = \frac{A_{12}}{A_{22}}, \ \nu_{yx} = \frac{A_{12}}{A_{11}} \end{aligned} \right\} \tag{5-114}$$

（2）非均衡铺层

$[A]$为满阵，有

$$\{\sigma_x\} = \frac{1}{h}[A]\{\varepsilon_x\} \tag{5-115}$$

将式（5-115）求逆得

$$\left.\begin{array}{c}
\begin{Bmatrix} \varepsilon_x \\ \varepsilon_y \\ \gamma_{xy} \end{Bmatrix} = \begin{bmatrix} \overline{S}_{11} & \overline{S}_{12} & \overline{S}_{16} \\ \overline{S}_{12} & \overline{S}_{22} & \overline{S}_{26} \\ \overline{S}_{16} & \overline{S}_{26} & \overline{S}_{66} \end{bmatrix} \begin{Bmatrix} \sigma_x \\ \sigma_y \\ \tau_{xy} \end{Bmatrix} \\[3mm]
E_x = \frac{1}{\overline{S}_{11}},\ E_y = \frac{1}{\overline{S}_{22}},\ \frac{\nu_{xy}}{E_x} = \frac{\nu_{yx}}{E_y} = -\overline{S}_{12} \\[3mm]
G_{xy} = \frac{1}{\overline{S}_{66}},\ \nu_{xy} = -\frac{\overline{S}_{12}}{\overline{S}_{11}},\ \nu_{yx} = -\frac{\overline{S}_{12}}{\overline{S}_{22}}
\end{array}\right\} \tag{5-116}$$

这是从柔度 $\overline{S}_{ij}$ 跟工程常数定义出发来计算，交叉项 $\overline{S}_{16}$ 不计入 E_x，E_y 中。

非均衡铺层工程常数汇总为

$$\left.\begin{array}{c}
E_x = \frac{1}{\overline{S}_{11}},\ E_y = \frac{1}{\overline{S}_{22}} \\[3mm]
\nu_{xy} = -\frac{\overline{S}_{12}}{\overline{S}_{11}},\ \nu_{yx} = -\frac{\overline{S}_{12}}{\overline{S}_{22}} \\[3mm]
G_{xy} = \frac{1}{\overline{S}_{66}}
\end{array}\right\} \tag{5-117}$$

6）层压板热效应计算

（1）单层热膨胀系数

任意方向
$$\begin{Bmatrix} \alpha_x \\ \alpha_y \\ \alpha_{xy} \end{Bmatrix}_{(k)} = [T]_\varepsilon \begin{Bmatrix} \alpha_L \\ \alpha_T \\ 0 \end{Bmatrix}_{(k)} \tag{5-118}$$

即
$$\{\alpha_x^{(k)}\} = [T]_\varepsilon \{\alpha_L^{(k)}\} \tag{5-119}$$

其中：$[T]_\varepsilon = ([T]_\sigma^{\mathrm{T}})^{-1}$，$\{\alpha_x^{(k)}\}$ 为第 (k) 单层，x，y 坐标方向的热膨胀系数列阵。

（2）层压板热膨胀系数

层压板的热膨胀系数表达式不像单层那么简单，它与各单层弹性常数有关。层压板考虑热效应的本构关系为

$$\begin{Bmatrix} N_x \\ N_y \\ N_{xy} \end{Bmatrix} + \begin{Bmatrix} N_x^{\mathrm{T}} \\ N_y^{\mathrm{T}} \\ N_{xy}^{\mathrm{T}} \end{Bmatrix} = [A]\{\varepsilon^0\} + [B]\{\kappa_x\} \tag{5-120}$$

其中：N_x^{T}，N_y^{T}，N_{xy}^{T} 是跟 N_x，N_y，N_{xy} 对应的热内力分量。

设对称铺层平板自由放置，无外载，$N_x = N_y = N_{xy} = 0$，式（5-120）变为

$$\left\{ \begin{matrix} N_x^{\mathrm{T}} \\ N_y^{\mathrm{T}} \\ N_{xy}^{\mathrm{T}} \end{matrix} \right\} = [A]\{\varepsilon^0\} \tag{5-121}$$

由式(5-107)得

$$\left\{ \begin{matrix} N_x^{\mathrm{T}} \\ N_y^{\mathrm{T}} \\ N_{xy}^{\mathrm{T}} \end{matrix} \right\} = \int [\bar{Q}^{(k)}]\{\alpha_x^{(k)}\}\Delta T \mathrm{d}z \tag{5-122}$$

对式(5-122)积分运算得

$$\left\{ \begin{matrix} N_x^{\mathrm{T}} \\ N_y^{\mathrm{T}} \\ N_{xy}^{\mathrm{T}} \end{matrix} \right\} = \sum_{k=1}^{n} [\bar{Q}^{(k)}] \left\{ \begin{matrix} \alpha_x^{(k)} \\ \alpha_y^{(k)} \\ \alpha_{xy}^{(k)} \end{matrix} \right\} \delta^{(k)}\Delta T \tag{5-123}$$

由式(5-121)得

$$\{\varepsilon^0\} = [A]^{-1} \left\{ \begin{matrix} N_x^{\mathrm{T}} \\ N_y^{\mathrm{T}} \\ N_{xy}^{\mathrm{T}} \end{matrix} \right\} \tag{5-124}$$

这里$\{\varepsilon^0\}$是温升为ΔT时的自由膨胀应变,当$\Delta T = 1$时,$\{\varepsilon^0\}$即为$\left\{ \begin{matrix} \alpha_x \\ \alpha_y \\ \alpha_{xy} \end{matrix} \right\}$,所以

$$\left\{ \begin{matrix} \alpha_x \\ \alpha_y \\ \alpha_{xy} \end{matrix} \right\} = \{\varepsilon^0\}/\Delta T = \{\varepsilon^0\}/1 = \{\varepsilon^0\} \tag{5-125}$$

将式(5-123)式代入式(5-124)(令$\Delta T=1$)得

$$\left\{ \begin{matrix} \alpha_x \\ \alpha_y \\ \alpha_{xy} \end{matrix} \right\} = [A]^{-1} \sum_{k=1}^{n} [\bar{Q}^{(k)}] \left\{ \begin{matrix} \alpha_x^{(k)} \\ \alpha_y^{(k)} \\ \alpha_{xy}^{(k)} \end{matrix} \right\} \delta^{(k)} \tag{5-126}$$

其中:$\delta^{(k)}$为单层厚度;$\left\{ \begin{matrix} \alpha_x \\ \alpha_y \\ \alpha_{xy} \end{matrix} \right\}$为$x$,$y$坐标轴方向层压板的热膨胀系数列阵。

5.2.1.2　复合材料层压板应力分析

1) 复合材料结构应力分析

(1) 复合材料结构应力分析主要是层压板的应力分析。从 5.2.1.1 节可知层

压板本构关系(式(5-109)):

$$\left\{\begin{matrix} \boldsymbol{N} \\ \boldsymbol{M} \end{matrix}\right\} = \left[\begin{matrix} \boldsymbol{A} & \vdots & \boldsymbol{B} \\ \cdots & \vdots & \cdots \\ \boldsymbol{B} & \vdots & \boldsymbol{D} \end{matrix}\right] \left\{\begin{matrix} \boldsymbol{\varepsilon}^0 \\ \boldsymbol{\kappa} \end{matrix}\right\}$$

简写为

$$\{\bar{\sigma}\} = [\bar{D}]\{\bar{\varepsilon}\} \tag{5-127}$$

这是层压板的广义应力应变关系。

其中:
$$\{\boldsymbol{N}\} = \begin{bmatrix} N_x & N_y & N_{xy} \end{bmatrix}^{\mathrm{T}} \tag{5-128}$$

$$\{\boldsymbol{M}\} = \begin{bmatrix} M_x & M_y & M_{xy} \end{bmatrix}^{\mathrm{T}} \tag{5-129}$$

$$\{\boldsymbol{\varepsilon}^0\} = \begin{bmatrix} \varepsilon_x^0 & \varepsilon_y^0 & \gamma_{xy}^0 \end{bmatrix}^{\mathrm{T}} \tag{5-130}$$

$$\{\boldsymbol{\kappa}\} = \begin{bmatrix} \kappa_x & \kappa_y & \kappa_{xy} \end{bmatrix}^{\mathrm{T}} \tag{5-131}$$

任意一层(剖面中任意一点)的应变 $\{\boldsymbol{\varepsilon}_x\} = \begin{bmatrix} \varepsilon_x & \varepsilon_y & \gamma_{xy} \end{bmatrix}^{\mathrm{T}}$ 为

$$\{\boldsymbol{\varepsilon}_x\} = \{\boldsymbol{\varepsilon}^0\} + z\{\boldsymbol{\kappa}\} \tag{5-132}$$

其中:z 指剖面中任意一点的 z 坐标值。

特别要注意的是,如果要考虑剖面横向剪切变形影响,则本构关系式(5-109)应扩展为

$$\left\{\begin{matrix} \boldsymbol{N} \\ \boldsymbol{M} \\ \boldsymbol{Q} \end{matrix}\right\} = \left[\begin{matrix} \boldsymbol{A} & \vdots & \boldsymbol{B} & \vdots & \boldsymbol{0} \\ \boldsymbol{B} & \vdots & \boldsymbol{D} & \vdots & \boldsymbol{0} \\ \boldsymbol{0} & \vdots & \boldsymbol{0} & \vdots & \breve{\boldsymbol{A}} \end{matrix}\right] \left\{\begin{matrix} \boldsymbol{\varepsilon}^0 \\ \boldsymbol{\kappa}_x \\ \boldsymbol{\gamma} \end{matrix}\right\} \tag{5-133}$$

同样简写为式(5-127),但 $[\bar{D}]$,$\{\bar{\varepsilon}\}$ 都扩展了。

其中:
$$\{\boldsymbol{Q}\} = \left\{\begin{matrix} Q_x \\ Q_y \end{matrix}\right\}; \ \{\boldsymbol{\gamma}\} = \left\{\begin{matrix} \gamma_{xz} \\ \gamma_{yz} \end{matrix}\right\}; \ \left\{\begin{matrix} Q_x \\ Q_y \end{matrix}\right\} = \begin{bmatrix} A_{55} & A_{54} \\ A_{45} & A_{44} \end{bmatrix} \left\{\begin{matrix} \gamma_{xz} \\ \gamma_{yz} \end{matrix}\right\} \tag{5-134}$$

$$[\breve{A}] = \begin{bmatrix} A_{55} & A_{54} \\ A_{45} & A_{44} \end{bmatrix}, \ \gamma_{xz} = \frac{\partial w}{\partial x} + \frac{\partial u_0(x, y)}{\partial z}, \ \gamma_{yz} = \frac{\partial w}{\partial y} + \frac{\partial v_0(x, y)}{\partial z}$$
$$\tag{5-135}$$

式(5-133)中矩阵 $[\breve{A}]$ 推导见下面第 2)条。

(2) 空间薄壳元计算公式汇总

所谓"空间薄壳元"是指平面应变元与弯曲元的组合。上面第 5.1.2.1 节第 5 条中已做较详细的叙述。由于此元素在复合材料应力分析中的重要性,为了便于了解复合材料层压板应力分析的整个过程,因此,将空间薄壳元的计算公式汇总在下面。所有符号同于第 5.1.2.1 节。

① 单元任意一节点 i 在自身坐标系中的位移矢量(见图 5 - 9):

$$\{\delta_i'\} = [\,u_i'\quad v_i'\quad w_i'\quad \theta_{xi}'\quad \theta_{yi}'\quad \theta_{zi}'\,]^\mathrm{T}$$

与 $\{\delta_i'\}$ 对应的节点广义力为

$$\{F_i'\} = [\,F_{xi}'\quad F_{yi}'\quad F_{zi}'\quad M_{\theta xi}'\quad M_{\theta yi}'\quad M_{\theta zi}'\,]^\mathrm{T}\text{。}$$

整个单元自身坐标系中的节点位移矢量为

$$\{\delta_\mathrm{e}'\} = [\,\delta_1'\quad \delta_2'\quad \delta_3'\quad \delta_4'\,]^\mathrm{T}_{(24\times1)}$$

② 单元位移函数

$$\left\{\begin{aligned} u'(x',\ y')\\ v'(x',\ y')\\ w'(x',\ y') \end{aligned}\right\} = [N]_{(3\times24)}\{\delta_\mathrm{e}'\} \tag{5-136}$$

位移函数 $u'(x',\ y')$,$v'(x',\ y')$ 选取跟平面应变单元相同,$w'(x',\ y')$ 的选取是非常重要的,一种选取形式见下面式(5 - 160)。

③ 广义应变可表达为

$$\{\bar\varepsilon\} = \boldsymbol{B}\{\delta_\mathrm{e}'\} \tag{5-137}$$

其中,$\boldsymbol{B} = [\,B_1\quad B_2\quad B_3\quad B_4\,]_{(6\times24)}$,$B_i$ 为 6×6 阶的几何矩阵,不要与式(5 - 108)中的层板耦合刚度矩阵混淆。

④ 自身坐标系中的元素刚度 $[K_\mathrm{e}']$。

根据能量原理很容易得出以下关系:

$$\{F_\mathrm{e}'\} = \iint \boldsymbol{B}^\mathrm{T}[\overline{D}]\boldsymbol{B}h\,\mathrm{d}x\mathrm{d}y \cdot \{\delta_\mathrm{e}'\} \tag{5-138}$$

$$[K_\mathrm{e}'] = \iint \boldsymbol{B}^\mathrm{T}[\overline{D}]\boldsymbol{B}h\,\mathrm{d}x\mathrm{d}y \tag{5-139}$$

⑤ 坐标变换见式(5 - 45)。

⑥ 通过有限元求解,求得单元节点位移 $\{\delta_\mathrm{e}\}$:

自身坐标系中的位移 $\{\delta_\mathrm{e}'\} = [T]\{\delta_\mathrm{e}\}$,广义应变 $\{\bar\varepsilon\} = \boldsymbol{B}\{\delta_\mathrm{e}'\}$,广义应力 $\{\bar\sigma\} = [\overline{D}]\{\bar\varepsilon\} = [\,N_x\quad N_y\quad N_{xy}\quad M_x\quad M_y\quad M_{xy}\,]^\mathrm{T}$。

(3) 求单元各单层应力及应变

① 总体求解已求得结构的位移,取出单元的 $\{\delta_\mathrm{e}\}$,得到 $\{\delta_\mathrm{e}'\}$ 以及广义应力

$$[\,N_x\quad N_y\quad N_{xy}\quad M_x\quad M_y\quad M_{xy}\,]^\mathrm{T}$$

根据位移得到广义应变

$$\{\bar\varepsilon\} = \boldsymbol{B}\{\delta_\mathrm{e}'\} = [\,\varepsilon_x^0\quad \varepsilon_y^0\quad \gamma_{xy}^0\quad \kappa_x\quad \kappa_y\quad \kappa_{xy}\,]^\mathrm{T}$$

② 单元断面任一点(z)应变$\{\varepsilon_x, \varepsilon_y, \gamma_{xy}\}$为

$$\begin{Bmatrix} \varepsilon_x \\ \varepsilon_y \\ \gamma_{xy} \end{Bmatrix} = \begin{Bmatrix} \varepsilon_x^0 \\ \varepsilon_y^0 \\ \gamma_{xy}^0 \end{Bmatrix} + z \begin{Bmatrix} \kappa_x \\ \kappa_y \\ \kappa_{xy} \end{Bmatrix} \tag{5-140}$$

对于第(k)层单元，$z = \dfrac{1}{2}(z_{k-1} + z_k) = z^{(k)}$

那么第(k)层应变$[\varepsilon_x, \varepsilon_y, \gamma_{xy}]_{(k)}^{\mathrm{T}}$为

$$\begin{Bmatrix} \varepsilon_x \\ \varepsilon_y \\ \gamma_{xy} \end{Bmatrix}_{(k)} = \begin{Bmatrix} \varepsilon_x^0 \\ \varepsilon_y^0 \\ \gamma_{xy}^0 \end{Bmatrix} + z^{(k)} \begin{Bmatrix} \kappa_x \\ \kappa_y \\ \kappa_{xy} \end{Bmatrix} \tag{5-141}$$

第(k)单层纤维方向应变$[\varepsilon_L, \varepsilon_T, \gamma_{LT}]^{\mathrm{T}}$为

$$\{\varepsilon_L\}_{(k)} = [T]_\sigma^{\mathrm{T}} \{\varepsilon_x\}_{(k)} \tag{5-142}$$

第(k)单层纤维方向应力$[\sigma_L, \sigma_T, \tau_{LT}]^{\mathrm{T}}$为

$$\{\sigma_L\}_{(k)} = [Q]\{\varepsilon_L\}_{(k)} \tag{5-143}$$

（要注意M_x、M_y、M_{xy}符号方向规定，见图5-25。）

2）考虑横向剪切变形本构关系推导和层间剪切应力计算

复合材料横断面剪应力τ_{xz}，τ_{yz}即层间应力。它们合成横断面剪力Q_x，Q_y，如果不考虑横断面剪切变形，仅用本构关系式(5-108)，则不能计算Q_x，Q_y，也不能计算τ_{xz}，τ_{yz}，因此，必须将本构关系扩展到式(5-133)。现在推导扩展的本构关系如下：

① 单层板考虑τ_{23}，τ_{31}，本构关系为

$$\begin{bmatrix} \tau_{23} \\ \tau_{13} \end{bmatrix} = \begin{bmatrix} Q_{44} & 0 \\ 0 & Q_{55} \end{bmatrix} \begin{bmatrix} \gamma_{23} \\ \gamma_{13} \end{bmatrix} \tag{5-144}$$

$$Q_{44} = G_{23}, \quad Q_{55} = G_{31}$$

② 对于任意方向x，y，（自身坐标系，省略带'号）通过元体平衡很容易得到

$$\begin{Bmatrix} \tau_{yz} \\ \tau_{xz} \end{Bmatrix} = \begin{bmatrix} \lambda & \beta \\ -\beta & \lambda \end{bmatrix} \begin{Bmatrix} \tau_{23} \\ \tau_{13} \end{Bmatrix} \tag{5-145}$$

$$\begin{Bmatrix} \tau_{yz} \\ \tau_{xz} \end{Bmatrix} = \begin{bmatrix} \bar{Q}_{44} & \bar{Q}_{45} \\ \bar{Q}_{45} & \bar{Q}_{55} \end{bmatrix} \begin{Bmatrix} \gamma_{yz} \\ \gamma_{xz} \end{Bmatrix} \tag{5-146}$$

$$\left.\begin{aligned} \bar{Q}_{44} &= \lambda^2 Q_{44} + \beta^2 Q_{55} \\ \bar{Q}_{55} &= \beta^2 Q_{44} + \lambda^2 Q_{55} \\ \bar{Q}_{45} &= \lambda\beta(Q_{55} - Q_{44}) \end{aligned}\right\} \tag{5-147}$$

其中：$\lambda = \cos \alpha$；$\beta = \sin \alpha$。式(5-146)的推导过程与式(5-93)的完全一样,这里略去。

③ 第(k)层的 $\tau_{xz}^{(k)}$, $\tau_{yz}^{(k)}$ 为

$$\left. \begin{array}{l} \tau_{xz}^{(k)} = \overline{Q}_{55}^{(k)} \gamma_{xz} + \overline{Q}_{45}^{(k)} \gamma_{yz} \\ \tau_{yz}^{(k)} = \overline{Q}_{45}^{(k)} \gamma_{xz} + \overline{Q}_{44}^{(k)} \gamma_{yz} \end{array} \right\} \tag{5-148}$$

④ 假设 Q_x, Q_y 在厚度方向按抛物线分布,不考虑层间的不连续性,引入一个加权函数

$$f(z) = \frac{5}{4}\left[1 - \left(\frac{z}{h/2}\right)^2\right] \tag{5-149}$$

将 $f(z)$ 乘上式(5-148),代入平衡方程

$$Q_x = \int_{-h/2}^{h/2} \tau_{xz} \mathrm{d}z, \quad Q_y = \int_{-h/2}^{h/2} \tau_{yz} \mathrm{d}z \tag{5-150}$$

很容易推导得

$$\begin{bmatrix} Q_x \\ Q_y \end{bmatrix} = \begin{bmatrix} A_{55} & A_{45} \\ A_{45} & A_{44} \end{bmatrix} \begin{Bmatrix} \gamma_{xz} \\ \gamma_{yz} \end{Bmatrix} \tag{5-151}$$

简写为

$$\{Q\} = [\breve{A}]\{\gamma\} \tag{5-152}$$

其中：

$$A_{ij} = \frac{5}{4} \sum \overline{Q}_{ij}^{(k)} \left[z_k - z_{k-1} - \frac{4}{3}\frac{(z_k^3 - z_{k-1}^3)}{h^2}\right], \; i, j = 4, 5 \tag{5-153}$$

$$\gamma_{xz} = \frac{\partial w'}{\partial x} + \frac{\partial u_0'}{\partial z}, \quad \gamma_{yz} = \frac{\partial w'}{\partial y} + \frac{\partial v_0'}{\partial z} \quad (x, y, z \text{ 省略带 } ' \text{ 号}) \tag{5-154}$$

如上所述,应变可写为

$$\{\gamma\} = B_\gamma \{\delta_e'\} \tag{5-155}$$

式(5-151)即式(5-133)扩展了的层板本构关系中的横向剪切项(注意:上面公式为自身坐标系中的关系)。

⑤ 求剪应力 τ_{xz}, τ_{yz}。

计算过程同上,有限元求得位移$\{\delta_e\}$,再求$\{\delta_e'\}$,代入式(5-146)得τ_{xz}, τ_{yz},由式(5-145)写为

$$\begin{Bmatrix} \tau_{xz} \\ \tau_{yz} \end{Bmatrix} = \begin{bmatrix} \lambda & -\beta \\ \beta & \lambda \end{bmatrix} \begin{Bmatrix} \tau_{13} \\ \tau_{23} \end{Bmatrix} \tag{5-156}$$

简写为

$$\{\tau_{xz}\} = [T]_{\tau}\{\tau_{13}\} \tag{5-157}$$

那么

$$\begin{Bmatrix} \gamma_{13} \\ \gamma_{23} \end{Bmatrix} = [T]_{\tau}^{\mathrm{T}} \begin{Bmatrix} \gamma_{xz} \\ \gamma_{yz} \end{Bmatrix} \tag{5-158}$$

由式(5-144)求得单层主方向层间剪切应力

$$\begin{Bmatrix} \tau_{13} \\ \tau_{23} \end{Bmatrix}_{(k)} = \begin{bmatrix} Q_{55} & 0 \\ 0 & Q_{44} \end{bmatrix}_{(k)} \begin{Bmatrix} \gamma_{13} \\ \gamma_{23} \end{Bmatrix}_{(k)} \tag{5-159}$$

3）关于弹性弯曲薄板的挠度

上面"空间壳元"已谈过,要假设位移函数 $w'(x', y')$。每个节点 i 有三个自由度 $w'_i, \theta'_{xi}, \theta'_{yi}$,对于 4 边形共 $4 \times 3 = 12$ 个自由度。因此,$w'(x', y')$ 必须包含 12 个参数(待定系数),可取四次多项式:

$$w'(x', y') = \beta_1 + \beta_2 x' + \beta_3 y' + \beta_4 x'^2 + \beta_5 x' y' + \beta_6 y'^2 + \beta_7 x'^3 + \beta_8 x'^3 y'$$
$$+ \beta_9 x' y'^2 + \beta_{10} y'^3 + \beta_{11} x'^3 y' + \beta_{12} x' y'^3 \tag{5-160}$$

5.2.2 有限元建模技术

本节主要针对 MSC. NASTRAN 软件说明有限元建模中几个值得注意的问题,其基本原则对其他结构分析软件同样适用。

5.2.2.1 有限元"建模"中的若干问题

正确了解结构传力路线及传力概念,对合理、正确地建立有限元分析模型十分重要。

1）根据结构和受力特点合理选择单元

（1）杆（ROD）和梁单元（BAR，BEAM）的选择

梁肋结构的突缘一般离散为杆或梁单元,当翼面高度较高或凸缘不太强时,建议用杆单元,否则用梁单元。

（2）板单元（QUAD4，QUAD8，TRIA3）

QUAD4 是综合性板单元。改动其中参数,可变为平面应力元、弯曲板元或者组合。建议蒙皮及腹板均用此单元。

（3）体元

较厚较大的接头多用体元;全高度蜂窝芯子用"特殊体元"(改参数后的体元)。

（4）弹簧元

弹簧元是应用广泛的标量元素,一般用来模拟钉或模拟支持弹性。

（5）刚体元

刚体元是表示不同节点位移相关性的元素,在某些特殊情况,用刚体元十分有

效。下列情况多采用刚体元：

① 在刚硬的结构断面处；

② 当模型的不同部分难于匹配且各节点不能用常规单元连接时；

③ 当单元偏离网点时；

④ 强迫运动而需求各点载荷分布时；

⑤ 连接不协调的元素时；

⑥ 过渡元，用"刚体元"作过渡元；

⑦ 不同的点存在线性关系时。

MSC. NASTRAN 软件中常用的刚体元如下：

RBAR＝刚体 BAR 元，一端点有 6 个自由度，而另一端点有 6 个相关自由度。

RBE2＝一个端点有 6 个独立自由度，而其他一些点有任意个相关自由度。

RBE3＝有 1～6 个相关自由度及任意个独立自由度的插值元素。

RSPLINE＝有任意独立的自由度和任意个相关自由度的插值元素，它使用建立在独立自由度上的"管"元素的位移模型去得到相关点自由度的位移。

RSSCON＝用于连接板元和体元的插值元素。

2）网格分割和单元形状的畸变

（1）网格分割形式的重要性

建模中，网格分割形式极为重要。有些分割方式和分割密度计算结果较好，有些则不好。如 ZIENKIEWICZ 三角元对图 5 - 26（a）形式的分割收敛，而图 5 - 26（b）的形式则不收敛；三角形分割时的密度，一般认为顶点数、三角形个数、总棱边数之比大致为 1：2：3；在稳定性分析中，一个半波长度至少取 5 个节点。

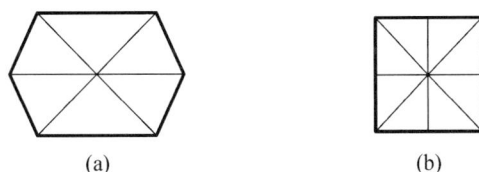

(a)　　　　　　　　　　(b)

图 5 - 26　两种分割形式

对于具体结构分割形式和分割密度除了参照别人的使用经验外，更重要的进行典型例题性能测试与理论解比较。

（2）元素形状的畸变

单元形状不好，其中某些参数超出规定的限制，导致分析结果错误，这称为畸变。

关于单元形状畸变，一条基本原则是：对于 n 维几何单元，以 h 表示 n 维外接球的直径，V 表示单元的面积（或体积），若 h^n/V 趋于无穷大，即便 h 趋于零，仍将导致收敛的不稳定性。因此，有限元分割要满足正则条件，即 h^n/V 应有界。如图 5 - 27 所示各图的形状很差。

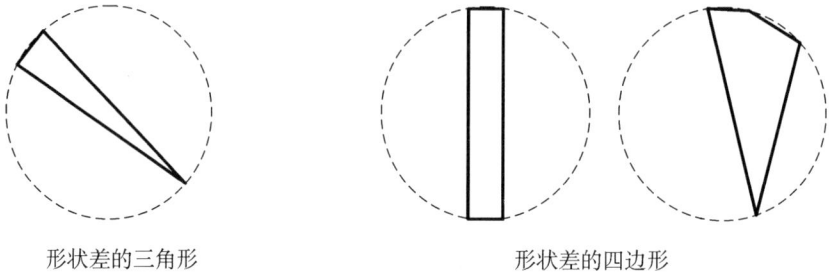

形状差的三角形　　　　　　　　　　　　形状差的四边形

图 5 - 27　形状畸变

图 5 - 27 中的元素,有些元素某些内角趋近 180°,因此,导致形状畸变,即使内角为 90°,因 h^n/V 趋于很大,也导致畸变。

下面举几种四边形常见的形状限制,如图 5 - 28 所示。

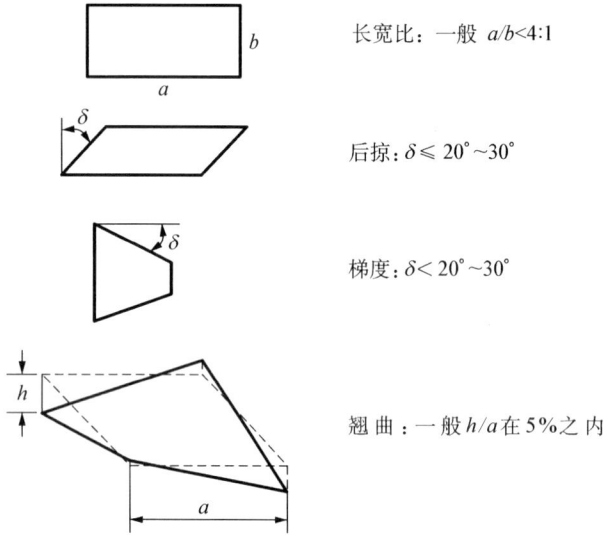

长宽比:一般 $a/b<4:1$

后掠:$\delta \leqslant 20° \sim 30°$

梯度:$\delta < 20° \sim 30°$

翘曲:一般 h/a 在 5% 之内

图 5 - 28　形状限制

3) 几个离散技巧及问题

(1) 高应力区域或应力梯度大的区域网格划分要密

如图 5 - 29 所示,圆筒在加筋处,离加筋 $0.61\sqrt{rt}$ 距离内至少要 3 个元素。

(2) 圆筒曲面用 QUAD4 之时,一般占 5°～10°圆心角。用 QUAD8 之时,一般用 10°～25°圆心角(见图 5 - 29)。

(3) 元素协调性问题

板(QUAD4)与梁(BAR,BEAM)的协调性如图 5 - 30(a)所示。

θ_x 协调性好;

θ_y 协调性一般;

θ_z 协调性差。

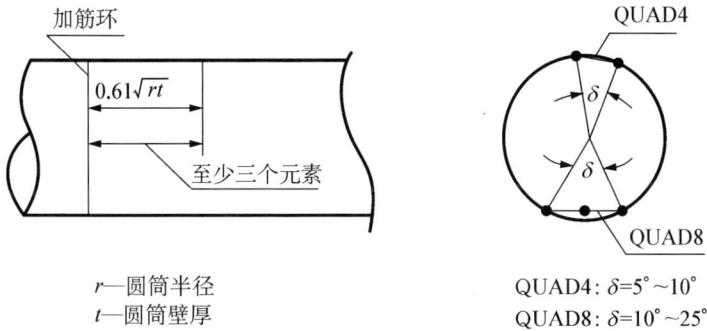

r—圆筒半径
t—圆筒壁厚

QUAD4：$\delta=5°\sim10°$
QUAD8：$\delta=10°\sim25°$

图 5-29　分割要求

板（QUAD4）和板（QUAD4）协调性见图 5-30(b)所示,对所有转角协调性差。

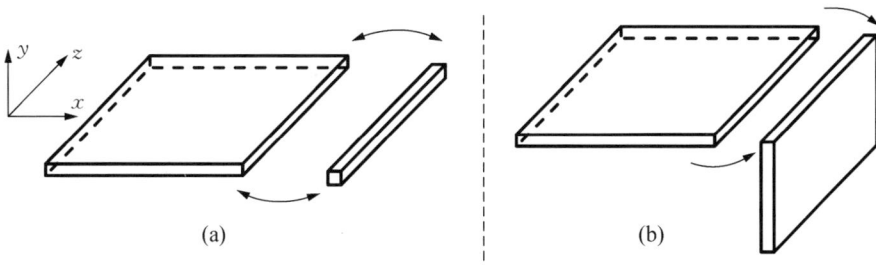

图 5-30　元素协调性
（a）好；（b）差

（4）角材的模拟

如图 5-31(a)所示角材,用板-板模型其解很差[图 5-31(b)];用图 5-31(c),
(d),(e)在角处添加元素模拟较好。对于(e)中的 BAR 元特性 $I(I_1$ 和 $I_2)$ 建议用
1/2 板宽模拟其特性。

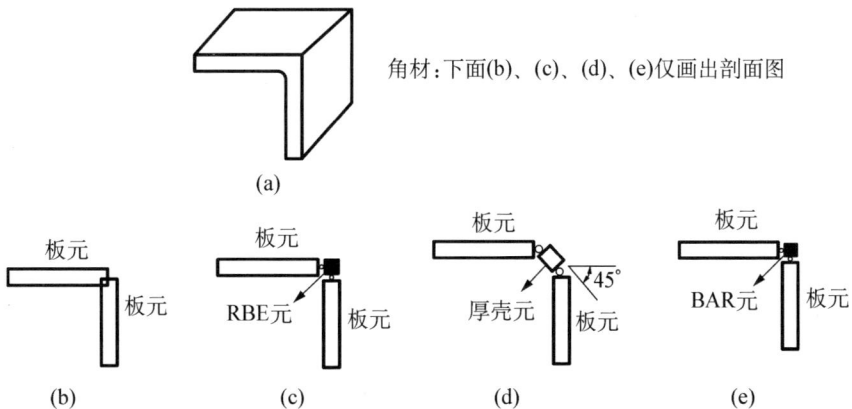

角材:下面(b)、(c)、(d)、(e)仅画出剖面图

图 5-31　角材模拟
(a) 角材；(b) 差；(c) 好；(d) 对非线性很好；(e) 好

（5）弯角处有加强腹板的模拟

如图 5-32(a)所示结构，建议用等效一维元（一根杆元）模拟腹板，如图 5-32(b)所示。

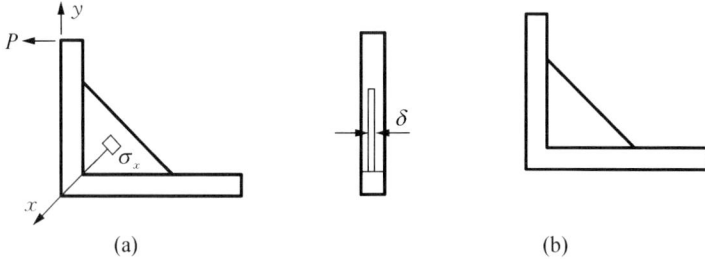

图 5-32　加强腹板

(a) 加强腹板；(b) 杆模拟

图 5-32(a)受力形式，板上 σ_x 沿 x 方向为线性变化，则建议杆等效刚度为 $K = \dfrac{E\delta}{8}$（若等应力状态 $K = \dfrac{E\delta}{4}$）。

（6）梁与板元协调问题的处理

如图 5-33 所示结构：有 1～9 个节点（第 6 个自由度已约束），$Q_1 \sim Q_4$ 共 4 个单元。现要求在 20 点加入一个梁元 5，梁元 5 在第 20 点处第 6 个自由度 θ_z 不能约束，如何处理？

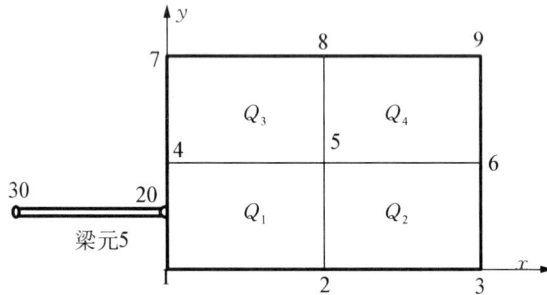

图 5-33　板元与梁元协调

建议如下面几种处理方法：

① 如图 5-34(a)所示，去掉点 20，加偏心梁元，1 点第 6 个自由度无约束。缺点：板 Q_1 上出现由偏心梁引起的不真实力矩。

② 如图 5-34(b)所示，在 20 点加上两个梁元，此梁元在另一端为铰支，梁特性用 QUAD 板宽一半折算。缺点：在 Q_1 板上附加刚度。

③ 如图 5-34(c)所示，加上点 20 及三个三角板单元（代替 Q_1）和一个刚体元 RBE3；此刚体元 RBE3 是建立 20 点第 6 自由度跟 1，2，4，5 点第 1，2 自由度的

关系。

　　④ 如图 5 - 34(d)所示,加上点 20 及一个刚体元 RBE3。此刚体元在 20 点的 1～6 自由度跟 1,2,4,5,节点的 1,2,3,5 自由度建立关系。缺点是在梁连接处去掉某些局部影响。

　　⑤ 如图 5 - 34(e)所示,将梁连到现存节点上,如 4 点,另外加上刚体元 RBE3,建立点 4 的自由度 6 跟点 1,5,7 的自由度 1,2,3 的关系。第 4 点第 6 自由度不能约束。

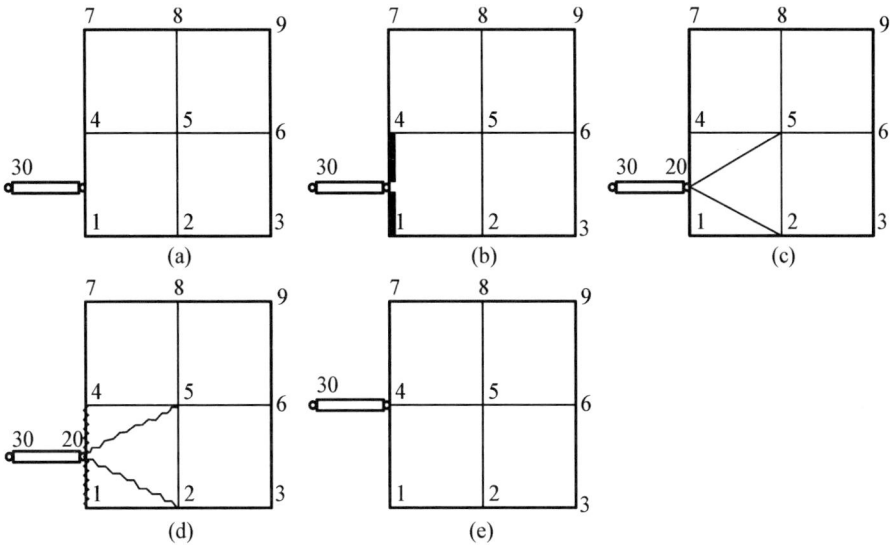

图 5 - 34　各种协调方案

　　(7) 网格过渡处的处理

　　如图 5 - 35 所示,左部密网格 GF 线处过渡到稀网格。可以用两种方法:在 GF 线上用 RSPLINE 元,如图 5 - 35(a)所示;也可以加过渡 FGHI 区,如图 5 - 35 (b)所示。

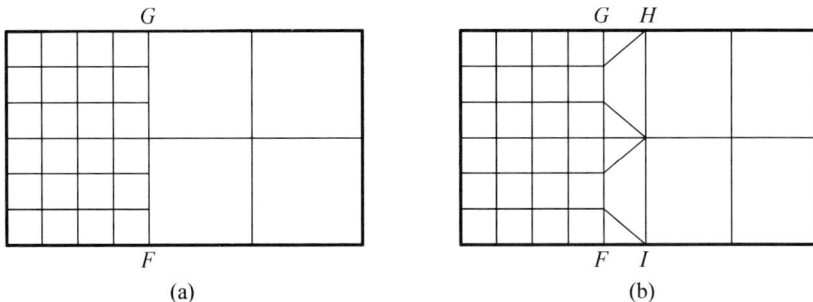

图 5 - 35　过渡网络

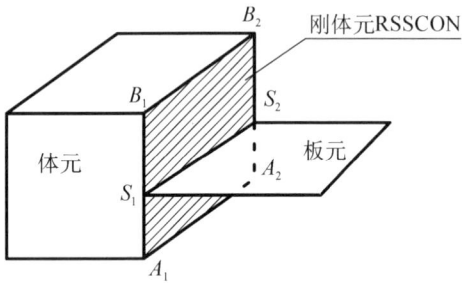

图 5-36　体-板过渡

（8）板元与体元的过渡

如图 5-36 所示，从板元过渡到体元时，中间用刚体元 RSSCON，如图 5-36 阴影所示。

（9）关于板单元（QUAD）平面扭转刚度问题

板单元（QUAD）未考虑平面内的扭转刚度（即第 6 个自由度）。实际上，板平面内的扭转刚度比其他方向的刚度要大得多（在经典的板弯理论中不考虑面内扭转）。为了避免数值运算时大数和小数一起运算出现的问题，元刚中未计入此刚度。对于纯粹的板结构，由于分析时加上各点第 6 个自由度的约束，计算结果是可以的。但对于组合结构则不然，如果某些点加上有第 6 方向刚度（一定大小的数）的单元，在某些情况会出现非常不合理的结果。在静力分析中，人们不大注意此不合理的结果，但是对动力及频率分析中，有时会出现明显不合理的结果，这点值得注意。

5.2.2.2　夹层结构有限元模型模拟

1）蜂窝壁板的模拟

大飞机的机身或机翼常采用薄的夹层结构代替蒙皮。因为薄，一般用当量板元（以 MSC/NASTRAN 中的 QUAD4 元为例）来模拟，改变 PSHELL 卡中的参数达到模拟目的（PSHELL 卡意义参见 MSC. NASTRAN 手册）。PSHELL 卡中：

第 4 场 $=2t$；第 6 场 $=0.75h^2/t^2$；第 8 场 $=(h-t)/2t$；第 7 场 MID3 是芯子材料号；第 3 场 MID1 和第 5 场 MID2 为面板材料号；续卡中，$Z_1=-\dfrac{h}{2}$；$Z_2=\dfrac{h}{2}$。符号意义如图 5-37 所示。

以上是金属面板而且面板较薄的情况，当面板较厚时，仅对第 6 场做改动。

当面板为复合材料且整个夹层板较薄时，可近似将整个夹层板视为层压板，而芯子作为一个广义单层来处理。

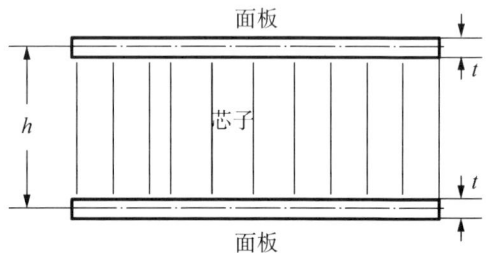

图 5-37　夹层结构

2）全高度蜂窝夹层结构的模拟

所谓全高度蜂窝夹层结构是指翼面结构（如襟副翼，鸭翼等）从上蒙皮到下蒙皮全是蜂窝芯子结构，对于这种芯子较高而面板为复合材料的夹层结构，将芯子视为一特殊单层不大妥当，此时模拟方法如下：

① 将面板与芯子分开处理，面板用板元，芯子用"特殊体元"模拟。

② "特殊体元"特性描述。

应力-应变关系为

$$\boldsymbol{\sigma} = \boldsymbol{G}(\boldsymbol{\varepsilon} - \Delta T \boldsymbol{\alpha}) \tag{5-161}$$

$$\boldsymbol{\sigma} = \begin{bmatrix} \sigma_L & \sigma_W & \sigma_T & \tau_{LW} & \tau_{WT} & \tau_{TL} \end{bmatrix}^{\mathrm{T}} \tag{5-162}$$

$$\boldsymbol{\varepsilon} = \begin{bmatrix} \varepsilon_L & \varepsilon_W & \varepsilon_T & \gamma_{LW} & \gamma_{WT} & \gamma_{TL} \end{bmatrix}^{\mathrm{T}} \tag{5-163}$$

$$\boldsymbol{\alpha} = \begin{bmatrix} \alpha_1 & \alpha_2 & \alpha_3 & \alpha_4 & \alpha_5 & \alpha_6 \end{bmatrix}^{\mathrm{T}} \tag{5-164}$$

其中:$\boldsymbol{G}$ 为 6×6 的材料刚度矩阵,元素 $G_{ij}(i,j=1,2,3,4,5,6)$,下标:L 表示芯子纵向轴,W 表示芯子横向轴,T 为垂直 LW 平面的法向轴,G_{ij} 中下标 $1\sim6$ 分别表示材料 L,W,T,LW,WT,TL 轴;$\boldsymbol{\alpha}$ 为 L,W,T 坐标方向芯子的热膨胀导数列阵。

$$G_{33} = E_T(\text{或 } E_C), \quad G_{55} = G_{WT}, \quad G_{61} = G_{TL}$$

对角线项 $G_{11} = G_{22} = G_{44} \approx \min(G_{33}, G_{55}, G_{66}) \times 0.005$

芯子材料用 MAT9 卡定义;MAT9 中,G_{ij} 为式(5-161)G 中的弹性模量坐标轴 L,W,T 方向的值。在建模时,体元是任意分割的,要通过 PSOLID 卡中的 CORDM 定义材料坐标,建立任意网格取向关系(CORDM 定义的坐标,1,2,3 方向分别对应 L,W,T 方向)。

全高度上的"特殊体元"模型的力学理论不同于目前流行的夹层板理论(如 Resiner 理论,Hoff 理论,Pycakob 理论等)。其理论假设为:

a. 面板可以是膜元也可以是一般的板单元;

b. 蜂窝芯子承受的两个方向的横向剪切以及法向可承受拉压。但平面方向(L,W)一般假设不能承载。

c. 由于芯子角点的弯曲刚度极小,允许板有转角变形而芯子不会引起抗力,即允许角点面板与芯子转角不协调。

d. 芯子 E_c(或 E_T)跟 G_{WT},G_{LT} 为同一数量级,不能假设为无穷大。

5.2.2.3 飞机结构有限元分析中常用单元的模拟方法

单元的当量模拟是利用某些量(如强度,刚度)的等效关系,改变现在单元中的参数以达到等效模拟的方法。这非常有用,如上节中的角材等的当量模拟,下面举几个常见的单元模拟方法。

1) 机翼梁(或肋)凸缘的模拟

梁凸缘是用杆(ROD)元或梁(BAR 或 BEAM)单元,视翼面高度及梁凸缘所占翼面弯曲刚度的比重而定。如图 5-38(a)所示,常用下面 3 种方法:

(1) 凸缘用偏心梁元模拟

如图 5-38(b)所示,仅求出弯心位置与偏心 e,梁元参数由凸缘真实尺寸计算;当出现刚度微分运算的某些求解系列,如屈曲分析、频率分析等,此法不合适。

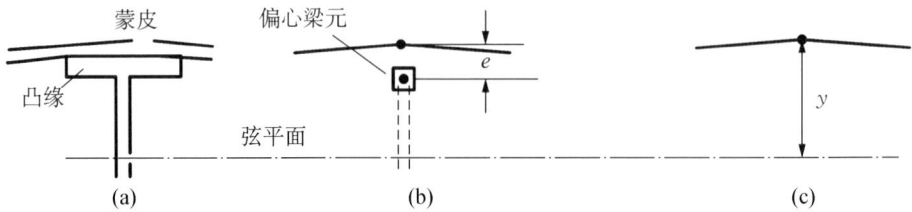

图 5 - 38　梁突缘模拟

（2）当量面积 A' 的梁元

如图 5 - 38（c）所示，将梁元置于节点上（蒙皮中心），但用当量面积 A' 代替真实面积 A，可克服第（1）种方法的限制。

$$A' = \frac{A}{y^2}(y-e)^2 \tag{5-165}$$

（3）当量 ROD 元模拟

$$A' = [A(y-e)^2 + I_1]/y^2 \tag{5-166}$$

其中：I_1 为凸缘自身惯性矩（注意：用当量参数后，应力计算结果要作修正）。

2）夹层结构模拟

夹层结构模拟详见 5.2.2.2 节。

3）梁（肋）腹板开孔处的模拟

目前总体应力分析中腹板一般不细分（一个单元贯穿上下翼面），如图 5 - 39（b）所示，建议采用两种方法模拟：

① 板的剪切当量厚度 t' 作为开孔处板单元厚度

$$t' = (h-d)t/h \tag{5-167}$$

② 当量梁取代孔周围材料，凸缘应为梁元，见图 5 - 39（c），对于加强板的孔多用此法。

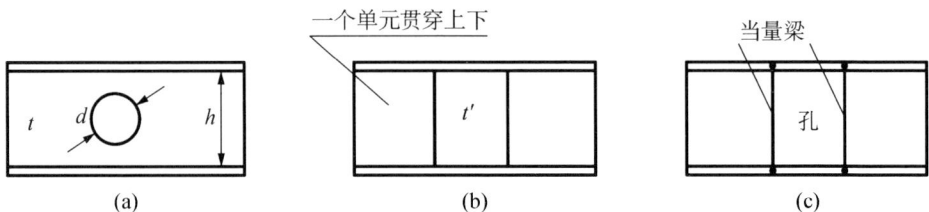

图 5 - 39　腹板开孔计算

(a) 孔处尺寸；(b) 当量厚度；(c) 当量梁

4）主翼面与舵面连接模型模拟

一般主翼面与舵面连接是通过操作摇臂传递铰链力矩以及若干传剪接头。因此,舵面连到主翼面上有传扭接头和传剪接头传递载荷。

（1）传扭接头模拟

一般可用连接摇臂上的杆元模拟拉杆系统,也可用传弯及拉力弹簧模拟(两弹簧元)。

（2）传剪接头模拟

有3种模拟方法:第一,如腹板弦平面有模型节点,则翼面梁腹板中点节点和舵面腹板中心点用多点约束$(U,V,W$约束),如图5-40所示;第二,如腹板中心无节点,则用两个三角形板单元,在i,j点处多点约束,如图5-41所示;如果不用多点约束,则i,j为同一点,但要将三角形平面垂直方向位移约束,图5-42所示;第三,在点a与a',b与b'处增加单向弹簧元或单向多点约束而不加入三角形aia',bjb',如图5-41所示。

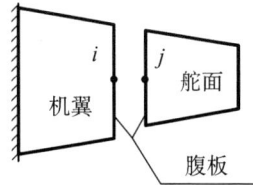

图5-40 机翼与舵面连接

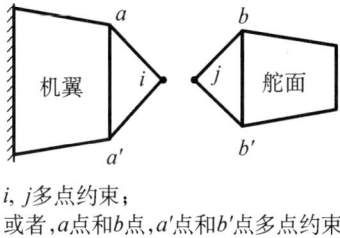

i,j多点约束;
或者,a点和b点,a'点和b'点多点约束

图5-41 多点约束

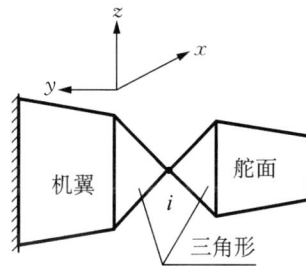

图5-42 三角形板单元连接

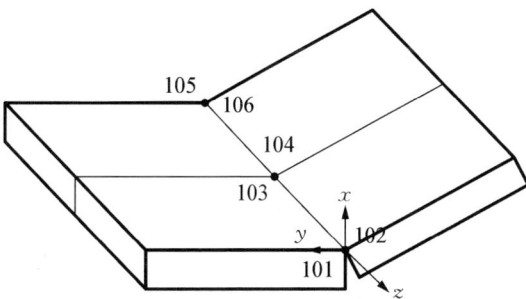

图5-43 铰链模拟

（3）主翼面与舵面铰链的另一模拟方法

用刚体元RBAR模拟,见图5-43所示。设置同一坐标位置的两个不同编号点,例如,101与102;103与104;105与106,等等。这时,操纵铰链的作动器用二力杆模拟便可。

数据卡为

```
RBAR,36,101,102,123456,,,12345
RBAR,37,103,104,123456,,,12345
RBAR,38,105,106,123456,,,12345
```

5）机翼机身连接模拟

（1）单独翼面求解情况

如图5-44所示,要求机身提供框弹性数据:

$\theta_y(\text{rad/N} \cdot \text{mm})$：单位力矩之转角；$W(\text{mm/N})$：$z$ 向单位力之位移。

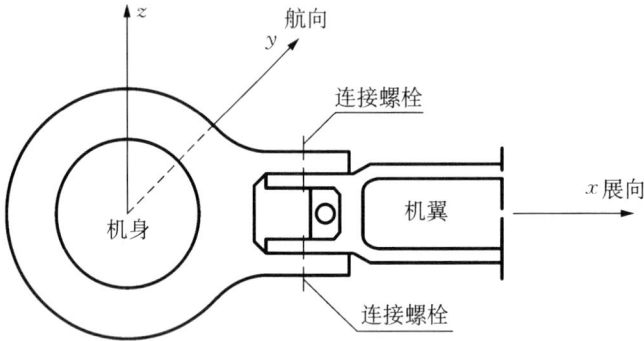

图 5-44 机翼-机身连接接头示意图

在机翼-机身接头的螺孔处用 x 向，z 向弹簧元，其他方向自由度不大重要，用单点约束处理。注意，当翼面高度较小时，y 向的约束取弦平面上的节点 m 面不取上下翼面点，如图 5-45 所示。

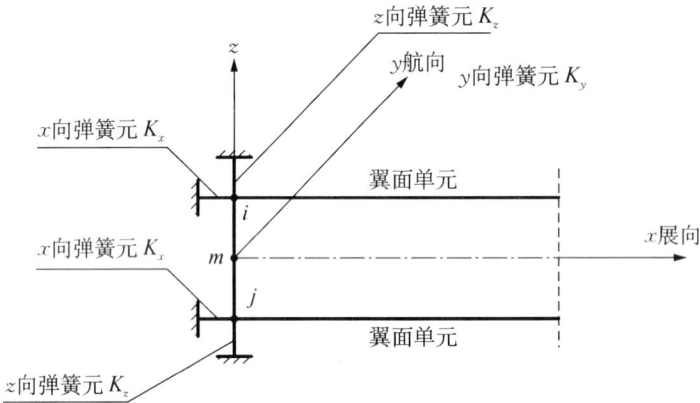

当翼面高度较小时，y 向位移用中面 m 点，不用 i，j 点

图 5-45 机翼支持模拟

x 向弹簧元刚度 $$K_x = \frac{2}{\theta_y h^2} \qquad (5-168)$$

z 向弹簧元刚度 $$K_z = \frac{1}{2W} \qquad (5-169)$$

其中：h 为该接头处机翼模型高度。

机翼接头本身用什么单元视接头形式而定，正常接头可用梁单元。"浴缸"接头，建议机翼总体建模时将其考虑进去，可取细分板元或体元。

（2）联合求解

翼身单独建模，在对接接头处匹配。接头螺栓处用"刚体元"；接头本身取何种单元视具体情况而定。

（3）关于框弹性数据计算问题

这是机翼单独求解时要求机身提供框弹性 θ_y，W［见第（1）点］，机身框弹性数据计算较为复杂，但利用部分机身有限元模型计算框弹性时，要特别谨慎。如图 5-46 所示，要求 i，j，k 点处的 θ_y，W 时，机身如何支持？约束在 m-m 框位与约束在 n-n 框位，求得的 θ_y，W 值是不同的，若不进行修正，直接使用显然不妥。

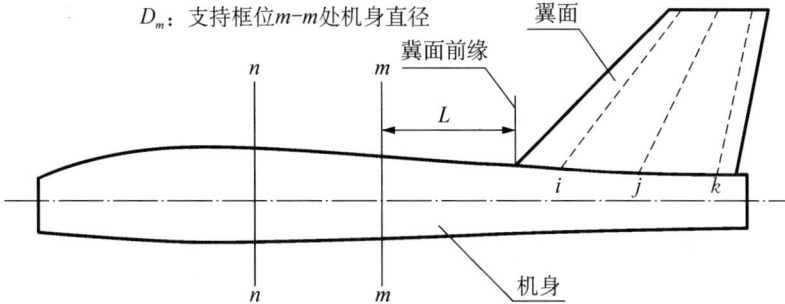

图 5-46　求框弹示意图

在计算翼面结构应力时，有时取机身结构的一部分，如图 5-46 所示，机身部分网格可以粗糙些，约束在 m-m 或 n-n 框位计算结果是有差别的，一般认为，$L \approx D_m$ 似乎计算结果的精度可接受。

6）接头多螺栓抗剪或抗挤压钉载计算有限元模拟

在机翼（或机身）结构中，经常有厚的较大面积的分布式连接接头，通过多钉跟蒙皮（或其他板件）连接。强度分析中，经常要求各钉载 P_i，如图 5-47 所示。

这种非常强的垫板接头无规则多钉连接到蒙皮或其他结构上，按手册上工程方法计算钉载非常复杂，并且 1，2，3，4，5 可能不在一个平面上，这种情况用有限元解非常简单。将接头看成刚体元 RBE2，螺栓 1，2，3，4，…用 CELAS2 元模拟。每点用 3 个弹簧（CELAS2）

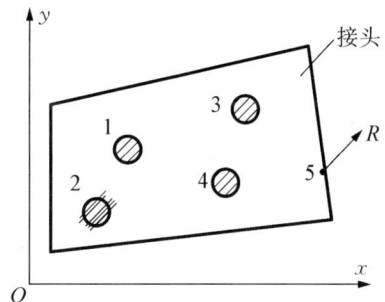

图 5-47　接头

元分别模拟三个方向的刚度，可求每个弹簧元的钉载分量，块卡如下：

GRID，1，，x，y，z

GRID，2，，x，y，z

$\vdots$

GRID，4，，x，y，z　　　（共 N 个钉）

GRID，5，，x，y，z

RBE2，100，5，123456，1，2，3，4

CELAS2，1011，k_x，1，1

CELAS2，1012，k_y，1，2

CELAS2，1013，k_z，1，3

⋮

Force，200，5，1.0，R_x，R_y，R_z

7）多钉连接有限元模拟

（1）有限元网格

网格分割时,将钉孔浓缩为一个节点,这样模型分三部分:第一被连接件(板),第二个或多个被连接件;第三部分为钉元。这是为减少计算规模,这种模型在求钉载分配以及离孔远处板元应力是比较真实的,见图 5 - 48 所示。

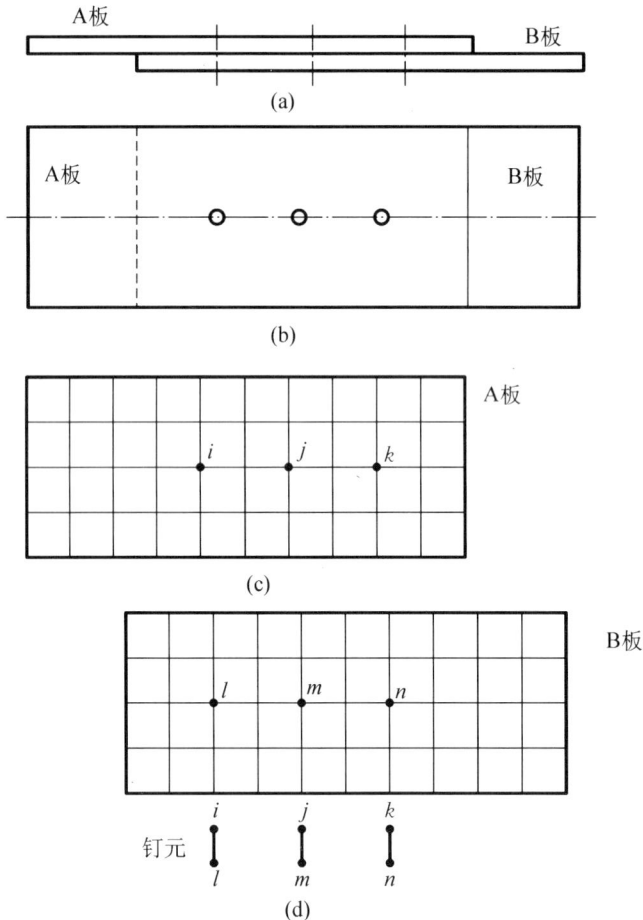

图 5 - 48　多钉连接有限元模拟

（2）钉元模拟

图 5-48 中,A,B 板是分开的有限元素,它们通过钉元 i-l, j-m, k-n 联系在一起。钉元的模拟及参数计算对精度影响较大。这里介绍常用的三种简单方法模拟钉元。这跟被连接件的特性及精度要求有关。在下节中,我们详细介绍一种新的模拟方法[8],它特别适用于厚板连接。

① 短梁元。

对于厚板需要考虑弯曲效应时,钉取短梁较为合适。由于机械连接中,预先并不知道钉载方向。钉本身是圆柱体,要给定 I_1, I_2, J, F 等。I_1, I_2 的主平面方向对计算是有影响的,这一点建模时要特别注意。短梁元的力学参数选取时,一般取被接板中面位置作为节点位置,短梁长度为

$$l = \frac{1}{2}(t_1 + t_2) \qquad (5-170)$$

其中:t_1, t_2 分别为板厚。将钉的真实参数作为短梁元的参数,应注意此取法钉的刚度偏小。

② 弹簧元。

力学公式为

$$P = k\delta \qquad (5-171)$$

这是一维的标量元素,δ 是广义位移(可以是线位移或角位移)。

应注意,一个钉一般要用三个弹簧元模拟,面内两个,面外一个,面内两个弹簧元的方向只要互相垂直,计算结果就是正确的。故取基准坐标 x, y 方向。

为了保持两板法向联系,法向为拉伸弹簧,弹簧刚度系数可为

$$k = \frac{EF}{L} \qquad (5-172)$$

其中:E, F 分别为钉的杨氏模量和断面积;L 表示两板中点的距离,即弹簧元的长度。

弹簧元刚度选取分两种情况:

第一,板为薄板,建议

$$k = \frac{GF}{l} \qquad (5-173)$$

其中:$l = \frac{1}{4}(t_1 + t_2)$;$G$ 为钉剪切模量;F 为断面积;t_1, t_2 为板厚。

第二,板为弯曲元。

平面中刚度同式(5-173)。

弯曲弹簧的刚度

$$M = k_\theta \theta \qquad\qquad (5-174)$$

$$k_\theta = 4\,\frac{EI}{L'} \qquad\qquad (5-175)$$

其中：$L' = c(t_1 + t_2)$；系数 c 一般为 $0.25 \sim 0.5$ 之间，它跟钉材料有关系。

③ 刚体元。

钉也可用刚体元或多点约束模拟。一般不建议采用此方法求多钉连接，只有钉非常多，且钉载分布并不重要时采用此方法。

8) 胶接连接的模拟

胶接连接跟钉连接不同之处是：第一，大面积均布粘接；第二，不允许有像钉连接那样大的变形。因此，我们认为用多点约束功能模拟胶接连接是比较合理的方法，在实际设计中用此方法得到满意的结果。但是，当胶与钉混合连接时，要比较精确地确定钉载与胶受载比例，用多点约束就不合适了。这时要用弹簧元或胶膜元。胶连接建模有三种方法。

(1) 多点约束

如 A，B 板胶接，假设它们网格对应点 a_i，b_i，$i=1, 2, 3, \cdots, n$，这时

$$\delta_{ai}^j = \delta_{bi}^j, \quad j = 1, 2, 3, 4, 5 \qquad\qquad (5-176)$$

其中 δ^j 表示位移分量，为 u，v，w，θ_1，θ_2，对于薄板情况，$j=1, 2, 3$。$j=1, 2$ 表示对应剪切力方向，$j = 3$ 表示对应剥离力方向。

(2) 胶层多点弹簧元(此法可取)

只要将各点周围的胶集中为弹簧元，要求提供胶的剪切模量 G 及拉伸模量 E。

(3) 胶膜元

这种模型计算工作量大，数据多，只有那些特殊需要的分析中才使用，一般将胶膜取为受剪膜元，胶层在节点处与板位移协调。要注意，胶膜元节点编号不能与连接板编号相同。见图 5-49。要注意，胶膜元不能与板元共点，实际上，它已是一种类似体元那样的元素，这是很麻烦的事。

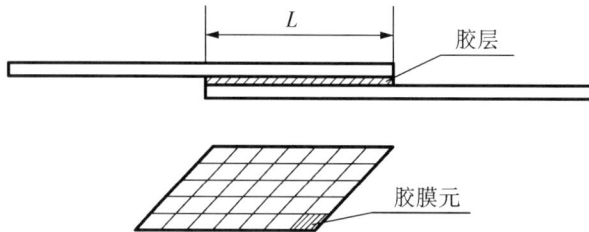

图 5-49　胶膜元

9) 复合材料蒙皮网格划分

复合材料蒙皮网格划分原则上与金属结构无大差别，其注意事项是一样的。但

是,有些飞机蒙皮铺层变化剧烈,即丢层很多,而网格分割线不可能与丢层边界重合。如果要严格使用同一元素为等铺层数,网格大小势必相差太大。原则上尽量作为等铺层数,用以下两种方法处理。

(1) 取舍法

如图 5-50 示,L 为元素边线长度,第 i 层丢层长度为 d_i,当 i 层丢层比 d_i/L 大于 0.8 时,将 i 层去掉,一般 d_i/L 小于 0.5 时,将 i 层保留。

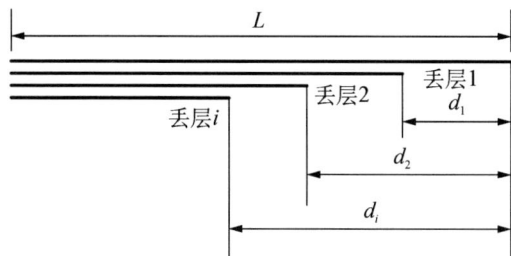

图 5-50 层板丢层尺寸

(2) 丢层厚度折算

$0.5 > d_i/L > 0.2$ 时,进行厚度折算,层压板刚度系数 A_{ij} 为

$$A_{ij} = \sum_{k=1}^{N} (Q_{ij})_k t_k C_k \tag{5-177}$$

$$C_k \approx \left(1 - \frac{d_k}{L}\right) \tag{5-178}$$

即新的厚度为 $t_k' = t_k C_k$,其中 t_k 为第 k 单层的厚度。

层压板刚度系数 B_{ij},D_{ij} 类似处理。一般仅在特殊要求的分析中才这样处理。

10) 复合材料蒙皮材料特性 CQUAD4,PCOMP 卡中某些问题

复合材料元素填写块数据卡时要特别注意以下问题:

(1) 铺层表达

设以 0°方向定义材料轴 x_{mat},共有 N 层,相对于 x_{mat} 轴的铺层角为 θ_1,θ_2,…,θ_N。图 5-51(a)中元素 j 与元素 k 自身坐标轴很不一样(j 元素节点为逆时针方向编号,k 元素节点为顺时针方向编号)。在图 5-51(b)中元素自身坐标轴 x_{el} 到 x_{mat} 轴的转向与节点 G_1 到 G_2 的转向一致时,α 为正。

(2) CQUAD4 及 PCOMP 数据卡填写

① CQUAD4 卡。

第 8 场定义材料角 α,如图 5-51(b)所示,第 8 场给法:实数,表示角度 α;整数为坐标系,x_c,y_c,z_c 的 ID 号。

② PCOMP 卡。

此卡的续卡中有角度 θ_i,填写 θ_i 时应注意:

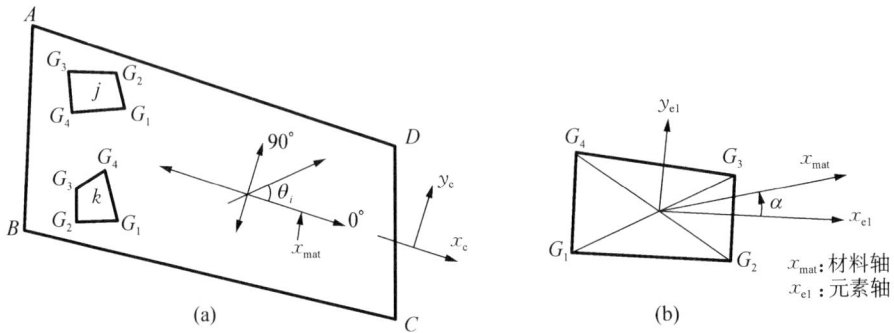

图 5-51　铺层及有限元素编号关系

第一，θ_i 是相对于用户定义的材料轴 x_{mat} 给出的；它是每层纤维方向跟材料轴 x_{mat} 的夹角，规定从第一层算起（第一层坐标 z_i 负值最大的层）。

第二，要注意 θ_i 的方向问题，如图 5-51(a) 所示，显然对一块大板 $ABCD$，铺层参数假设一样，但元素 j 的节点编号是逆时针方向，在 PCOMP 卡中相对于材料轴 x_{mat} 也应逆时针定义为正，但是，元素 k 为顺时针方向，所以，元素 k 与元素 j 不能用同一张 PCOMP 卡。相反，要用同一张 PCOMP 卡，此大板 $ABCD$ 上各元素节点编号要么都顺时针，要么都逆时针。

第三，第 5 场 SB 表示许用的层间剪切强度值，如果第 6 场 F_T 要求填写时（即要求破坏分析），SB 必须填写。

（3）x_c，y_c，z_c 定义见 MSC. NASTRAN 手册

（4）破坏分析结果中的一个问题

当 PCOMP 中第 5、第 6 场都给定，要求进行层板破坏分析，计算结果 F06 文件给出各层破坏标注。

层间剪切破坏标注为 F_B，若层板有 N 层，仅给出 $N-1$ 个层间剪切应力 $\tau_i (i = 1, \cdots, N-1)$，及 $N-1$ 个 F_B。

$$\tau_i = \sqrt{\tau_{xzi}^2 + \tau_{yzi}^2} \tag{5-179}$$

$$F_B = \tau_i / S_B \tag{5-180}$$

为计算程序规格化，第 N 层的外表 $\tau_i = 0$，F_B 不给出。

11）有限元模型中边界条件及约束处理问题

（1）自身平衡力系作用下弹性体约束问题

位移法求解此问题时，要去掉刚体位移（即加上合理的约束）才能求解。例如，飞机在天空中飞行，作用在飞机上的力系是自身平衡的，在全机联合求解时如何加上约束，处理这种问题注意以下几点原则：

① 在平衡外力系作用下弹性体（如全机）用位移法求解时，在任意点施加仅需去掉刚体位移的"约束"，计算结果得到各节点相对位移（弹性变形）和应力值不变。

即不随"约束"点的选择而改变；当施加的"约束"除了消去刚体位移外，还有多余"不合理"约束，计算结果不对。

② 对称外载及不对称外载情况，可选取不同的约束。例如，在对称外载下，机身对称面 yOz 上，$u_i = \theta_{iy} = 0$。可利用对称性变形条件施加"约束"。这种利用对称性变形条件施加的约束，即使多余，也不属"不合理"约束之列。

③ 在约束点上不能施加外载荷。

④ 如何判断"约束"正确与否。

当③条件满足时，计算结果中，若各"约束"点所有支反力分量均为零，则"约束"正确；否则计算结果错误，"约束"施加不正确；当③条件不满足时，即"约束"点有外载(实际上此外载无效)，若计算结果对应点的约束反力分量等于该点外载分量，则"约束"正确；否则计算结果错误，"约束"不正确。

（2）边界条件处理问题

这里主要是指矩形板稳定分析中各种边界条件模拟。原则是应加的载荷能够施加上而不影响应力分析的正确性，同时又能合理地表征边界支持。如图 5-52 所示。

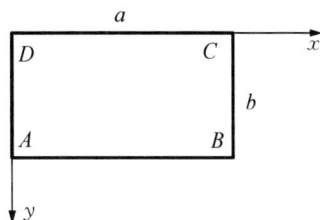

图 5-52　边界条件模拟

① 四边简支：

所有边界 AB, BC, CD, DA 上各点 $w_i = 0$，

角点 $u_A = v_A = 0$，$v_B = 0$，

或者 $u_A = v_A = 0$，$u_D = 0$。

② 四边固支：

所有边界 AB, BC, CD, DA 上各点 $w_i = 0$；$u_A = v_A = 0$，$v_B = 0$(或者 $u_D = 0$)；所有边界各点 $\theta_{xi} = \theta_{yi} = 0$。

③ 其他边界条件(如边界不同时为固支或简支)类似处理。

④ 弹性支持：各边界点加弹簧元。

12) 厚板多钉连接一种新的有限元模拟方法

这里引用文献[8]中介绍的方法。

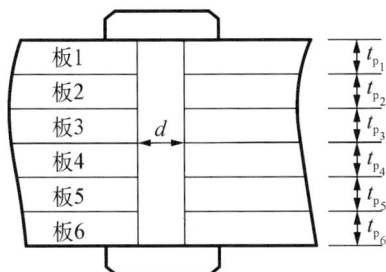

图 5-53　多层板连接

（1）紧固件连接刚度

如图 5-53 所示多层板连接，考虑下面的刚度分量：

● 板平移挤压刚度；

● 紧固件平移挤压刚度；

● 板旋转挤压刚度；

● 紧固件旋转挤压刚度；

● 紧固件剪切刚度；

● 紧固件弯曲刚度。

在载荷作用下,各板相互之间移动,这引起连接的板及紧固件移动,第 i 板的平移挤压柔度为

$$C_{\mathrm{btp}_i} = \frac{1}{E_{\mathrm{cp}_i} t_{\mathrm{p}_i}} \tag{5-181}$$

其中:E_{cp_i} 为 i 板材料压缩模量;t_{p_i} 为 i 板厚度。

紧固件在 i 板处的平移挤压柔度为

$$C_{\mathrm{btf}_i} = \frac{1}{E_{\mathrm{cf}} t_{\mathrm{p}_i}} \tag{5-182}$$

其中:E_{cf} 为紧固件压缩模量。

将紧固件与板视为串联,因此,在 i 板处板与紧固件的联合平移挤压柔度为

$$C_{\mathrm{bt}_i} = C_{\mathrm{btp}_i} + C_{\mathrm{btf}_i} \tag{5-183}$$

因此,i 板处组合的平移挤压刚度为

$$S_{\mathrm{bt}_i} = \frac{1}{C_{\mathrm{bt}_i}} \tag{5-184}$$

由于板与紧固件相对旋转引起板-紧固件界面有力矩,如图 5-54 所示。由此相对旋转引起的挤压变形假设沿板厚为线性分布。

$$\delta = x\varphi \tag{5-185}$$

其中:x 为沿板厚方向的坐标;φ 为板与紧固件相对旋转角;δ 为板厚度方向 x 点处的 y 方向位移。

i 板 $\mathrm{d}x$ 厚片的刚度为

$$\mathrm{d}S_{\mathrm{btp}_i} = E_{\mathrm{cp}_i} \mathrm{d}x \tag{5-186}$$

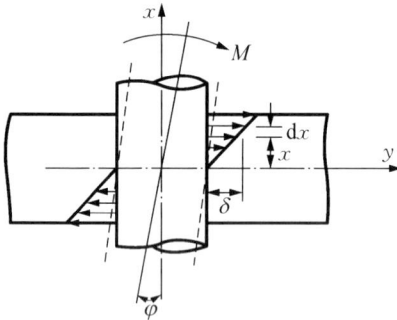

图 5-54　旋转挤压刚度定义

由板挤压变形引起 i 板上 $\mathrm{d}x$ 片上的载荷为

$$\mathrm{d}F = \delta \mathrm{d}S_{\mathrm{btp}_i} = x\varphi E_{\mathrm{cp}_i} \mathrm{d}x \tag{5-187}$$

$\mathrm{d}F$ 力对于 i 板中面的力矩为

$$\mathrm{d}M = x\mathrm{d}F = E_{\mathrm{cp}_i} \varphi x^2 \mathrm{d}x \tag{5-188}$$

由于板变形引起板与紧固件接触面的力矩为

$$M = E_{\mathrm{cp}_i} \varphi \int_{-\frac{t_{\mathrm{p}_i}}{2}}^{\frac{t_{\mathrm{p}_i}}{2}} x^2 \mathrm{d}x = E_{\mathrm{cp}_i} \varphi \frac{t_{\mathrm{p}_i}^3}{12} \tag{5-189}$$

i 板的旋转挤压柔度为：

$$C_{\mathrm{brp}_i} = \frac{\varphi}{M} = \frac{12}{E_{\mathrm{cp}_i} t_{\mathrm{p}_i}^3} \qquad (5-190)$$

在 i 板处紧固件的旋转挤压柔度为

$$C_{\mathrm{brf}_i} = \frac{12}{E_{\mathrm{cf}} t_{\mathrm{p}_i}^3} \qquad (5-191)$$

紧固件与板组合的旋转挤压柔度为

$$C_{\mathrm{br}_i} = C_{\mathrm{brp}_i} + C_{\mathrm{brf}_i} \qquad (5-192)$$

在 i 板处组合的旋转挤压刚度为

$$S_{\mathrm{br}_i} = \frac{1}{C_{\mathrm{br}_i}} \qquad (5-193)$$

挤压刚度由弹簧元素（本方法中用弹簧元 CBUSH 表示）模拟，紧固件的剪切及弯曲刚度由梁元模拟，梁元参数即紧固件本身参数。

（2）紧固件连接模拟

这种模拟方法有以下几个要点：

① 将板与螺栓分开编号，如图 5-55 所示。

连接孔处，板是一个编号。4 个板元①②③④共点 5，板连接卡为①元：1，2，5，4；②元：2，3，6，5，…

但螺栓编号为 i，如图 5-55 所示，$i \neq 5$。i 是螺栓本身的点。i 与 5 点用弹簧元 $i5$ 表示挤压刚度。

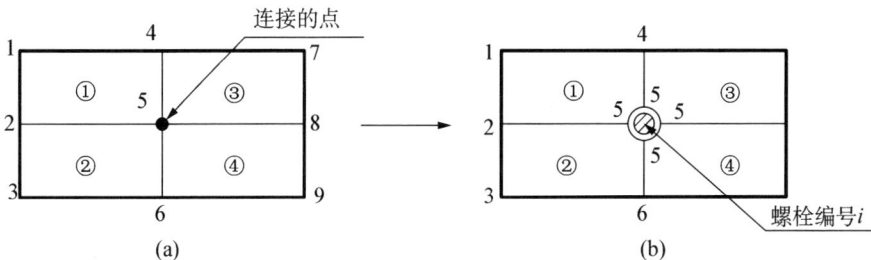

图 5-55 连接模拟

② 将板与螺栓分开，它们之间相互关系通过 CBUSH 弹簧元联系。

③ 螺栓本身用梁元（BAR 元或 BEAM 元）模拟。它的参数为

$$A = \frac{\pi d_{\mathrm{f}}^2}{4}, \quad I_1 = I_2 = \frac{\pi d_{\mathrm{f}}^4}{64}, \quad J = \frac{\pi d_{\mathrm{f}}^4}{32} \qquad (5-194)$$

其中：d_f 为螺栓有效直径，圆断面剪切面积因子 $K_1 = K_2 = 0.9$。

④ 为了消去刚体位移，用刚体元 RBAR 将螺栓头（取点）上的点与各连接板上点联系起来，如图 5-56 所示。

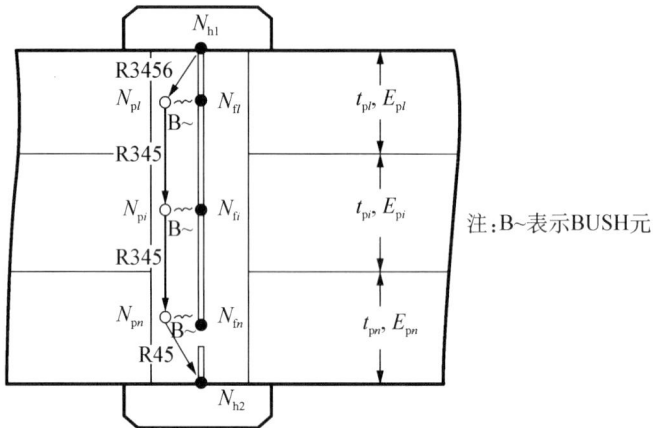

图 5-56　连接模拟

图中●为螺栓（梁）上的节点，编号为 N_{fi}；○为板上节点 N_{Pi}；箭头为刚体元。N_{Pi} 与 N_{fi} 坐标一样，但编号不同。

⑤ 分析中变形协调性假设：

模拟中作如下假设：

a. 板横向（厚度方向）无压缩；

b. 在外载荷作用下板中面互相平行；

c. 在外载作用下，螺栓头平面保持平行于板中面。

（3）计算例子

如图 5-57 所示，对称双搭接连接，三块铝板，两个钛螺栓，外面的 A、B 板厚 0.15″，C 板厚 0.2″。螺栓直径 $d = 0.25″$，C 板外端加分布载荷 5 000 lb（1 lb $=0.454$ kg）/in。A、B 板根部支持。图中，①、②位置为螺栓位置。

说明：板与梁上点用 BUSH 元（弹簧元）联系。BUSH 可有多方向，本例中：K_1（x 方向），K_2（y 方向），$K_3 = 0$，K_4（绕 x 旋转），K_5（绕 y 转）。

① 本例中，K_1 是 x 向的挤压刚度，$K_1 = K_2 = S_{bt_i} = \dfrac{1}{C_{bt_i}}$。用式（5-184）计算；$K_4 = K_5$ 为旋转挤压刚度，用式（5-193）计算。

② 引入刚体元 RBAR，因为板、梁分开，消去相关性，刚体元为 92-39，39-15，15-63，63-95。

块卡见下面：

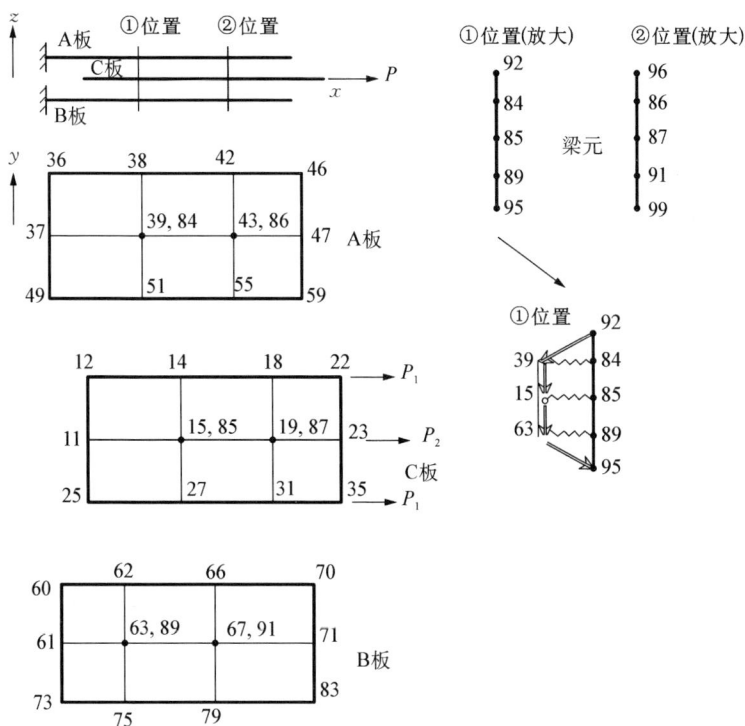

图 5-57 例子模型

$ NASTRAN input file

ASSIGN OUTPUT2=′dobuck. op2′,UNIT=12

$ Linear Static Analysis,Database

SOL 101

TIME　600

CEND

ECHO=NONE

SEALL=ALL

SUPER=ALL

TITLE=MSC/NASTRAN job created on 17 feb

MAXLINES=999999999

SUBCASE 1

$ subcase name : tension

　　SUBTITLE=tension

　　SPC=2

　　LOAD=2

DISPLACEMENT(SORT1,REAL)=ALL

SPCFORCES(SORT1,REAL)=ALL

OLOAD(SORT1,REAL)＝ALL
STRESS(SORT1,REAL,VONMISES,BILIN)＝ALL
FORCE(SORT1,REAL,BILIN)＝ALL
$
BEGIN BULK
$
PARAM, PATVER,3.
PARAM,AUTOSPC, YES
PARAM, INREL, 0
PARAM ,ALTRED, NO
PARAM ,COUPMASS, －1
PARAM ,K6ROT,10.
PARAM ,WTMASS, 1.
PARAM ,NOCOMPS,－1
PARAM ,PRTMAXIM,YES
PARAM ,POST，－1
$ $ $ $
$
$ Elements and Element properties for region ：pshell . 1
$23456781234567812345678123456781234567812345678123456781234567812345 6
  7812345678

PSHELL	1	1	0. 2	1		1

$ $

CQUAD4	1	1	12	11	15	14
CQUAD4	2	1	14	15	19	18
CQUAD4	3	1	18	19	23	22
CQUAD4	4	1	11	25	27	15
CQUAD4	5	1	15	27	31	19
CQUAD4	6	1	19	31	35	23

$
$ Elements and Element properties for region ：pshell . 2

PSHELL	2	1	. 15	1		1

CQUAD4	7	2	36	37	39	38
CQUAD4	8	2	38	39	43	42
CQUAD4	9	2	42	43	47	46

CQUAD4	10	2	37	49	51	39
CQUAD4	11	2	39	51	55	43
CQUAD4	12	2	43	55	59	47
CQUAD4	13	2	60	61	63	62
CQUAD4	14	2	62	63	67	66
CQUAD4	15	2	66	67	71	70
CQUAD4	16	2	61	73	75	63
CQUAD4	17	2	63	75	79	67
CQUAD4	18	2	67	79	83	71

$ Elements and Element properties for region :pbar. 4
$

PBAR	4	1	1.	1.	1.	1.

$234567812345678123456781234567812345678123456781234567812345678123456
   7812345678

CBAR	27	4	22	23	11	+A
+A		1				
CBAR	28	4	23	35	11	+B
+B		1				

$

$ Elements and Element properties for region :pbar. 5

PBARL	5	2		ROD		+ C
+ C	.125					
CBAR	19	5	84	85	1.	0.	0.
CBAR	20	5	86	87	1.	0.	0.
CBAR	21	5	85	89	1.	0.	0.
CBAR	22	5	87	91	1.	0.	0.
CBAR	23	5	92	84	1.	0.	0.
CBAR	24	5	89	95	1.	0.	0.
CBAR	25	5	96	86	1.	0.	0.
CBAR	26	5	91	99	1.	0.	0.

$

$ Referenced Material Records
$ Material record : aluminum
$234567812345678123456781234567812345678123456781234567812345678123456
   7812345678

MAT1	1	1.05+7	.33

```
MAT1          2   1.6+7          .3
$23456781234567812345678123456781234567812345678123456781234567812345
  7812345678
```

GRID	11	1.	0.	.0
GRID	12	1.	1.	.0
GRID	14	1.5	1.	.0
GRID	15	1.5	0.	.0
GRID	18	3.	1.	.0
GRID	19	3.	0.	.0
GRID	22	4.5	1.	.0
GRID	23	4.5	0.	.0
GRID	25	1.	−1.	.0
GRID	27	1.5	−1.	.0
GRID	31	3.	−1.	.0
GRID	35	4.5	−1.	.0
GRID	36	0.	1.	.175
GRID	37	0.	0.	.175
GRID	38	1.5	1.	.175
GRID	39	1.5	0.	.175
GRID	42	3.	1.	.175
GRID	43	3.	0.	.175
GRID	46	3.5	1.	.175
GRID	47	3.5	0.	.175
GRID	49	0.	−1.	.175
GRID	51	1.5	−1.	.175
GRID	55	3.	−1.	.175
GRID	59	3.5	−1.	.175
GRID	60	0.	1.	−.175
GRID	61	0.	0.	−.175
GRID	62	1.5	1.	−.175
GRID	63	1.5	0.	−.175
GRID	66	3.	1.	−.175
GRID	67	3.	0.	−.175
GRID	70	3.5	1.	−.175
GRID	71	3.5	0.	−.175
GRID	73	0.	−1.	−.175

GRID	75	1. 5	—1.	—. 175
GRID	79	3.	—1.	—. 175
GRID	83	3. 5	—1.	—. 175
GRID	84	1. 5	0.	. 175
GRID	85	1. 5	0.	0.
GRID	86	3.	0.	. 175
GRID	87	3.	0.	0.
GRID	89	1. 5	0.	—. 175
GRID	91	3.	0.	—. 175
GRID	92	1. 5	0.	. 25
GRID	95	1. 5	0.	—. 25
GRID	96	3.	0.	. 25
GRID	99	3.	0.	—. 25

```
$23456781234567812345678123456781234567812345678123456781234567812345 6
  7812345678
$ Loads for load case : tension
SPCADD          2       1       3       4
$
LOAD            2       1.      1.      1
$ Displacement constraints of load set :spc_2
$23456781234567812345678123456781234567812345678123456781234567812345 6
  7812345678
SPC1            1       2       37
$ Displacement constraints of load set :spc_1
SPC1            3       135     36      37      49
$ Displacement constraints of load set :spc_3
SPC1            4       15      60      61      73
$
$ Distributed Loads of load set : Tension
$23456781234567812345678123456781234567812345678123456781234567812345 6
  7812345678
PLOAD1          1       27      FYE     FR      0.      —5000.  1.      —5000.
PLOAD1          1       28      FYE     FR      0.      —5000.  1.      —5000.
$
$ Bearing stiffnesses
$23456781234567812345678123456781234567812345678123456781234567812345 6
```

```
 7812345678
PBUSH          6      K    1267925. 1267925.     0.        4226.    4226.
PBUSH          7      K     950943.  950943.     0.        1783.    1783.
$
CBUSH         31      7          39          84                                    0
CBUSH         32      6          15          85                                    0
CBUSH         33      7          63          89                                    0
$
CBUSH         34      7          43          86                                    0
CBUSH         35      6          19          87                                    0
CBUSH         36      7          67          91                                    0
$
$ Compatiblity conditions
$2345678123456781234567812345678123456781234567812345678123456781234 56
 7812345678
RBAR          41     92          39     123456          3456
RBAR          42     39          15     123456          345
RBAR          43     15          63     123456          345
RBAR          44     63          95     123456          45
$
RBAR          45     96          43     123456          3456
RBAR          46     43          19     123456          345
RBAR          47     19          67     123456          345
RBAR          48     67          99     123456          45
$
ENDDATA
```

5.3　强度分析

本节主要涉及层压板的强度分析。稳定性分析及复合材料连接强度是复合材料结构强度分析重要组成部分,因分量较重,分别放在第 6 章及第 7 章中叙述。

飞机结构强度分析的基本概念及方法对于设计工程师是非常重要的,这些基本方法及概念无论对复合材料或金属结构都是适用的。因此,谈及层压板强度分析之前,介绍关于强度的一般概念是有必要的。

5.3.1　强度的基本概念

5.3.1.1　强度的基本定义

强度最初的意义是材料强度,即单向受载时材料破坏时的应力(与破坏模式对应)称为该应力对应的强度。

目前,我们所说的强度有广义的性质,如结构强度,是指结构的最大承载能力。如果从使用观点来看,结构强度是结构功能失效时的最小承载能力。当飞机结构受载达到这样一个最小载荷值,退载时,结构力学性能(即总体上来说)已不能恢复到原来未加载时的性能,此载荷便是结构的许用载荷,称它为强度也是可以的。因此,在强度计算中,规定各种构件的设计许用值代替材料强度,这点应特别注意。

5.3.1.2 "当量强度"的概念

"当量强度",也称表征强度,是强度分析中一个非常重要的概念,而且也是解决复杂强度问题的惯用手段。在许用值试验中和强度校核中有时使用"当量强度"概念会使问题变得简单。下面介绍"当量强度"概念应用的例子。

① 单搭接强度校核。

如图 5-58 所示,在试件破坏时是在胶接端部,在此处应力极为复杂,有剪切、弯曲应力之和,我们且不管破坏机理,用单搭接试件试验,破坏时的拉力为 P_0,则用 $\tau_\nu = \dfrac{P_0}{La}$ 表征胶的剪切强度,τ_ν 称为胶的"当量剪切强度"。当然,使用时要考虑具体的试验条件。实际上,τ_ν 并不是胶的剪切强度,因为破坏时有剪切、弯曲、剥离力共同作用,但是试验设计时,应使剪切是重要因素。经常是 τ_ν 乘上一个小于 1.0 系数,作为剪切强度。

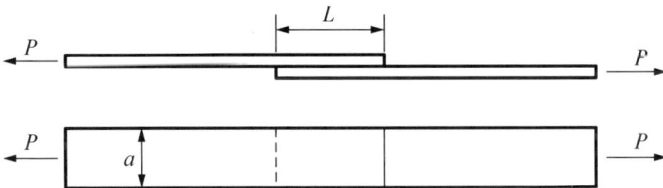

$P=P_0$ 时胶层破坏

图 5-58　胶接试验

② 复合材料连接强度计算中"当量强度"概念。

我们知道,层压板机械连接有各种各样的破坏模式,为了强度分析方便,即使不是挤压形式的破坏,其强度通常用破坏时的挤压应力表征。因为破坏与参数 w, d, e, h 有关,因此,通过试验画出破坏时挤压应力与几何参数及铺层参数曲线,如图 5-59 及图 5-60 所示[9]。破坏时的 F_{br} 就称为连接件的"当量强度"或表征强度。

用如下公式计算:

$$F_{br} = \frac{P}{dh} \tag{5-195}$$

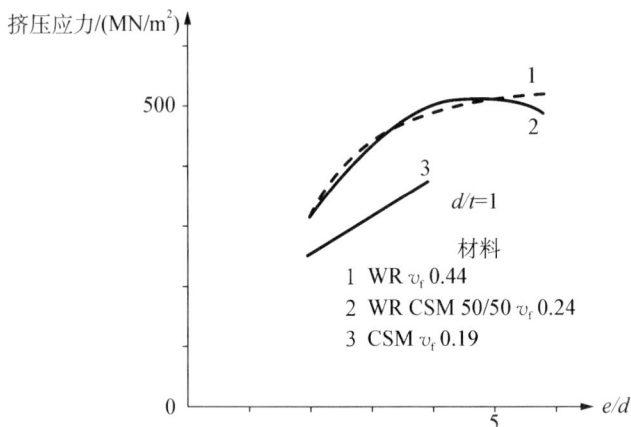

图 5-59 GRP 层板挤压应力-e/d 关系

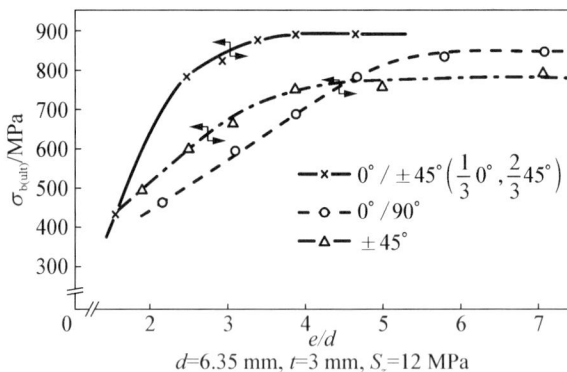

图 5-60 各种 G/913 GFRP 层板相对于 e/d 的挤压应力

其中：w 为板宽；d 为孔直径；h 为层压板厚度；e 为孔端距。

这种做法并不需要破坏模式所对应的应力，既方便计算，也方便试验。

③ 复合材料许用值试验中，经常会采用"当量强度"的概念，例子是很多的。这种做法的一般特点是对于复杂的强度问题，通过试验方法，用很方便计算的表征应力来作为"当量强度"对应的应力。在复合材料单层板的强度分析中的应力矢量强度也是一种当量强度（见下面第 5.3.4.3 节）。实际上，强度准则（强度理论）也是基于这种概念。例如，金属中复杂应力状态用 Von-Mises 应力表示当量应力：$\sigma_{当量} = \sigma_{\mathrm{Von}}$。

$$\sigma_{\mathrm{Von}} = \sqrt{\frac{1}{2}\left[(\sigma_1 - \sigma_2)^2 + (\sigma_2 - \sigma_3)^2 + (\sigma_3 - \sigma_1)^2\right]} \tag{5-196}$$

破坏准则为

$$\sigma_{\mathrm{Von}} \leqslant \frac{\sigma_{\mathrm{b}}}{k} \tag{5-197}$$

其中:σ_b 为单向拉(压)强度。k 为大于 1.0 的系数,σ_1,σ_2,σ_3 为主应力。σ_{Von} 是很容易计算得到的。

5.3.1.3　剩余强度的概念

含损伤(或缺陷)的材料(或结构)的强度称为剩余强度。一般用剩余强度系数 η 表示,η 定义为:含损伤(或缺陷)的材料(或结构)的强度与完好材料(或结构)的强度之比。

5.3.1.4　强度理论(失效准则)

强度理论是材料(对复合材料则是指层压板)在复杂应力状态下的破坏(或失效)准则。要求利用单向受力状态的试验求得的强度数据来确定在复杂受力状态下的强度条件,这是强度理论要解决的问题。

强度条件的通式一般为

$$f(\sigma_i, F_i) = 1 \tag{5-198}$$

其中:σ_i 为应力分量;F_i 为强度参数。注意,式(5-198)是对单层而言的。

对于金属,常见的如式(5-197)的 Von-Mises 准则;对于复合材料,常见的如蔡-吴准则等。

5.3.2　飞机结构分析中的"总体"强度与"局部"强度

飞机结构设计强度分析实践中一般将结构强度分为"总体"强度与"局部"强度。虽然有全局性及局部性的含义,但是从计算工作本身并不完全是这种意义。

1)"总体"强度

结构有限元应力分析是强度分析的重要部分,也是强度分析的基础。应力分析给出结构各部位(或构件)的内力。对于简单的结构(如板、杆),利用有限元法求得的应力直接跟许用应力(按各种强度理论计算)进行比较,给出各部位(或构件)的安全余量(MS),这个过程一般称为"总体"强度分析。

2)"局部"强度分析

"总体"强度分析(主要是应力分析)并不是强度分析的全部,还要根据总体的应力分析结果对局部结构及细节进行强度分析,这也称为"局部"强度分析。进行局部及细节强度分析原因如下。

① 应力分析模型是理想化的分析模型,有些结构细节在总体有限元模型中很难模拟,或者只能近似模拟,即使能模拟也会使总体应力分析模型变得庞大和复杂,使建模带来困难和工作量过大。因此,一般对总体应力分析结果要求能反映真实的传力路线,但有时并不能反映某些结构细节的应力状态,这些细节处的应力及强度必须在总体应力分析后再次进行分析。

② 多年来飞机设计及强度分析工作积累了大量的工程经验和试验数据,从而对某些典型构件的强度分析提供了各种经验公式、系数、曲线,这些是应力分析不能涵盖的。

另外,应力分析以后的后继强度分析工作,其内容十分丰富,例如,构件的稳定性分析、压损分析、连接计算、特殊细节分析、接头、各种耳片计算等。

5.3.3 关于强度分析工作的设想

"总体"强度分析与"局部"强度分析工作所占的比重与工作周期是随着有限元应力分析工作的开展及计算机软件发展而变化的。

为了缩短设计工作周期以及提高强度分析工作的质量和水平,"局部"强度计算工作"计算机"化是非常必要的。"局部"强度计算"计算机"化包括以下几方面内容:

① 建立"局部"强度计算所需数据、曲线、公式和图表数据库,甚至将手册自动调用的"计算机"化。

② "局部"强度分析软件能调用有限元应力分析时的结构尺寸、材料等数据。

③ 能自动或半自动地由计算机编写"强度计算报告",总之,编制"局部"强度分析软件(是属于总体应力分析后处理软件的一部分)是强度计算工程师及软件工程师的共同任务。

5.3.4 复合材料层压板强度和失效

5.3.4.1 引论

根据应力分析结果评估层压板的强度,而强度的评估是用各种失效准则进行的。层压板失效模式多种多样,这里我们不去分析失效的细观机理,也不用去评论各种失效理论,因为目前关于层压板失效理论有数十种之多,根据目前所了解的情况,没有一种理论明显优于其他理论,而它在各种受载情况都能显得比其他理论与试验结果更接近。

在飞机复合材料结构设计实践中,在复合材料层压板失效分析时,是采用建立在试验基础上的宏观理论,一般是采用由单向板(lamina)试验测量各主应力方向的强度值而不采用组分性能推导值,在单向板试验得到的强度数据的基础上建立单层的破坏准则,然后逐层进行强度分析,这就是所谓的"逐层破坏理论"。现在飞机设计中,广泛使用的"最大应力"理论、最大应变理论、用于组合应力情况的二阶张量多项式理论,也都是属于"逐层破坏"理论的范畴。此外,结合试验结果,我们在算法上对此作了某些改进,提炼出所谓的"二次破坏"算法[10]。

本节中我们对飞机设计中常用的理论作简要介绍,对"二次破坏"原理也做粗略的介绍。

5.3.4.2 层压板的力学特点及"逐层破坏"理论

前面我们已经介绍过层压板理论,认为各单层无滑移紧密粘在一起。由于应变的一致性,单层对于某方向刚度是不同的,因此不同方向层的应力是突变的,加上横向剪切应力的存在,因而存在较大的层间应力。实践证明,层板法向强度很弱,容易产生分层。人们在进行应力分析及强度分析时,很自然将单层作为基本单位。

在单向板(或单层)中,5个强度值是基本的强度参数:

X_t:纵向(纤维方向)拉伸强度;

X_c:纵向(纤维方向)压缩强度;

Y_t:横向(垂直纤维方向)拉伸强度;

Y_c:横向(垂直纤维方向)压缩强度;

S:平面内剪切强度。

Y_t 非常小,其值为 $Y_t \approx 3.5\% X_t \approx 4.5\% X_c \approx 25\% Y_c$。可见强度的方向性相差很大,因此,研究单向主应力及主应变(类似金属中的定义)是没有意义的事情,因为主应力及主应变是跟材料无关的最大值。有些书上把单层的纵向纤维方向(及它的垂直方向)习惯上叫主应力方向,但意义已不同于金属中的定义。对于层压板来说,强度的方向性差别大,法向强度 Z_t 基本同于 Y_t,强度很低,使用中往往由于法向应力及层间应力易于引起分层。在研究层压板的强度时,人们往往忽略了这种联系,将单层(ply)作为分析单位,而采用平面应力假设,在求出各单层应力之后,孤立地研究各单层的强度。其作法是:将各层的应力对该单层进行破坏分析,由于应力差别及方向性,出现某些层先破坏,然后进行退化处理,在外载作用下,再进行重新分析,又有些层发生破坏,以此类推,再进行重新分析。这就是第一层破坏(FPF)及最后一层破坏(LPF)的破坏机理及分析方法。我们无妨称这种理论为"逐层破坏"理论。现在普遍采用的破坏理论均属"逐层破坏"理论。

"逐层破坏"理论常见的有最大应力理论、最大应变理论、二阶张量多项式破坏理论等。二阶张量多项式破坏理论又有希尔理论、霍夫曼理论及蔡-吴理论。由于蔡-吴理论在复合材料结构设计中应用较为广泛,下面简单介绍蔡-吴理论分析方法。

5.3.4.3 二阶张量多项式(蔡-吴)理论

其通式为

$$F_{ij}\sigma_i\sigma_j + F_i\sigma_i = 1 \qquad i,j = 1,2,\cdots,6 \qquad (5-199)$$

其中:$\sigma_4 = \tau_{23}$,$\sigma_5 = \tau_{31}$,$\sigma_6 = \tau_{12}$。其余采取常用的应力简写符号。

对于平面应力问题,$i,j = 1,2,6$,τ_{12} 取偶次项,式(5-199)变为

$$F_1\sigma_1 + F_2\sigma_2 + F_{11}\sigma_1^2 + F_{22}\sigma_2^2 + F_{66}\sigma_6^2 + 2F_{12}\sigma_1\sigma_2 = 1 \qquad (5-200)$$

其中:F_i,F_{ij} 分别为二阶及四阶强度张量,用5个单向板的强度试验能定出这些系数。它们是

$$F_1 = \frac{1}{X_t} - \frac{1}{X_c},\ F_2 = \frac{1}{Y_t} - \frac{1}{Y_c},\ F_{11} = \frac{1}{X_t X_c},\ F_{22} = \frac{1}{Y_t Y_c},\ F_{66} = \frac{1}{S^2} \quad (5-201)$$

F_{12} 的确定较难。

1) 一般的强度校核

上面式(5-199)改写为

$$f(\sigma_i,\sigma_j,F_i,F_{ij}) = 1 \qquad (5-202)$$

上式左边 f 称为破坏标注（MSC. NASTRAN 术语）。

当 $f < 1$ 时，未破坏；

当 $f \geqslant 1$ 时，破坏发生。

2）求破坏发生时的 σ_i，σ_j 值

有时也称破坏发生时的 σ_i，σ_j 值为强度 $\sigma_{\max, i}$，$\sigma_{\max, j}$，这涉及应力包线作法。因为式（5-199）有多个未知数，仅一个方程，设已知它们的比例且假设 σ_i，σ_j 从开始增加到失效为比例加载，即各应力比始终未变。可有两种做法。

① 引入强度/应力比 R[9]，即

$$\{\sigma_{\max}\} = R\{\sigma\} \tag{5-203}$$

其中：$\{\sigma_{\max}\}$ 为强度矢量，也可以称为应力矢量强度；$\{\sigma\}$ 为外加应力矢量。

例如，$\sigma_{\max, i} / \sigma_i = R > 1$ 时不失效。失效发生时，要满足

$$F_{ij}\sigma_{\max, i}\sigma_{\max, j} + F_i\sigma_{\max, i} = 1 \tag{5-204}$$

将式（5-203）代入式（5-204），得到

$$F_{ij}\sigma_i\sigma_j R^2 + F_i\sigma_i R = 1 \tag{5-205}$$

此式仅需求强度/应力比 R，这是解一元二次方程：

$$\left.\begin{array}{l} aR^2 + bR - 1 = 0 \\ a = F_{ij}\sigma_i\sigma_j, \ b = F_i\sigma_i \end{array}\right\} \tag{5-206}$$

正确的解是取正平方根，即

$$R = -\left(\frac{b}{2a}\right) + \left[\left(\frac{b}{2a}\right)^2 + \frac{1}{a}\right]^{\frac{1}{2}}$$

当所有外加应力分量取反向时，取由负平方根共轭根的绝对值为其强度比。这对于对称层板的弯曲很有用，因为当离中面的距离由正到负时，最终得到的铺层应力应改变符号，分别定为

$$R^+ = -\left(\frac{b}{2a}\right) + \left[\left(\frac{b}{2a}\right)^2 + \frac{1}{a}\right]^{\frac{1}{2}} \tag{5-207}$$

$$R^- = \left|-\left(\frac{b}{2a}\right) - \left[\left(\frac{b}{2a}\right)^2 + \frac{1}{a}\right]^{\frac{1}{2}}\right| \tag{5-208}$$

② 外加应力比已知，即 $\{\sigma\} = \{R\}x$，不管 x 为何值，$\{R\}$ 已知，代入式（5-199）得

$$F_{ij}R_iR_jx^2 + F_iR_ix = 1 \quad i, j = 1, 2, 3, \cdots, 6 \tag{5-209}$$

仅需求出 x，也是一元二次方程求根，破坏时的强度 $\sigma_{\max, i} = R_i x$，方法同①；用这些方法可作出应力空间强度曲线。

3) 应变空间中的破坏准则[9]

上面是应力空间的二次准则,只要将应力-应变代入式(5-199)可得到应变空间的破坏准则

$$G_{ij}\,\varepsilon_i\,\varepsilon_j + G_i\,\varepsilon_i = 1 \tag{5-210}$$

其中:G_{ij},G_i 是 F_{ij} 及材料性能参数,即

$$G_{ij} = f_1(F_{ij},\,Q_{ij}),\ G_i = f_2(F_i,\,Q_{ij}) \tag{5-211}$$

这里要注意的是,式(5-210)仅是平面应力准则在应变空间的重新描述,它绝不是平面应变状态的准则。基于复合应力的强度比等于复合应变的强度比,所以可以用破坏准则在应变空间的强度比,同理可得到

$$[G_{ij}\,\varepsilon_i\,\varepsilon_j]R^2 + [G_i\,\varepsilon_i]R - 1 = 0 \tag{5-212}$$

由此可确定 R。我们对应变空间的破坏包线更感兴趣,如图 5-61 所示的一个例子。

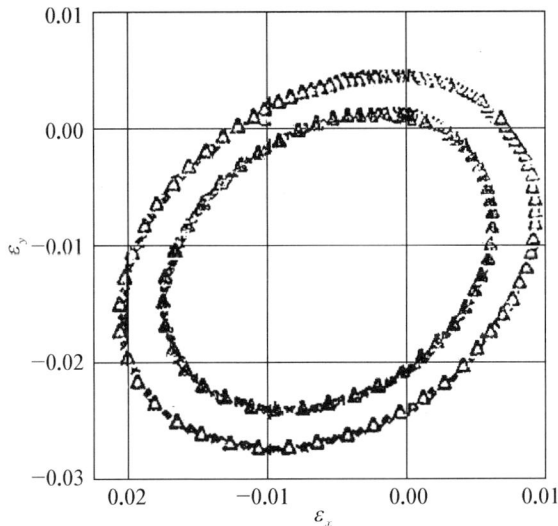

图 5-61 应变空间破坏包线[9]

5.3.4.4 "层压板效应"及"二次破坏"分析

1) 强度分析的实际需求

较长时间以来,工程设计中以及目前著名结构分析软件(如 MSC. NASTRAN)中,对复合材料层压板强度分析是基于二阶张量理论基础上的"逐层破坏"分析方法,及所谓的第一层破坏(FPF)到最后一层破坏(LPF)的理论。这些理论对于工程设计及复合材料理论发展发挥了巨大的作用,它依然是目前许多工程设计人员强度分析的工具。但是,随着工作深入及计算精度要求提高,发现此方法存在以下三方

面的问题:第一,它孤立地进行各单层的逐层分析,未考虑层压板中层与层之间的相互约束效应,因此,计算结果精度不能令人满意;第二,按这种理论计算结果,层压板在平面应力状况,当某方向层(如 90°层)不管它在层压板中的位置,都同时破坏,这与试验结果不大相符;第三,复合材料结构在进行应力分析和强度校核时(例如用MSC. NASTRAN),它仅给出在某些载荷情况下层压板有多少层破坏,到底多少层破坏才算结构破坏? 显然,FPF 太保守,工程人员难于回答此问题。

第一个问题,国外很多研究者早在 20 世纪 80 年代就提出来考虑层之间相互约束的"层压板效应"理论以及所谓的"现场单层强度"(in-situ ply strength)概念,此理论一定程度提高了强度分析精度,但仍难于回答第三个问题。

为了进一步提高分析精度以及回答第三个问题,经过对试验结果现象的思考及推理,并对层压板效应理论的具体公式作了某些修正,我们提炼出"二次破坏"的概念和算法,对于单向受载情况,这种方法计算结果与试验结果较为吻合。

这里要顺便说明一下,"二次破坏"算法仅是一种工程模拟方法,并没有在理论上作深入的研究,并且,对于多向受载情况的计算结果并没有与试验结果进行过比较。

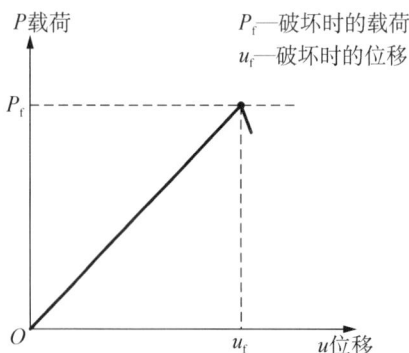

图 5-62 层板破坏试验的
载荷-位移曲线

2)"二次破坏"算法的假设和对试验结果的模拟

如果按照"逐层破坏"的机理,那么在层压板的拉、压强度试验中,载荷-位移曲线应呈现非线性特性。但实际上,绝大部分层压板强度试验中,载荷-位移曲线具有如图 5-62 所示的线性且突然破坏的特性。这种现象与弹性屈曲现象极为相似,这使我们联想到层压板的破坏是否存在一个特征值? 对此问题作思考及数值计算分析后,提出"二次破坏"算法的概念及一套相应算法,它是与"层压板效应"理论一起考虑的,下面将介绍这种方法。

在考虑了"层板效应"理论和"现场单层强度"后,对各种各样的层压板进行"逐层破坏"分析后发现:(a)对于某些层压板,第一层破坏的并不一定是 90°层;(b)平面应力情况,即使是 90°层破坏,也不是所有的 90°层都破坏;(c)对于某些层压板第一层破坏后,如继续加原来载荷进行第二次分析,破坏可能再发生,也可能不再发生。再加上层板强度试验中破坏发生的突然性,结果是类似于失稳那样的特性,所以我们提出层板破坏特征数 Ψ_c 的概念及假设,并通过大量试验结果数据模拟出 Ψ_c 的计算公式,对破坏机理并不作过多的考虑。按此假设提炼出"二次破坏"算法,并编制相应的计算软件 LAMSTRENG. FOR(后面介绍其使用)。

3)"二次破坏"的概念和算法

所谓"二次破坏",简单地说就是对于某特定层压板在特定的载荷作用下进行第一次强度分析,若未出现任何单层破坏,这时,层压板能安全承受此载荷,不必再作第二次计算。若第一次强度分析时,出现某些层破坏,计算破坏层数与总层数之比值 Ψ,当比值 Ψ 大于一个特征数 Ψ_c,则此层压板不能承受此载荷,也不必再作第二次计算;但是,当比值 Ψ 小于这个特征数 Ψ_c,还不能判断此层压板能不能承受此载荷,这时,再在该载荷作用下,对某些层破坏了的层压板进行第二次(仅仅进行第二次)强度分析,在计算时,要根据破坏情况对破坏层按某种退化理论进行退化,这时再计算比值 Ψ,当 Ψ 大于 Ψ_c,则此层压板不能承受此载荷,已破坏,但当 Ψ 小于 Ψ_c,此层压板能承受此载荷不破坏。因此,只要对层压板进行二次计算就能给出层压板的强度结论。计算框图如图 5-63 所示。由此可见,"二次破坏"算法也要进行各单层的破坏分析,它仍是属于"逐层破坏"理论的范畴,不过是对它做了一些改进。

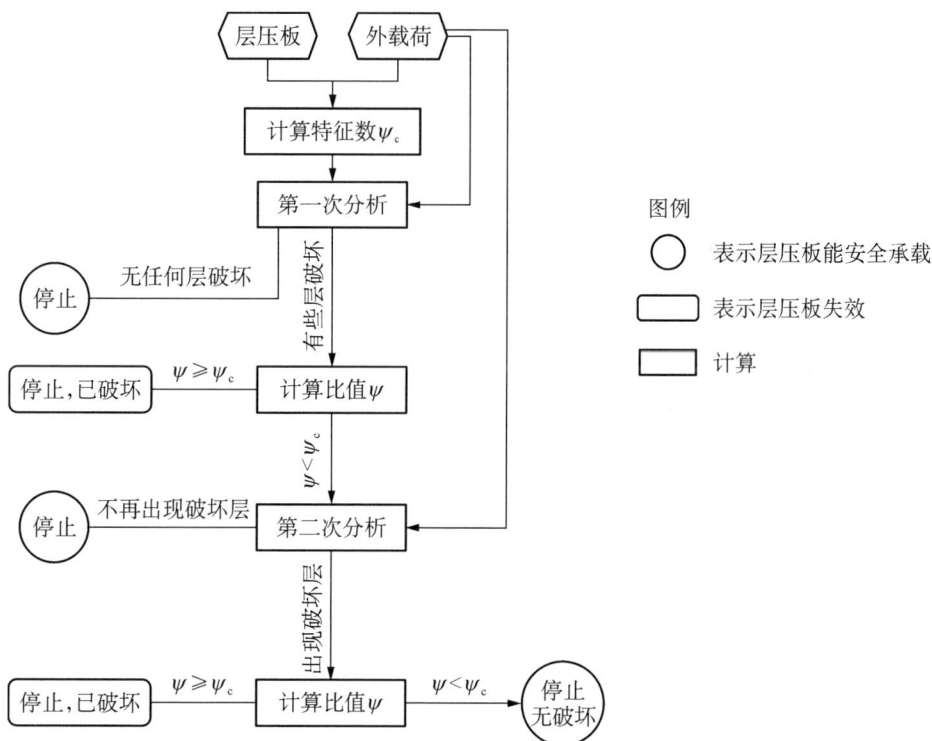

图 5-63 二次破坏计算框图

4)层板效应理论和特征数计算公式

(1)层压板效应理论计算公式

层压板中第 i 层的单层"现场单层强度"$(X'_t,\ X'_c,\ Y'_t,\ Y'_c,\ S')$表示如下:

$$X'_t = X_t \qquad\qquad (5-213)$$

$$X'_c = h(z) \cdot X_c \tag{5-214}$$

$$Y'_t = Y_t \left[1 + C_1 \frac{\sin(\Delta\theta_i)}{n^{C_2}} \right] \tag{5-215}$$

$$Y'_c = Y_c \tag{5-216}$$

$$S' = S \left[1 + C_3 \frac{\sin(\Delta\theta_i)}{n^{C_4}} \right] \tag{5-217}$$

其中：$h(z)$ 是厚度方向 z 坐标的函数；$\Delta\theta_i$ 为第 i 层及与它相连铺层（上与下）夹角的小者（取绝对值）；n 为第 i 方向重复的层数，例如，$(45_2, -45_2, 0_3, 90_4)_s$ 中，$0°$层，$n=3$；$90°$层，$n=4$；$\pm45°$层，$n=2$。C_1，C_2，C_3，C_4 为与材料有关的常数。

（2）特征数 Ψ_c 的计算公式

特征数 Ψ_c 是层压板形式及外载荷的函数，近似用下面公式模拟：

$$f_1 = k_1 R_0 + k_2 R_{\pm45} + k_3 R_{90} \tag{5-218}$$

$$f_2 = k_3 R_0 + k_2 R_{\pm45} + k_1 R_{90} \tag{5-219}$$

$$f_3 = k_4 R_0 + k_5 R_{\pm45} + k_6 R_{90} \tag{5-220}$$

$$\Psi_c = \frac{1}{\sum N} (f_1 N_x + f_2 N_y + f_3 N_{xy}) \tag{5-221}$$

其中：
$$\sum N = N_x + N_y + N_{xy}$$

R_i 为 i 方向层（$i=0, \pm45, 90$）占的百分比；N_x，N_y，N_{xy} 为层压板上的外载荷，可为比例大小给出；k_i 为小于 1.0 的系数。Ψ_c 应小于 0.3，当计算值大于 0.3 时，取 0.3。

5）计算结果与试验比较

选常用的 9 种铺层的层压板作为例题铺层情况见表 5-2，试验结果与本方法计算结果比较，见表 5-3，除了个别数据外，计算结果与试验值吻合较好。这种材料的五个强度值为：$X_t = 1548\,\text{MPa}$；$X_c = 1226\,\text{MPa}$；$Y_t = 55.4\,\text{MPa}$；$Y_c = 218\,\text{MPa}$；$S = 89.8\,\text{MPa}$，而第 1、第 2 铺层（单向层板）的计算结果基本等于 5 个强度值。对于复杂加载（N_x，N_y，N_{xy} 不等于 0）还无试验结果比较。

表 5-2　T300/双马层板的铺层情况

NO.	铺 层 情 况	R_0	$R_{\pm45}$	R_{90}
1	$(0, 0, 0, 0)_s$	1.0	0.0	0.0
2	$(90, 90, 90, 90)_s$	0.0	0.0	1.0
4	$(45, 0, -45, 90, 45, 0, -45, 90, 45, 0, -45, 90)_s$	0.25	0.5	0.25
5	$(45, 0_2, -45, 0_2, 90, 0_2 45, 0, -45)_s$	0.583	0.33	0.083
6	$(45, 90_2, 45, 90_2 0, 90_2, -45, 90, 45)_s$	0.083	0.33	0.583

（续表）

NO.	铺 层 情 况	R_0	$R_{\pm 45}$	R_{90}
7	$(45, 0, -45, 0, 90, 0, 45, 0, -45, 0)_s$	0.5	0.4	0.1
8	$(-45, 90, 45, 90, 0, 90, -45, 90, 45, 90)_s$	0.1	0.4	0.5
9	$(45, 0, -45, 0, 45, 90, 0, -45, 0, \pm\overline{45})_s$	0.4	0.5	0.1
10	$(-45, 90, 45, 90, -45, 0, 90, 45, 90, \pm\overline{45})_s$	0.1	0.5	0.4
11	$(45, 0, -45, 0, 45, 90, -45, 0, 45, -45)_s$	0.3	0.6	0.1
12	$(-45, 90, 45, 90, -45, 0, 45, 90, -45, 45)_s$	0.1	0.6	0.3

注：表中，R_0，$R_{\pm 45}$，R_{90}分别表示 0°，$\pm 45°$，90°层与总层数之比值。

表 5-3　强度计算结果与试验比较

铺层号	试验结果/MPa			计算结果/MPa			试验结果/计算结果		
	拉伸	压缩	剪切	拉伸	压缩	剪切	拉伸	压缩	剪切
1	1548	1226	89.9	1532	1213	89.0	1.01	1.01	1.00
2	55.5	218	89.9	54.9	215.8	89.0	1.00	1.01	1.00
4	606	625	331	562	556	360	1.07	1.12	0.91
5	1023	811	240	1030	792	239	0.99	1.02	1.00
6	263	337	214	254	302	232	1.03	1.11	0.92
7	1012	747	284	923	721	274	1.09	1.03	1.03
8	312	358	287	345	347	274	.904	1.03	1.04
9	828	669	305	792	612	324	1.04	1.09	0.93
10	348	384	315	379	375	324	0.92	1.02	0.97
11	747	610	318	664	505	327	1.12	1.2	0.97
12	360	391	333	377	390	332	0.95	1.03	1.00

6）结果讨论

① 本计算结果对于层压板在外载作用下给出明确的破坏或不破坏的强度结论，因而从数值计算上给出飞机复合材料结构中的承载能力。用目前二阶张量理论基础上的逐层破坏分析不大容易给出层压板明确的强度结论。我们以表 5-3 中第 4 种铺层的层压板受轴向拉伸为例用蔡-吴理论进行计算，当拉伸应力 $\sigma_x = 350\text{MPa}$ 时，出现 90°层破坏，破坏标注 $F = 1.04$，当拉伸应力 $\sigma_x = 380\text{MPa}$ 时，出现 90°层破坏，破坏标注 $F = 1.16$，当拉伸应力 $\sigma_x = 470\text{MPa}$ 时，也仅出现 90°层破坏，破坏标注 $F = 1.535$，当刚出现第一层破坏时认为破坏，其强度值仅是试验值的 57%，误差太大，因此，很难确定层压板的破坏应力。

② 本方法计算结果强度值大于目前层压板强度分析中二阶张量理论基础上的逐层破坏分析方法的结果，这是因为考虑了各层之间的约束效应所致。

③ 本方法引入特征数 Ψ_c 的概念，并且用式（5-218）～式（5-221）来计算特征数，当然，这种计算公式也只是通过试验数据近似模拟，是否适用所有载荷情况，尚

需进行深入研究。

7）软件 LAMSTRENG. EXE 应用及计算结果介绍

（1）软件 LAMSTRENG. EXE 功能

① 计算任意铺层板纵向拉、压强度。

② 计算任意铺层板横向拉、压强度。

③ 计算任意铺层板剪切强度。

④ 计算任意铺层板任意组合应力下的强度（即承载能力）。应力的组合以 N_x，N_y，N_{xy}，M_x，M_y，M_{xy} 的形式给出（MSC. NASTRAN 中的广义力），即

$$\{\bar{\sigma}\}^T = \{N_x \quad N_y \quad N_{xy} \quad M_x \quad M_y \quad M_{xy}\}^T \qquad (5-222)$$

强度也是以广义应力强度的形式给出，即

$$\{\bar{\sigma}\}_{ult}^T = \{N_x \quad N_y \quad N_{xy} \quad M_x \quad M_y \quad M_{xy}\}_{ult}^T \qquad (5-223)$$

值得注意的是，广义应力中的分量可以只给大小比例，而广义应力强度是真实值。

（2）程序输入文件 LAMDATA. F90 说明

① Lshu 层板种数。

② J0，NSYM。

当 NSYM＝2 时，表示对称铺层，J0 为总层数的一半；

当 NSYM＝1 时，表示不对称铺层，J0 为铺层总数。

③ E1T(或 E1C)，E2T(或 E2C)，GLT，V。

E1T:单层纤维方向拉伸弹性模量；E1C:单层纤维方向压缩弹性模量；

E2T:单层垂直纤维方向拉伸弹性模量；E2C:单层垂直纤维方向缩弹弹性模量；GLT:单层剪切模量；ν 主泊松比。

④ TI(I)，I＝1，J0：各单层厚度。

⑤ ANGL(I)，I＝1，J0：各单层铺层角。

⑥ XT，XC，YT，YC，S。

单层五个强度参数，程序要求 XC 和 YC 给负值。

⑦ 外载 N_x，N_y，N_{xy}，M_x，M_y，M_{xy} 比例数，不管是否要求计算承载能力，必须给出。

注意：从②到⑦重复 Lshu 次，例如，例题中有 11 种层板，数据文件为：

11

4,2

135000,8800,4470,0.33,

.12,.12,.12,.12,

0,0,0,0,

1548,−1226,55.5,−218,89.9

1,0,0,0,0,0
4,2
135000,8800,4470,0.33,
.12,.12,.12,.12,
90,90,90,90,
1548,−1226,55.5,−218,89.9
1,0,0,0,0,0
12,2
135000,8800,4470,0.33,
.12,.12,.12,.12,.12,.12,.12,.12,.12,.12,.12,.12,
45,0,−45,90,45,0,−45,90,45,0,−45,90,
1548,−1226,55.5,−218,89.9
1,0,0,0,0,0
12,2
135000,8800,4470,0.33,
.12,.12,.12,.12,.12,.12,.12,.12,.12,.12,.12,.12,
45,0,0,−45,0,0,90,0,0,45,0,−45,
1548,−1226,55.5,−218,89.9
1,0,0,0,0,0
12,2
135000,8800,4470,0.33,
.12,.12,.12,.12,.12,.12,.12,.12,.12,.12,.12,.12,
45,90,90,45,90,90,0,90,90,−45,90,45,
1548,−1226,55.5,−218,89.9
1,0,0,0,0,0
10,2
135000,8800,4470,0.33,
.12,.12,.12,.12,.12,.12,.12,.12,.12,.12,
45,0,−45,0,90,0,45,0,−45,0,
1548,−1226,55.5,−218,89.9
1,0,0,0,0,0,
10,2
135000,8800,4470,0.33,
.12,.12,.12,.12,.12,.12,.12,.12,.12,.12,
−45,90,45,90,0,90,−45,90,45,90
1548,−1226,55.5,−218,89.9

1,0,0,0,0,0

11,2

135000,8800,4470,0.33,

.12,.12,.12,.12,.12,.12,.12,.12,.12,.06,.06,

45,0,−45,0,45,90,0,−45,0,45,−45

1548,−1226,55.5,−218,89.9

1,0,0,0,0,0

11,2

135000,8800,4470,0.33,

.12,.12,.12,.12,.12,.12,.12,.12,.12,.06,.06,

−45,90,45,90,−45,0,90,45,90,−45,45,

1548,−1226,55.5,−218,89.9

1,0,0,0,0,0

10,2

135000,8800,4470,0.33,

.12,.12,.12,.12,.12,.12,.12,.12,.12,.12,

45,0,−45,0,45,90,−45,0,45,−45

1548,−1226,55.5,−218,89.9

1,0,0,0,0,0

10,2

135000,8800,4470,0.33,

.12,.12,.12,.12,.12,.12,.12,.12,.12,.12,

−45,90,45,90,−45,0,45,90,−45,45,

1548,−1226,55.5,−218,89.9

1,0.5,0.5,1,1,1

（3）程序输出结果（文件 LAMSTREN. f90）

例题的计算结果文件如下：

第 1 种层板的计算结果

层压板（laminate）纵向（x 方向）拉伸强度 $F_{xtu} = 1532.520$（MPa）

层压板（laminate）纵向（x 方向）压缩强度 $F_{xcu} = -1213.740$（MPa）

层压板（laminate）平面内的剪切强度 $S = 89.001$（MPa）

层压板（laminate）横向（y 方向）拉伸强度 $F_{ytu} = 54.945$（MPa）

层压板（laminate）横向（y 方向）压缩强度 $F_{ycu} = -215.820$（MPa）

　　　　层压板（laminate）在该联合载荷作用下的承载能力：

$N_x = 1471.219$（N/mm）

$N_y = .000$（N/mm）

$N_{xy} = .000(\text{N/mm})$

$M_x = .000(\text{N} \cdot \text{mm/mm})$

$M_y = .000(\text{N} \cdot \text{mm/mm})$

$M_{xy} = .000(\text{N} \cdot \text{mm/mm})$

第 2 种层板的计算结果

层压板(laminate)纵向(x 方向)拉伸强度 $F_{xtu} = 54.945(\text{MPa})$

层压板(laminate)纵向(x 方向)压缩强度 $F_{xcu} = -215.820(\text{MPa})$

层压板(laminate)平面内的剪切强度 $S = 89.001(\text{MPa})$

层压板(laminate)横向(y 方向)拉伸强度 $F_{ytu} = 1532.520(\text{MPa})$

层压板(laminate)横向(y 方向)压缩强度 $F_{ycu} = -1213.740(\text{MPa})$

层压板(laminate)在该联合载荷作用下的承载能力:

$N_x = 52.747(\text{N/mm})$

$N_y = .000(\text{N/mm})$

$N_{xy} = .000(\text{N/mm})$

$M_x = .000(\text{N} \cdot \text{mm/mm})$

$M_y = .000(\text{N} \cdot \text{mm/mm})$

$M_{xy} = .000(\text{N} \cdot \text{mm/mm})$

第 3 种层板的计算结果

层压板(laminate)纵向(x 方向)拉伸强度 $F_{xtu} = 564.061(\text{MPa})$

层压板(laminate)纵向(x 方向)压缩强度 $F_{xcu} = -556.848(\text{MPa})$

层压板(laminate)平面内的剪切强度 $S = 360.829(\text{MPa})$

层压板(laminate)横向(y 方向)拉伸强度 $F_{ytu} = 576.062(\text{MPa})$

层压板(laminate)横向(y 方向)压缩强度 $F_{ycu} = -576.387(\text{MPa})$

层压板(laminate)在该联合载荷作用下的承载能力:

$N_x = 1659.059(\text{N/mm})$

$N_y = .000(\text{N/mm})$

$N_{xy} = .000(\text{N/mm})$

$M_x = .000(\text{N} \cdot \text{mm/mm})$

$M_y = .000(\text{N} \cdot \text{mm/mm})$

$M_{xy} = .000(\text{N} \cdot \text{mm/mm})$

第 4 种层板的计算结果

层压板(laminate)纵向(x 方向)拉伸强度 $F_{xtu} = 1030.720(\text{MPa})$

层压板(laminate)纵向(x 方向)压缩强度 $F_{xcu} = -792.906(\text{MPa})$

层压板(laminate)平面内的剪切强度 $S = 239.261(\text{MPa})$

层压板(laminate)横向(y 方向)拉伸强度 $F_{ytu} = 270.201(\text{MPa})$

层压板(laminate)横向(y 方向)压缩强度 $F_{ycu} = -321.791(\text{MPa})$

层压板(laminate)在该联合载荷作用下的承载能力：

$N_x = 2\,968.474 (\text{N/mm})$

$N_y = .000 (\text{N/mm})$

$N_{xy} = .000 (\text{N/mm})$

$M_x = .000 (\text{N} \cdot \text{mm/mm})$

$M_y = .000 (\text{N} \cdot \text{mm/mm})$

$M_{xy} = .000 (\text{N} \cdot \text{mm/mm})$

第 5 种层板的计算结果

层压板(laminate)纵向(x 方向)拉伸强度 $F_{xtu} = 254.048 (\text{MPa})$

层压板(laminate)纵向(x 方向)压缩强度 $F_{xcu} = -302.548 (\text{MPa})$

层压板(laminate)平面内的剪切强度 $S = 232.560 (\text{MPa})$

层压板(laminate)横向(y 方向)拉伸强度 $F_{ytu} = 1\,013.423 (\text{MPa})$

层压板(laminate)横向(y 方向)压缩强度 $F_{ycu} = -794.320 (\text{MPa})$

层压板(laminate)在该联合载荷作用下的承载能力：

$N_x = 731.659 (\text{N/mm})$

$N_y = .000 (\text{N/mm})$

$N_{xy} = .000 (\text{N/mm})$

$M_x = .000 (\text{N} \cdot \text{mm/mm})$

$M_y = .000 (\text{N} \cdot \text{mm/mm})$

$M_{xy} = .000 (\text{N} \cdot \text{mm/mm})$

第 6 种层板的计算结果

层压板(laminate)纵向(x 方向)拉伸强度 $F_{xtu} = 923.888 (\text{MPa})$

层压板(laminate)纵向(x 方向)压缩强度 $F_{xcu} = -721.602 (\text{MPa})$

层压板(laminate)平面内的剪切强度 $S = 274.240 (\text{MPa})$

层压板(laminate)横向(y 方向)拉伸强度 $F_{ytu} = 345.061 (\text{MPa})$

层压板(laminate)横向(y 方向)压缩强度 $F_{ycu} = -347.629 (\text{MPa})$

层压板(laminate)在该联合载荷作用下的承载能力：

$N_x = 2\,217.331 (\text{N/mm})$

$N_y = .000 (\text{N/mm})$

$N_{xy} = .000 (\text{N/mm})$

$M_x = .000 (\text{N} \cdot \text{mm/mm})$

$M_y = .000 (\text{N} \cdot \text{mm/mm})$

$M_{xy} = .000 (\text{N} \cdot \text{mm/mm})$

第 7 种层板的计算结果

层压板(laminate)纵向(x 方向)拉伸强度 $F_{xtu} = 345.061 (\text{MPa})$

层压板(laminate)纵向(x 方向)压缩强度 $F_{xcu} = -347.629 (\text{MPa})$

层压板(laminate)平面内的剪切强度 $S = 274.240(\text{MPa})$

层压板(laminate)横向(y 方向)拉伸强度 $F_{ytu} = 923.888(\text{MPa})$

层压板(laminate)横向(y 方向)压缩强度 $F_{ycu} = -721.602(\text{MPa})$

层压板(laminate)在该联合载荷作用下的承载能力:

$N_x = 828.147(\text{N/mm})$

$N_y = .000(\text{N/mm})$

$N_{xy} = .000(\text{N/mm})$

$M_x = .000(\text{N} \cdot \text{mm/mm})$

$M_y = .000(\text{N} \cdot \text{mm/mm})$

$M_{xy} = .000(\text{N} \cdot \text{mm/mm})$

第 8 种层板的计算结果

层压板(laminate)纵向(x 方向)拉伸强度 $F_{xtu} = 792.607(\text{MPa})$

层压板(laminate)纵向(x 方向)压缩强度 $F_{xcu} = -612.692(\text{MPa})$

层压板(laminate)平面内的剪切强度 $S = 324.316(\text{MPa})$

层压板(laminate)横向(y 方向)拉伸强度 $F_{ytu} = 377.690(\text{MPa})$

层压板(laminate)横向(y 方向)压缩强度 $F_{ycu} = -375.487(\text{MPa})$

层压板(laminate)在该联合载荷作用下的承载能力:

$N_x = 1\,902.256(\text{N/mm})$

$N_y = .000(\text{N/mm})$

$N_{xy} = .000(\text{N/mm})$

$M_x = .000(\text{N} \cdot \text{mm/mm})$

$M_y = .000(\text{N} \cdot \text{mm/mm})$

$M_{xy} = .000(\text{N} \cdot \text{mm/mm})$

第 9 种层板的计算结果

层压板(laminate)纵向(x 方向)拉伸强度 $F_{xtu} = 379.891(\text{MPa})$

层压板(laminate)纵向(x 方向)压缩强度 $F_{xcu} = -375.487(\text{MPa})$

层压板(laminate)平面内的剪切强度 $S = 324.316(\text{MPa})$

层压板(laminate)横向(y 方向)拉伸强度 $F_{ytu} = 792.607(\text{MPa})$

层压板(laminate)横向(y 方向)压缩强度 $F_{ycu} = -612.692(\text{MPa})$

层压板(laminate)在该联合载荷作用下的承载能力:

$N_x = 906.456(\text{N/mm})$

$N_y = .000(\text{N/mm})$

$N_{xy} = .000(\text{N/mm})$

$M_x = .000(\text{N} \cdot \text{mm/mm})$

$M_y = .000(\text{N} \cdot \text{mm/mm})$

$M_{xy} = .000(\text{N} \cdot \text{mm/mm})$

第 10 种层板的计算结果

层压板(laminate)纵向(x 方向)拉伸强度 $F_{xtu} = 664.171(MPa)$

层压板(laminate)纵向(x 方向)压缩强度 $F_{xcu} =- 505.396(MPa)$

层压板(laminate)平面内的剪切强度 $S = 327.283(MPa)$

层压板(laminate)横向(y 方向)拉伸强度 $F_{ytu} = 385.609(MPa)$

层压板(laminate)横向(y 方向)压缩强度 $F_{ycu} =- 390.010(MPa)$

层压板(laminate)在该联合载荷作用下的承载能力：

$N_x = 1594.011(N/mm)$

$N_y =.000(N/mm)$

$N_{xy} =.000(N/mm)$

$M_x =.000(N \cdot mm/mm)$

$M_y =.000(N \cdot mm/mm)$

$M_{xy} =.000(N \cdot mm/mm)$

第 11 种层板的计算结果

层压板(laminate)纵向(x 方向)拉伸强度 $F_{xtu} = 377.491(MPa)$

层压板(laminate)纵向(x 方向)压缩强度 $F_{xcu} =- 390.010(MPa)$

层压板(laminate)平面内的剪切强度 $S = 332.242(MPa)$

层压板(laminate)横向(y 方向)拉伸强度 $F_{ytu} = 664.171(MPa)$

层压板(laminate)横向(y 方向)压缩强度 $F_{ycu} =- 505.396(MPa)$

层压板(laminate)在该联合载荷作用下的承载能力：

$N_x = 613.540(N/mm)$

$N_y = 306.770(N/mm)$

$N_{xy} = 306.770(N/mm)$

$M_x =- 613.540(N \cdot mm/mm)$

$M_y =- 613.540(N \cdot mm/mm)$

$M_{xy} =- 613.540(N \cdot mm/mm)$

输出结果说明：

① 上面的计算结果已综合在表 5 - 3 中；

② 表 5 - 3 中的铺层号是试验时的编号，它与计算结果文件 LAMSTREN. f90 中的编号是不一致的，后者是程序给出的顺序号，例如，文件 LAMSTREN. f90 中的编号 3 应是表 5 - 3 中的编号 4，…

③ 最后一种层板外载荷广义应力各分量比例为

$$N_x : N_y : N_{xy} : M_x : M_y : M_{xy} = 1 : 0.5 : 0.5 : 1 : 1 : 1$$

层板在该载荷下的承载能力为：

$N_x = 613.540(N/mm)$

$N_y = 306.770(N/mm)$

$N_{xy} = 306.770(\text{N/mm})$

$M_x = -613.540(\text{N} \cdot \text{mm/mm})$

$M_y = -613.540(\text{N} \cdot \text{mm/mm})$

$M_{xy} = -613.540(\text{N} \cdot \text{mm/mm})$

由输入数据知,该层板厚度 $h = 0.12 \times 20 = 2.4\,\text{mm}$,在 x 向单拉伸强度为 $\sigma_{xult} = 377.49\,\text{MPa}$;但在该联合载荷作用下,$x$ 向 $\sigma_x = N_x/h = 255.6\,\text{MPa}$ 时破坏发生。

参考文献

[1]　铁摩辛柯 S,盖尔 J. 材料力学[M]. 胡人礼,译. 北京:科学出版社,1978.

[2]　冯康,石钟慈. 弹性结构的数学理论[M]. 北京:科学出版社,1981.

[3]　朱伯芳. 有限单元法原理与应用(第 2 版)[M]. 北京:中国水利水电出版社,1997.

[4]　叶天麒,周天孝. 航空结构有限元分析指南[M]. 北京:航空工业出版社,1996.

[5]　Crossman F W, Warren W J, Wang ASD. Influence of Ply Thickness on Damage Accumulation and Final Fracture Advances in Aerospace Structures [J]. Material, 1983.

[6]　Lessard L B, Chang F K. Damage Tolerance of Laminated Composites:An Open Hole and Subjected to Compressive Loadings [J]. Journal of Composite Materials, 1991.

[7]　刘锡礼,王秉权. 复合材料力学基础[M]. 北京:中国建筑工业出版社,1984.

[8]　Alexander Rutmam, Adrian Viisoreanu, John Parady, et al. Fasteners Modeling for MSC. NASTRAN Finite Element Analysis [C]. 2000 World Aviation conference, 2000.

[9]　Stephen W Tasal. Composits Design [G]. Fourth Edition, 2001.

[10]　陈业标,等. 复合材料结构应力分析后处理及强度校核[R]. 中国航空工业公司研究所,科研资料,1992.

6 复合材料连接强度分析

6.1 连接强度问题概述

本章主要讨论机械连接强度。

1）机械连接强度的两个基本问题

（1）钉载分布分析

对于多钉及钉无规则分布的机械连接，首先要将钉承受的载荷较精确地求出。复合材料材连接中，钉载分配计算要比金属重要，因它为脆性材料，钉载分配严重不均，一般采用线弹性分析，但接近破坏时就不太合理。

（2）研究受载大的钉及钉孔的破坏分析

破坏分析要考虑下面问题：

● 研究受载大的钉连接区的应力状态；

● 连接件破坏跟钉孔周围应力分布有关；

● 复合材料钉的挤压强度比金属要复杂及严重；

● 钉孔过大的变形，使连接功能失效，当孔挤压变形大于3％孔径时，认为挤压破坏。

2）6种破坏模式

（1）拉伸（tension）破坏

（2）挤压（bearing）破坏

（3）双剪（shearout）破坏

（4）单剪（cleavage）破坏

（5）螺栓剪断

（6）Bolt pull-thru 破坏（主要是发生在埋头钉连接中）

对于单剪破坏，如图 6-1 所示，产生拉的效果，对 A-A 剖面有弯曲受拉的效果，要增大±45°层比例，应使±45°层的比例＞30％（规定铺层 0°方向跟钉载方向一致）。

3）三种连接受力模型

在总体分析的基础上，提出孔连接的三种受力模

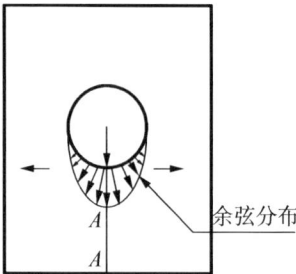

图 6-1 单剪破坏原理

型,这种理想化的受力模型是实际强度计算的理论基础,任何连接均可变成这三种受力模型之一,这三种模型可以用工程方法、有限元细化计算或解析法求解。这些模型及分解见图6-2～图6-3。

图6-2是含有弯矩的一般连接受力矩情况,适用厚板连接分析。当弯矩取零时,即平面应力状态,这是最重要的连接分析。

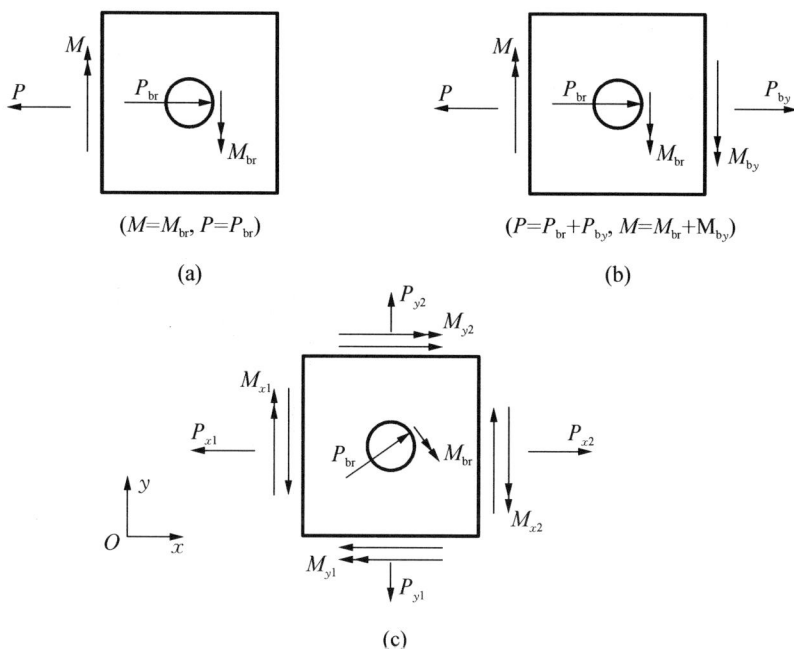

$(M=M_{br}, P=P_{br})$

(a)

$(P=P_{br}+P_{by}, M=M_{br}+M_{by})$

(b)

(c)

图6-2 三种连接受力模型

(a) 单钉连接受力模型;(b) 多钉连接受力模型;(c) 复杂连接受力模型

所谓单钉连接受力模型是指旁路载荷(P_{by}, M_{by})为零的受力情况;多钉连接受力模型是指旁路载荷(P_{by}, M_{by})不为零的受力情况;复杂连接受力模型是指没有构成主方向的复杂受力情况。图6-2中,P_{br}, M_{br}分别为钉载(力和弯矩);P_{by}, M_{by}分别为旁路载荷(力和弯矩)。

复杂连接受力模型,如图6-2(c),可分解为简单的受力情况,如图6-3所示,按两种方式分解:第一种,分解为图6-3的(b)、(c)、(d);第二种,近似变为图6-3的(f),它又可进一步分解为如图6-4的受力形式,以后将进一步讨论按此受力方式进行厚板情况的分析。

值得注意的是,图6-2中并未画出剖面上的扭矩,如图所示的理想化机械连接模型,对于工程分析来说,扭矩可以近似化为弯矩效应来处理。

4) 八条基本原则

① 对于特殊正交各向异性铺层0°/90°,不能用螺栓连接;

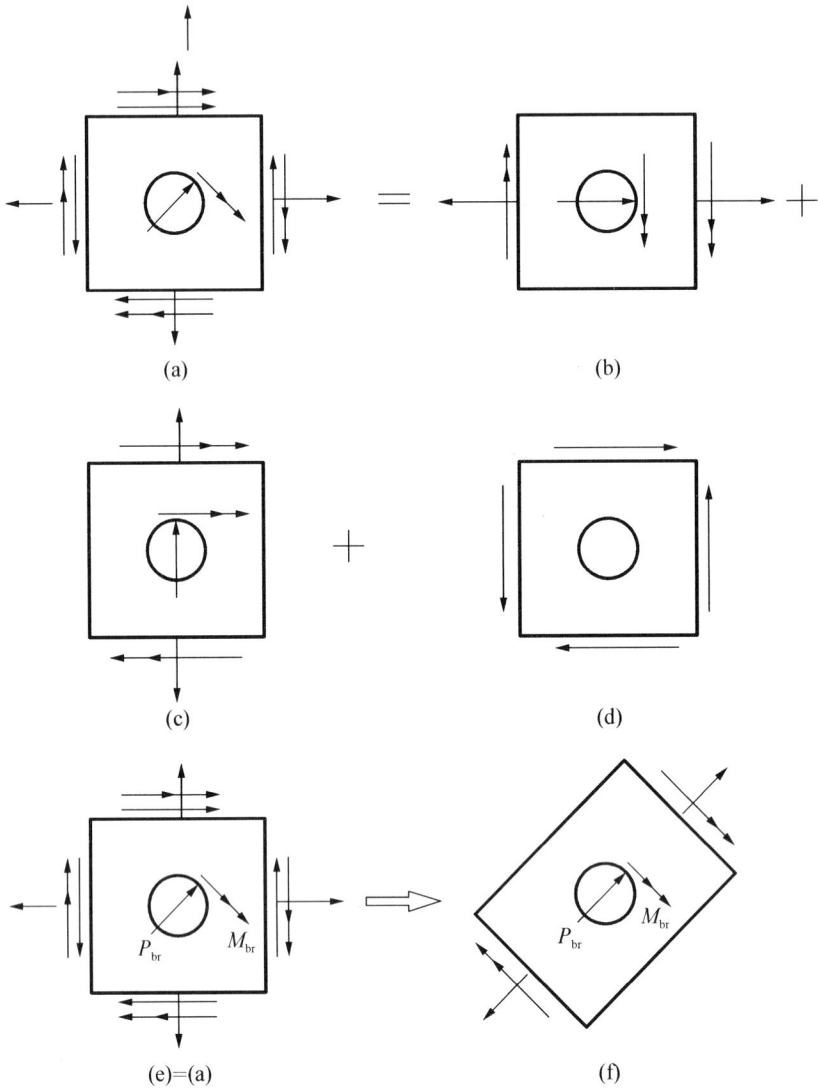

图 6-3 复杂连接受力模型的变换形式(两种)

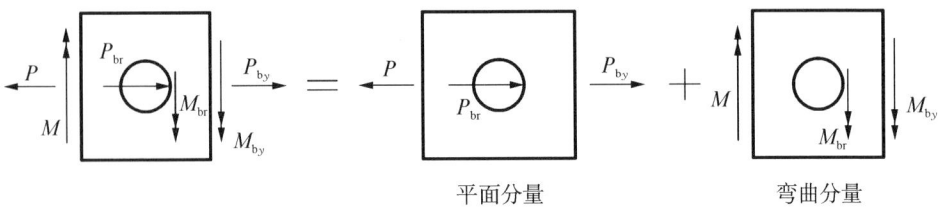

图 6-4 钉连接受力模型分解

② 对胶接,不允许胶接在周围的结构破坏之前破坏,所以胶接结构不允许采用损伤容限设计;

③ 胶接连接中,胶接强度一般超过连接件强度的50%,这才允许制造中出现某些胶接缺陷;

④ 多排钉机械连接中,关键的螺栓连接处的蒙皮的挤压应力应保持小于25%的挤压强度;

⑤ 关键的连接区必须进行局部区域1∶1的连接件静力试验;

⑥ 所有的螺接分析中要进行重要的试验以建立试验与理论计算的修正因子;

⑦ 拉伸及剪切破坏模式是灾难性的,一般挤压破坏模式是非灾难性的,连接设计中要避免灾难性破坏;

⑧ 计算孔的挤压变形时,当确定孔挤压变形为3%的孔径时采用设计极限载荷 DUL 作为外载偏为保守,但对于关键钉处,宜采用 DUL 载荷进行计算。

5) 三种基本方法

(1) Hart-Smith 方法[2, 3]

这是目前常用的工程方法。

(2) 基于孔边特征曲线基础上的有限元法

(3) 以试验确定的"当量挤压强度"曲线方法

第(3)种方法是以夹具为双剪形式加载的单个螺接试验,建立"当量挤压强度"曲线,以破坏载荷(P)来定义挤压应力。

6.2　点应力准则及平均应力准则

这是 Whitney 与 Nuismer[1] 在1974年提出的计算含孔和直裂纹复合材料层压板缺口强度的应力破坏判据。它是复合材料连接分析重要的理论基础以及研究含缺口强度问题的方法。

这两种准则假设:当离开不连续处(如孔或直裂纹)某一特征距离处的应力(点应力或平均应力)达到无缺口强度时,断裂发生。

1) 单向受拉含圆孔正交各向异性板孔边应力分布

在单轴载荷 σ_y^∞ 作用正交各向异性无穷大板中有半径为 R 的圆孔,由复变函数的精确解求得垂直加载方向的孔断面上正应力 σ_y 沿 x 轴分布为

$$\sigma_y(x,\,0) = \frac{\sigma_y^\infty}{2}\left\{2 + \left(\frac{R}{x}\right)^2 + \left(\frac{R}{x}\right)^4 - (K_T^\infty - 3)\left[5\left(\frac{R}{x}\right)^6 - 7\left(\frac{R}{x}\right)^8\right]\right\} \quad x \geqslant R$$

$$(6-1)$$

其中:K_T^∞ 无限宽板孔应力集中系数。图6-5所示为两种孔径的应力分布情况。

2) 点应力准则

此判据假定距离孔边或裂纹尖端某一特征长度 d_0 处的应力 σ_y 达到无缺口层压板极限强度 σ_b 时层压板发生破坏(见图6-6),即

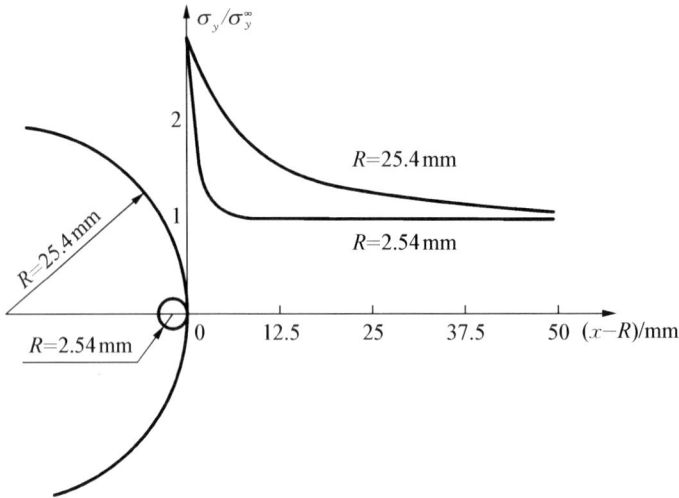

图 6-5　应力集中与孔径的关系

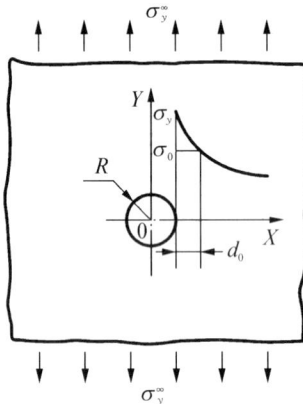

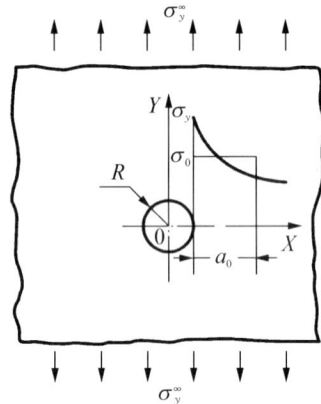

图 6-6　点应力准则　　　　　　　图 6-7　平均应力准则

$$\sigma_y(x,0)_{R+d_0} = \sigma_b \qquad (6-2)$$

其中：d_0 由试验定；σ_b 表示无缺口层压板极限强度。

3）平均应力准则

此判据假定距离孔边或裂纹尖端某一特征长度 a_0 之内的平均应力达到无缺口层板极限强度σ_b 时，层压板发生破坏（见图 6-7），即

$$\frac{1}{a_0}\int_R^{R+a_0} \sigma_y(x,0)\mathrm{d}x = \sigma_b \qquad (6-3)$$

特别指出，特征长度 d_0（点应力准则）或 a_0（平均应力准则）不仅跟材料有关，而且强烈地依赖于铺层情况（lay-up），并且与孔径大小有很大关系，虽然在理论上提出

有意义的想法且多次被研究者引用,但是,要使本准则在实际工程计算中有实际价值,必须给出一系列的材料、铺层、孔径与 d_0(或 a_0)的试验数据对照表,实际情况取接近的值进行计算。

6.3 Hart-Smith 方法

这里所谓的"Hart-Smith 方法"是指 Hart-Smith L J[2] 及 Bunin B L[3] 等人在 Douglas 飞机公司所采用的工程分析方法。文献[4]中主要就是介绍这种方法。

6.3.1 基本内容

此方法的实质内容可归结为如下几个方面:

① 新的定义。

与金属不同,研究复合材料孔连接强度问题是研究它在破坏发生时的应力集中情况,引入应力集中减缩系数的概念。这种概念的称谓很多,有:

- "有效极限强度应力集中因子(effective ultimate strength stress concetration factor)";
- "表观应力集中因子(observed stress concetration factor)";
- "减缓应力集中因子"。

总之,破坏发生时的应力集中因子不同于各向同性的弹性应力集中因子。

② 引入减缩系数 C 的概念,将破坏发生时观察到的应力集中因子 K_{tc} 跟各向同性弹性应力集中因子 K_{te} 建立起关系:

$$K_{tc} = 1 + C(K_{te} - 1) \tag{6-4}$$

这是非常重要的观察和假设。

③ 建立连接破坏准则:

对多钉连接:

$$\left.\begin{array}{r} \sigma_{br} \leqslant \sigma_{bru} \\ K_{bc}\sigma_{br} + K_{tc}\sigma_{net} \leqslant \sigma_b \end{array}\right\} \tag{6-5}$$

其中: σ_{bru} 为层压板孔处的挤压强度; σ_b 为无孔层压板拉伸强度。

式(6-5)中的符号意义见后面说明。

④ 引入连接效率 λ 及复合材料应力集中减缩系数 C 的概念,且将 C 跟金属应力集中因子建立起关系。由于引入了 λ,则可以求出规则单排孔的承载分析,即画出 $\lambda \sim D/W$ 曲线。

6.3.2 应力集中系数定义

1) 金属应力集中系数

(1) 受载孔净面积拉伸应力集中系数 K_{te}^j。

$$K_{te}^{j} = \frac{\sigma_{max}}{\sigma_{net}} = \frac{\sigma_{max}}{P/[(W-D)h]} \qquad (6-6)$$

其中:σ_{max}是孔边 x 方向的正应力,如图 6-8 所示;W, h 为板宽度和厚度;D 为孔径。

（2）开孔（无载,即 $P_{br}=0$）拉伸应力集中系数 K_{te}

$$K_{te} = \frac{\sigma_{max}}{\sigma_{net}} \qquad (6-7)$$

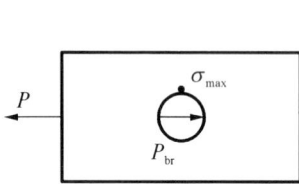

图 6-8　单钉受载孔

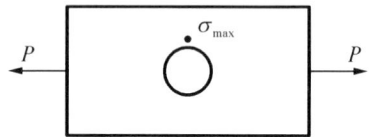

图 6-9　开孔

如图 6-9 所示,σ_{net} 为孔断面净面积平均拉伸应力。

（3）挤压应力集中系数 K_{be}

$$K_{be} = \frac{\sigma_{max}}{\sigma_{br}} = \frac{\sigma_{max}}{P/Dh} \qquad (6-8)$$

其中:σ_{br} 为孔的挤压应力。

金属的 $K_{te}^{j}, K_{te}, K_{be}$ 有现成结果,它们仅跟几何尺寸有关。

2）复合材料应力集中系数

也称为应力集中减缩系数。它与各向同性的弹性应力集中系数定义不同,它不是由应力集中部位最大应力 σ_{max} 除以断面的平均应力,而是由光滑层压板的极限强度 σ_{b} 除以孔或机械连接件极限承载能力定义的。在破坏时,应力集中系数会减缩,因此,称为应力减缩系数。

（1）受载孔拉伸应力集中减缩系数 K_{tc}^{j}

$$K_{tc}^{j} = \frac{\sigma_{b}}{P_{ult}/[(W-D)h]} = \frac{\sigma_{b}}{\sigma_{net,f}} \qquad (6-9)$$

图 6-10　单钉连接

其中,P_{ult} 是承载能力,即发生破坏时的载荷如图 6-10 所示,$\sigma_{net,f}$ 表示孔净面积破坏时的平均拉伸应力。

假设（关键点）:

$$K_{tc}^{j} = 1 + C(K_{te}^{j} - 1) \qquad (6-10)$$

其中:C 为应力集中减缓因子,它是材料和铺层的

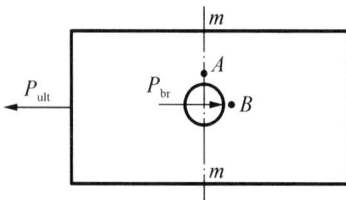

常数。此式将金属的 K_{te}^j 与复合材料的 K_{tc}^j 建立起关系。

（2）复合材料挤压应力集中减缩系数 K_{bc}

$$K_{bc} = \frac{\sigma_b}{\sigma_{brf}} = \frac{\sigma_b}{P_{ult}/Dh} \qquad (6-11)$$

如图 6-10 所示，要特别注意，σ_{brf} 为连接破坏时的挤压应力，一般 $\sigma_{brf} \neq \sigma_{bru}$。

由关系式（6-11）及式（6-9）很容易推导 K_{bc} 与 K_{tc}^j 有以下关系：

$$K_{bc} = K_{tc}^j \Big/ \left(\frac{W}{D} - 1\right) \qquad (6-12)$$

将式（6-10）代入式（6-12），并利用式（6-6）、式（6-8），得到

$$K_{bc} = \frac{1 + C\Big[K_{be}\left(\frac{W}{D} - 1\right) - 1\Big]}{\frac{W}{D} - 1} \qquad (6-13)$$

值得注意的是：σ_{brf} 是连接破坏时的挤压应力，但不一定等于挤压强度 σ_{bru}。

（3）复合材料开孔（无钉载，即 $P_{br}=0$）拉伸应力集中减缩系数 K_{tc}

$$K_{tc} = \frac{\sigma_b}{\sigma_{net}} = \frac{\sigma_b}{P_{ult}/[(W-D)h]} \qquad (6-14)$$

如图 6-11 所示。

图 6-11　开孔拉伸

6.3.3　多钉连接受力模型强度校核

图 6-12 所示为多钉受力模型。

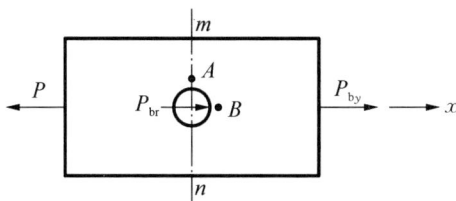

图 6-12　多钉连接受力模型

由下列式子求校核强度：

$$\sigma_{br} \leqslant \sigma_{bru} \qquad (6-15-1)$$

$$K_{bc}\sigma_{br} + K_{tc}\sigma_{net} \leqslant \sigma_b \qquad (6-15-2)$$

方程组对应图 6-13 中的图线。

图 6-13 中线①是由式(6-15-1)而得,为 B 点挤压破坏的强度条件,一般挤压应力应小于 σ_{bru}。式(6-15-2)的意义(即②线)为表示 $m-n$ 剖面拉伸破坏的强度条件。

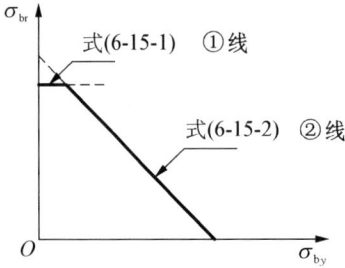

图 6-13　多钉连接破坏包线

从 $m-n$ 剖面拉伸破坏出发研究 K_{bc},K_{tc},进而了解式(6-15-2)的物理概念。如图 6-14 所示,将多钉连接受力模型图 6-14(a)分解为(b),(c):

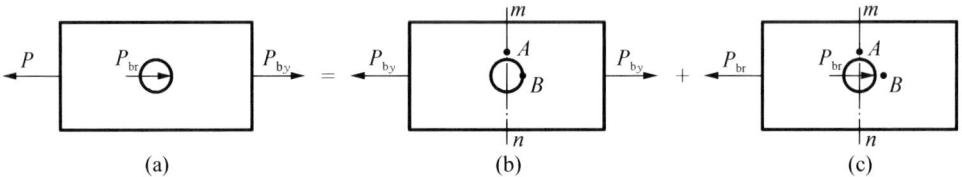

图 6-14　多钉连接受力模型分解

对于图 6-14(b):

复合材料定义 K_{tc},是 P_{by} 达到破坏时,即 $P_{by} = P_{byf}$(P_{byf} 即图 6-11 中的 P_{ult})

$$K_{tc} = \frac{\sigma_b}{P_{byf}/[(W-D)h]} = \frac{\sigma_b}{\sigma_{net,f}}$$

对于图 6-14(c):

复合材料定义 K_{bc},表示 $P_{br} = P_{brf}$ 破坏发生(P_{brf} 即图 6-10 中的 P_{ult},破坏不是 B 点的挤压破坏),当 P_{br} 达到 P_{brf} 时,在 $m-n$ 剖面上有拉伸破坏,以此定义 K_{bc}。

$$K_{bc} = \frac{\sigma_b}{P_{brf}/Dh} = \frac{\sigma_b}{\sigma_{brf}}$$

$K_{bc} \cdot \sigma_{br}$ 的物理意义是:由钉载 P_{br} 引起在 $m-n$ 剖面上的 x 向法向应力;

$K_{tc} \cdot \sigma_{net}$ 的物理意义是:由旁路载荷 P_{by} 引起在 $m-n$ 剖面上的 x 向拉伸应力,当两者之和达到 σ_b 时,$m-n$ 剖面拉伸破坏。

值得注意的是金属中 K_{te},K_{be} 仅跟几何尺寸有关,而复合材料 K_{bc},K_{tc} 是跟几何尺寸及材料特性有关。

Hart-Smith 方法几个基本公式总结:

① $\begin{cases} \sigma_{br} \leqslant \sigma_{bru} \\ K_{tc} \cdot \sigma_{net} + K_{bc} \cdot \sigma_{br} = \sigma_b \end{cases}$;

② $K_{tc} = 1 + C(K_{te} - 1)$;

③ $K_{bc} = \dfrac{1 + C\Big[K_{be}\Big(\dfrac{W}{D} - 1\Big) - 1\Big]}{\dfrac{W}{D} - 1}$；

④ 利用上面②，③及金属 K_{te}，K_{be} 定义，经变换得

$$\begin{cases} K_{tc} = 1 + C\Big[1 + \Big(1 - \dfrac{D}{W}\Big)^3\Big] \\[4mm] K_{bc} = \dfrac{1 + C\Big[\dfrac{W}{D} - 1.5\,\dfrac{W/D - 1}{W/D + 1}\theta\Big]}{\dfrac{W}{D} - 1} \end{cases}$$

其中
$$\theta = \begin{cases} 1.5 - \dfrac{0.5}{e/W} & e/W \leqslant 1 \\[3mm] 1.0 & e/W > 1 \end{cases}$$

式中：e 为孔端距。

6.3.4　引入连接效率λ及强度计算

1）说明

引入连接效率 λ，对规则排列的多钉连接用工程方法很方便地进行承载能力计算，在不知道钉载的情况下，利用 λ 与 D/W 曲线，如"复材连接手册"中图 4-27～图 4-30 曲线[4]，反复迭代查表求出单排钉连接的承载能力，但这些曲线是如何得到的，并且仅有 4 条，显然对实际设计是不够的。为了能作出这些图线，必须了解这些图线隐含的力学意义。在文献[8]中，我们对此做了解读，本节中要详细介绍具体的做法，并编制了相应的计算程序（NEWCHARTC. FOR）。此程序能绘出这些曲线，并且能直接求出单列多钉承载能力，因此，有了此程序，已经没有必要再利用这些图线反复查图线迭代计算，反复查图线不仅麻烦，且计算结果误差大。

2）连接效率 λ 定义

$$\lambda = P/(\sigma_b W h) \tag{6-16}$$

其中：W 为列距（或板宽）；h 为板厚度；P 为总载荷。

$$P = P_{br} + P_{by} = \sigma_{br} D h + \sigma_{net}(W - D)h \tag{6-17}$$

如图 6-15 所示。

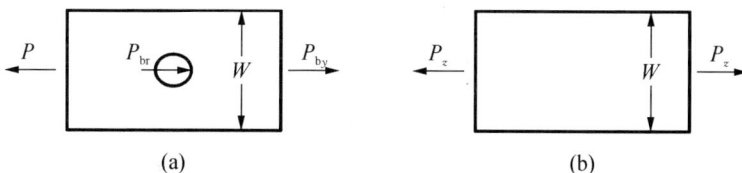

图 6-15　多钉连接效率定义

（a）多钉连接模型；（b）光板破坏载荷

图 6 - 15 引入连接效率 λ。

无孔板破坏时 $\qquad\qquad\qquad P_z = \sigma_b W h$

有孔板传递的载荷 P 与 P_z 之比为 λ（$\lambda = P/P_z$）。

连接效率 λ 表达式推导如下：

由式(6 - 15 - 2)得

$$\sigma_{net} = \frac{\sigma_b}{K_{tc}} - \frac{K_{bc}}{K_{tc}} \sigma_{br} \qquad (6-18)$$

将式(6 - 18)代入式(6 - 17)得

$$P = \sigma_{br} h D + \left(\frac{\sigma_b}{K_{tc}} - \frac{K_{bc}}{K_{tc}} \sigma_{br} \right)(W - D)h \qquad (6-19)$$

$$\lambda = \frac{P}{\sigma_b W h} = \frac{\sigma_{br}}{\sigma_b} \frac{D}{W} + \frac{(W-D)}{K_{tc}W} - \frac{K_{bc}}{K_{tc}} \frac{\sigma_{br}}{\sigma_b} \frac{(W-D)}{W}$$

$$= \left(1 - \frac{D}{W} \right) \frac{1}{K_{tc}} + \left[\frac{D}{W} - \frac{K_{bc}}{K_{tc}} \left(1 - \frac{D}{W} \right) \right] \frac{\sigma_{br}}{\sigma_b}$$

最终得到

$$\lambda = \left(1 - \frac{D}{W} \right) \frac{1}{K_{tc}} - \left[\frac{K_{bc}}{K_{tc}} - \frac{D}{W} \left(1 + \frac{K_{bc}}{K_{tc}} \right) \right] \frac{\sigma_{br}}{\sigma_b} \qquad (6-20)$$

因此式(6 - 20)等价于式(6 - 15 - 2)，这是非常重要的迭代公式。

3) 平面应力状态规则多钉连接承载能力及强度计算

规则多钉连接可化为单列多钉连接形式，如图 6 - 16 所示，各孔径相等，现要求承载能力 P 的大小，它是通过对受钉载最大的孔处强度计算求得的。

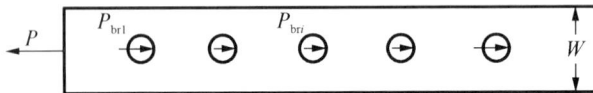

图 6 - 16 单列多钉

若钉载 P_{bri}（$i = 1, 2, \cdots, N$）已知，根据式(6 - 15)可进行强度计算，但 P_{bri} 未知，我们介绍一种迭代计算方法，利用计算机程序非常快速且方便，不需利用 $\lambda \sim D/W$ 曲线迭代查表。

将上面各式汇总成方程组(6 - 21)：

$$\left. \begin{array}{l} \lambda = \left(1 - \dfrac{D}{W} \right) \dfrac{1}{K_{tc}} - \left[\dfrac{K_{bc}}{K_{tc}} - \dfrac{D}{W} \left(1 + \dfrac{K_{bc}}{K_{tc}} \right) \right] \dfrac{\sigma_{br}}{\sigma_b} \\[4mm] K_{tc} = 1 + C \left[1 + \left(1 - \dfrac{D}{W} \right)^3 \right] \\[4mm] K_{bc} = \dfrac{1 + C \left[\dfrac{W}{D} - 1.5 \dfrac{W/D - 1}{W/D + 1} \theta \right]}{\dfrac{W}{D} - 1} \end{array} \right\} \qquad (6-21)$$

式中:C 是试验得到的层压板参数;K_{tc},K_{bc} 很容易求得。由于 P,σ_{br} 未知,λ 也未知,我们假设 σ_{br} 初始值,多次迭代求 λ,当相邻两次迭代的 λ 接近时,就说明式(6-21)成立,λ 求得后承载能力 P 就可求得,为

$$P = \lambda \sigma_b hW \tag{6-22}$$

已编制了软件(NEWCHARTC. FOR)计算承载能力 P,并且能给出 $\lambda \sim D/W$ 曲线。

6.3.5 Hart-Smith 方法存在的问题

① 对于飞机结构中常用铺层(lay-up)的层压板,用 Hart-Smith 方法进行连接计算是非常有效的,但对受载方向,0°方向层百分比过大其计算结果精度非常差,这点要特别注意。

② 减缩系数 C 是由含孔(开孔或受载孔)的强度试验确定的,它不仅是材料和铺层的函数,跟其他因素也有关系,取值必须特别注意。

关于 Hart-Smith 方法的适用范围、限制及扩展尚需要进行进一步的研究,详细情况不在这里介绍。

6.4　考虑弯曲的厚板连接工程分析方法[8]

我们利用第 5.3.4.4 节中介绍的"二次破坏"概念进行厚板连接分析,但未进行过试验验证。这里介绍基本原理,还应进行更细致工作以及必要的测试修正,才能用于设计中。

1) 方法原理

如图 6-4 所示,这时,孔断面最大应力方程加入弯曲分量:

$$\sigma_{max} = K_{bc}\sigma_{br} + K_{tc}\sigma_{net} + \sigma_{net}^{M} \tag{6-23}$$

强度校核方程(6-15)修改为

$$\left.\begin{array}{l} \sigma_{br} + \sigma_{br}^{M} \leqslant \sigma_{bru} \\ \sigma_{br}K_{bc} + \sigma_{net}K_{tc} + \sigma_{net}^{M} \leqslant \sigma_{b} \end{array}\right\} \tag{6-24}$$

其中:σ_{net}^{M},σ_{br}^{M} 分别是由弯矩 M 引起的 σ_{net},σ_{br} 应力。很明显,σ_{br}^{M} 和 σ_{net}^{M} 都不能取表面层,那会过分保守,我们利用"二次破坏"强度分析中的原理,对特定铺层,存在特征数 ϕ,因此,σ_{br}^{M},σ_{net}^{M} 近似表示为

$$\sigma_{br}^{M} = K_{Mb} \frac{12 \bar{\phi}_1 M_{br}}{Dh^2} \tag{6-25}$$

$$\sigma_{net}^{M} = K_{MN} \frac{12 \bar{\phi}_2 M_{by}}{(W-D)h^2} \tag{6-26}$$

其中:$\bar{\phi}_i = \frac{1}{2} - \phi_i$,$i = 1,2$;$K_{Mb}$,$K_{MN}$ 为试验修正系数,缺乏试验结果时,可近似

取 1.0。 $\hspace{6cm}(6-27)$

因此,式 $(6-24)$ 改写为

$$\left.\begin{array}{l} \sigma_{br} + K_{Mb} \dfrac{12\,\bar{\phi}_1 M_{br}}{Dh^2} \leqslant \sigma_{bru} \\[4mm] \sigma_{br} K_{bc} + \sigma_{net} K_{tc} + K_{MN} \dfrac{12\,\bar{\phi}_2 M_{by}}{(W-D)h^2} \leqslant \sigma_b \end{array}\right\} \qquad (6-28)$$

2) 应力集中系数 K_{tc} 的修正

由于板厚,传递载荷 P 时,一般引起弯矩 M,如图 $6-17$ 所示,那么

令 $$\left.\begin{array}{l} M_{by} = f_1 M \approx f_1 hP \\ P_{by} = f_2 P \end{array}\right\} \qquad (6-29)$$

其中: f_1 和 f_2 为无量纲系数; P_{by}, M_{by} 为旁路载荷。

因为 $$\sigma_{net} = \frac{P_{by}}{(W-D)h} = \frac{f_2 P}{(W-D)h} \qquad (6-30)$$

$$\sigma_{net}^M = K_{MN} \frac{12\,\bar{\phi}_2 f_1 P}{(W-D)h} = K_{MN} \frac{12\,\bar{\phi}_2 f_1}{f_2}\sigma_{net} \qquad (6-31)$$

将上式代入式 $(6-24)$ 可得:

$$\sigma_{br} K_{bc} + \left(K_{tc} + K_{MN}\frac{12\,\bar{\phi}_2 f_1}{f_2}\right)\sigma_{net} \leqslant \sigma_b \qquad (6-32)$$

令 $$K'_{tc} = K_{tc} + K_{MN}\frac{12\,\bar{\phi}_2 f_1}{f_2} \qquad (6-33)$$

将式 $(6-33)$ 代入式 $(6-32)$,得

$$\sigma_{br} K_{bc} + K'_{tc}\sigma_{net} \leqslant \sigma_b \qquad (6-34)$$

故 K'_{tc} 为厚板的 K_{tc} 修正系数。

3) 厚板单列多钉强度分析

如图 $6-17$ 所示:

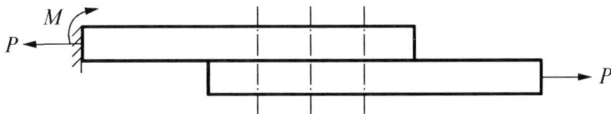

图 6-17 厚板多钉连接

类似上节,以 K'_{tc} 代替 K_{tc},然后对 λ 进行迭代,便可求出厚板单列多钉连接承载能力 P。

值得指出的是,求 K'_{tc} 时需要求系数 f_1 和 f_2。求 f_1 和 f_2 时一般需要迭代求

解,详细情况不在这里讨论。

6.5　基于特征曲线基础上的有限元法

1) 引言

6.3 节中介绍的方法一般是规则排列,实际上的连接结构是复杂的,如图 6-18 所示的复杂受载。

对于图 6-18 所示的连接板,P_i 为外力系,求得该板上各钉孔上钉载 P_{bri},它的大小及方向是通过有限元求解得到的。图中仅假设为平面应力状态是为了简单地说明此方法的原理。

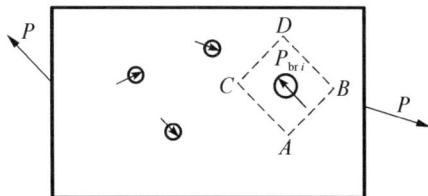

图 6-18　复杂受力

将 P_{bri} 钉载(取最大的钉载)孔周围的元体 $ABCD$(如图 6-18 虚线示)进行细化有限元剖分,并进行有限元应力分析,利用特征曲线引入强度条件进行破坏分析。这就是基于特征曲线基础上的有限元分析方法。详情见文献[5]。

2) 破坏假设——特征曲线

取出 $ABCD$,如图 6-19 所示:

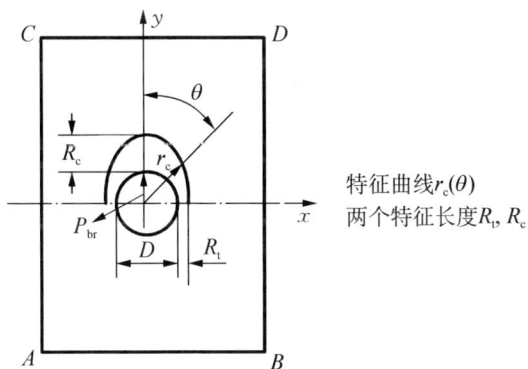

特征曲线$r_c(\theta)$
两个特征长度R_t, R_c

图 6-19　特征曲线

特征曲线上任一点上的当量应力满足某些破坏准则,则破坏发生,这就是特征曲线的破坏准则。

特征曲线由下面表达式规定:

$$r_c(\theta) = \frac{D}{2} + R_t + (R_c - R_t)\cos\theta \tag{6-35}$$

式中角度 θ 从 y 轴起顺时针量起,变化范围为 $-\dfrac{\pi}{2} \sim \dfrac{\pi}{2}$,$R_t$ 及 R_c 分别称为拉伸、挤压特征长度,由试验确定。

3）破坏预测

为了预测破坏载荷及破坏模式，必须建立破坏条件。张富国[5]是这样建立破坏条件的：当任意层在特征曲线上的当量应力超出规定的极限就认为破坏，当量应力用 Yamada-Sun 准则。

Yamada-Sun 准则：

$$\left(\frac{\sigma_1}{X}\right)^2 + \left(\frac{\tau_{12}}{S}\right)^2 = e^2 \qquad (6-36)$$

当 $e < 1.0$ 时，不破坏；当 $e \geqslant 1.0$ 时，破坏。

在式(6-36)中，σ_1，τ_{12} 分别是纵向应力及剪应力（1是纤维方向，2是垂直纤维方向）。S 是对称交叉层（0°/90°）的剪切强度（rail shear strength）。X 是单层的拉伸或压缩强度，σ_1 正号时，取拉伸强度 X_t，σ_1 负号时取压缩强度 X_c。

4）破坏模式预测

通过有限元分析，可以求出首先在特征曲线上破坏的位置，如图6-20中所示的 m 点，则可以求出角度 θ_f。

已知 θ_f，就能给出破坏形式：

当 $\theta_f \approx 0°$，或者很小时，挤压破坏；

当 $\theta_f \approx 45°$，剪切破坏；

当 $\theta_f \approx 90°$，拉伸破坏。

综合如下：

$-15° \leqslant \theta_f \leqslant 15°$，挤压型；

$30° \leqslant \theta_f \leqslant 60°$，剪裂型；

$75° \leqslant \theta_f \leqslant 90°$，拉裂型。

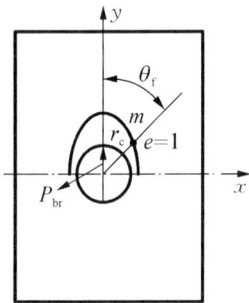

图 6-20　破坏位置 θ_f

当 θ_f 是中间值时，可能是综合破坏形式。

5）看法及建议

本方法的关键是 R_t，R_c 长度的确定问题，R_t，R_c 是靠实验确定。此法的提出者认为 R_t，R_c 仅跟材料性能有关，实际上，R_t，R_c 跟很多因素有关。跟几何尺寸 W/D、材料性能及铺层情况都有关。特定的试验很难推广。为保守起见，一般取下限值。

提出这种特征曲线方法，从理论上及实践上都是很有意义的。它提供了对复杂无规律连接破坏分析的清晰思路，可以认为它是点应力准则及平均应力准则的推广。

找出 R_t，R_c 的理论计算方法似乎是可行的，在理论计算基础上加以少量试验修正。具体参见文献[5]。

6.6 "当量挤压强度"方法计算螺接接头

1）说明

"当量挤压强度"这个名称是我们为说明方法概念而命名的。实际上，这是伦敦帝国科技学院的 Frank L. Matthews 介绍的计算复合材料螺接连接接头的方法[6]。因为接头强度的影响因素太多,主要是通过试验得到当量挤压强度与 e/d 或 W/d 的各种参数下的曲线。

由于成本和方便的原因,基本的试验数据通常是按图 6-21 所示的几何参数,以双剪形式加载的单个螺接试样得到。用破坏载荷 P 定义应力,通常取接头承受的最大拉伸载荷作为破坏载荷。

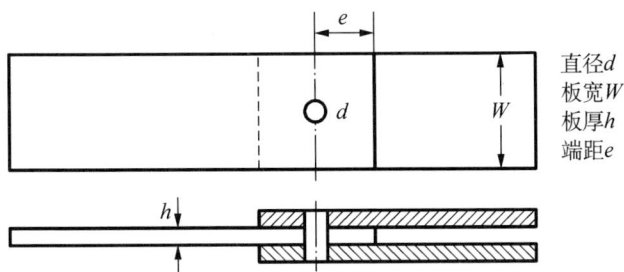

图 6-21 单个螺栓接头几何参数定义

对于多个螺栓的接头由间距 p 代替宽度 W,即使破坏不是挤压模式时,强度通常也用挤压应力 $\sigma_{br}(= P/dh)$ 来表示。这就是我们称为"当量挤压强度"的原因。实验图线的挤压应力并不是挤压强度,不妨称它为"当量挤压强度"。

本节内容及图 6-22~图 6-27 均取自文献[6]。

2)不同参数的影响

如 W、e、h 和 d 等几何参数的影响,如果要获得纯挤压强度,W, e 要超过某一确定的最小值。宽度太大会发生挤坏,端距 e 太小将剪坏。改变 d/h 产生的影响随材料而变。一般 d/h 应大于 1。

此外,铺层形式,螺栓配合,夹紧力以及材料类型等都有影响。见图 6-22~图 6-25,图中的符号参见文献[6]。

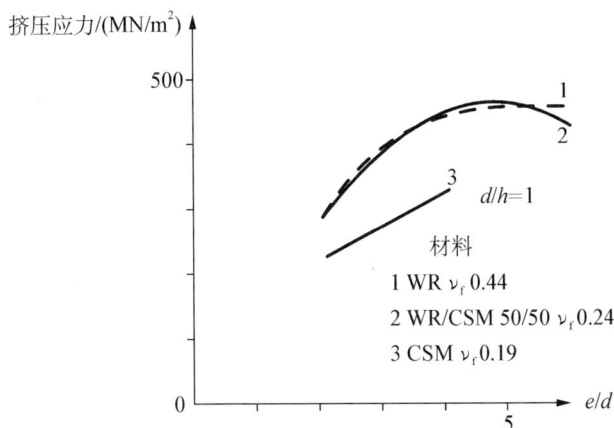

图 6-22 GRP 叠层板挤压应力相对于 e/d 变化曲线

挤压应力 $\sigma_b(ult)/MPa$

$$0^\circ/\pm45^\circ\left(\frac{1}{3}0^\circ, \frac{2}{3}45^\circ\right)$$
$$0^\circ/90^\circ$$
$$\pm45^\circ$$

$d=6.35\,mm$, $h=3\,mm$, $S_z=12\,MPa$

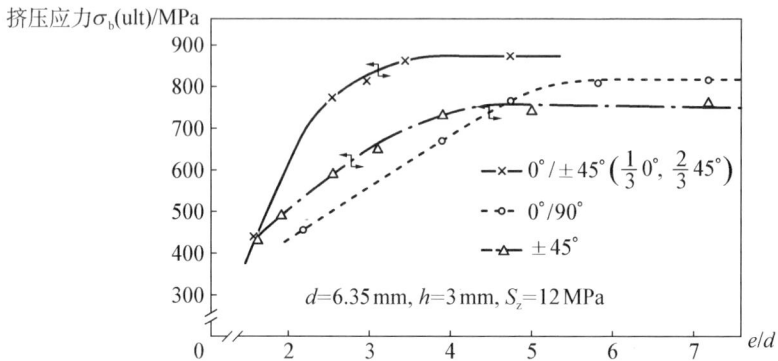

图 6 - 23　各种 G/913 GFRP 层板相对于 e/d 比值的挤压应力

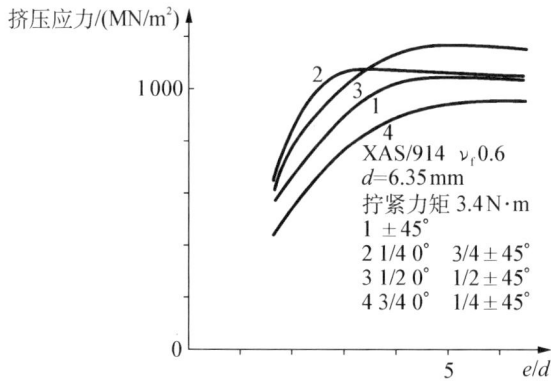

挤压应力 $/(MN/m^2)$

XAS/914　$\nu_f\,0.6$
$d=6.35\,mm$
拧紧力矩 $3.4\,N\cdot m$
1　$\pm45^\circ$
2　1/4 0°　3/4 $\pm45^\circ$
3　1/2 0°　1/2 $\pm45^\circ$
4　3/4 0°　1/4 $\pm45^\circ$

图 6 - 24　（±45）CFRP 叠层板挤压应力随 e/d 的变化曲线

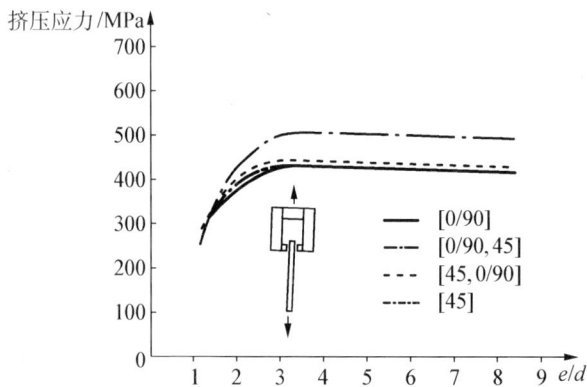

挤压应力 $/MPa$

[0/90]
[0/90, 45]
[45, 0/90]
[45]

图 6 - 25　编织物 KPRP 层板作为 e/d 的函数的挤压应力曲线

3）多个螺栓接头

多个螺栓接头见图 6 - 26。除非间距大于 4 倍的螺栓直径，否则在接头的一排或一列上的每个螺栓连接强度将小于单个螺栓的连接强度。基于 GRP（玻璃纤维/

树脂)的研究可假设如图 6-27 所示的强度减缩系数 K,于是接头强度

$$P = nKP_{\min} \qquad (6-37)$$

式中:n 表示螺栓个数;对于所考虑的接头,使用适当的端距;$P_{\min}$ 可以从图 6-22,图 6-23,图 6-24 或图 6-25 所示的曲线中获得。

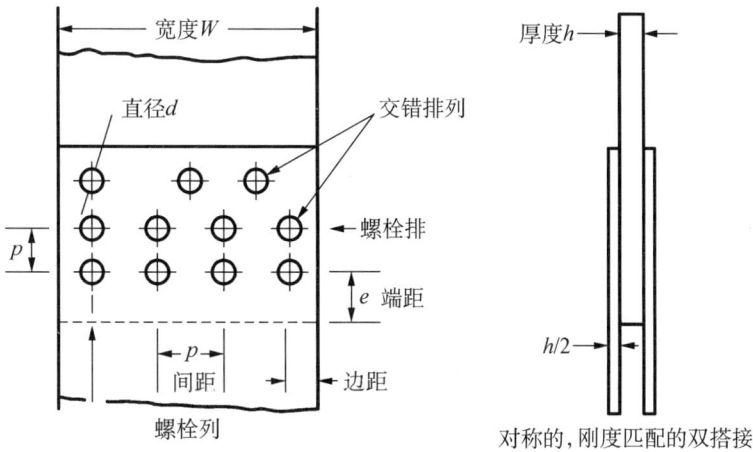

图 6-26 多个螺栓连接接头几何参数的定义

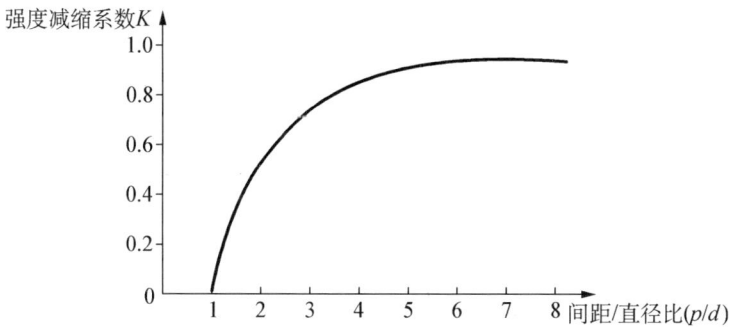

图 6-27 多个螺栓连接接头强度减缩系数 K 相对于间距与直径比的变化

6.7 关于填充孔的强度问题

6.7.1 填充孔的概念

所谓"填充孔"是指被连接件(如板)孔中"紧紧充满"填充物的孔。填充孔中的填充物不向其他元件传递载荷。在结构中,若不传递钉载的紧固件,可当成填充物,此孔的强度问题跟传载孔的强度是不一样的。实际上,结构中不传递载荷的紧固件是非常少的,但从受力特点来看填充孔是非常典型性的,并且,飞机结构中也还存在填充孔的情况,因此,有专门的试验标准 ASTM D6742/D6742M-07 研究填充孔

的强度问题。不少设计部门进行大量的"填充孔"试验研究,因此,这里将受力特点及分析方法作简要介绍。研究计算方法是有意义的,以便尽可能减少试验数量。下面,仅研究平面应力问题。

　　一般来说,对于含填充孔的板件受拉伸载荷,有无填充物对强度影响不大,但对压缩载荷,两者是明显不同的,如图 6-28 所示。

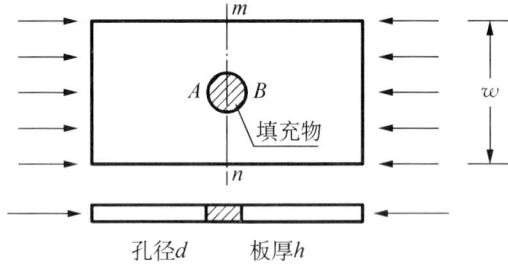

图 6-28　含填充孔板受压缩载荷

6.7.2　含填充孔板件压缩载荷下的受力分析

1) 受力特点

　　如图 6-28 所示,板件压缩时,有填充物和无填充物(开孔)情况受力是明显不一样的:开孔时,$m-n$ 剖面只是由断面积 $(W-d)h$ 受载,但有填充物(它与孔紧配合)时,在压缩载荷(合力为 P)作用下,A,B 点互相靠近,填充物将阻止其靠近,因此,填充物要承受自身平衡的力 P_1 作用,而净断面积 $(W-d)h$ 部分只承受 $P_2 = P - P_1$ 载荷,如图 6-29 所示。

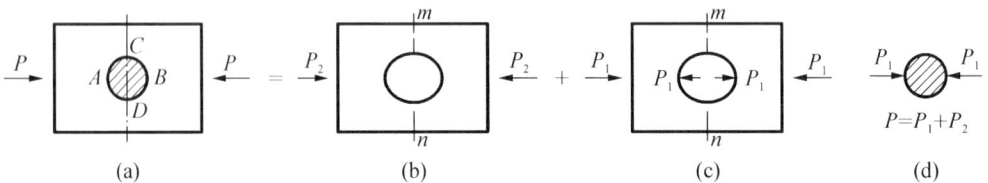

图 6-29　受力分解

(a) 含填充物的板;(b) 类似旁路载荷;(c) 填充物载荷(类似钉载);(d) 填充物受力

　　由于净断面积 $(W-d)h$ 部分受力减小,因此,含填充孔板的强度明显提高,提高的程度跟自身平衡力 P_1 大小有关。P_1 的大小与很多因素有关,跟填充物的刚度、孔径大小、层压板材料、铺层情况等因素有关。某些试验结果表明,受压缩载荷时,填充孔的强度要比开孔强度高出 30%。

　　图 6-29(b)类似于旁路载荷,图 6-29(c)类似于钉载,这钉载并不向其他元件传递,而是填充物自身平衡受压,如图 6-29(d)所示。对于压缩时,如图中 $m-n$ 剖面是强度薄弱处的话,图 6-29(b)可按开孔情况近似计算含孔板的压缩强度。

为了把问题说得更明白,可将图6-29的来由用图6-30表示。

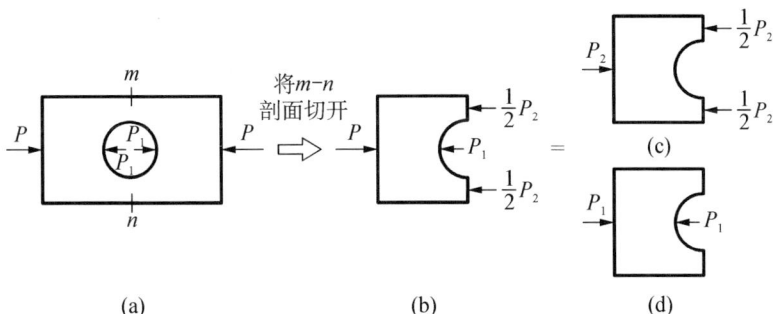

图6-30　填充孔传载分析图

严格来说,图6-30(a)的受力如图6-31所示,在孔边上有填充物的反作用力合力P_1,分布情况见图6-31。在半圆CAD和CBD上近似按余弦分布,点A,B处最大。填充孔应力和强度也可用有限元方法模拟计算(见第2)点)。

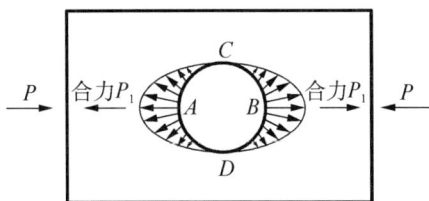

图6-31　填充物对孔壁的反作用力

2) 填充孔的有限元模拟分析

对含填充物的板进行有限元模拟分析一般来说是比较复杂的,它属于接触问题,在很多有限元分析软件中都有接触元素,例如,在 MSC. NASTRAN 中的CGAP,当填充物上的点与板上孔边的点接触时才有互相作用力,有间隙时则没有互相作用。因此,要用非线性方法求解,具体情况见 MSC. NASTRAN 手册。

这里介绍近似模拟方法,如图6-29(a)用图6-32所示的模型。填充物(例如钉)也要进行有限元网格分割,取较细的网格。在网格划分时,填充物和板必须有共同位置的点,但必须用不同编号,例如图6-33中的i和j点,它们之间用挤压刚度与摩擦刚度联系。但是要注意,挤压刚度是在圆周法线方向,而摩擦刚度是在圆周切线方向,例如图6-33所示。

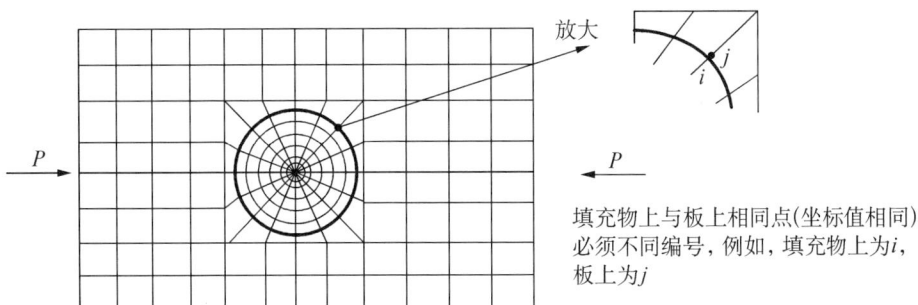

放大

填充物上与板上相同点(坐标值相同)必须不同编号,例如,填充物上为i,板上为j

图6-32　含填充物的板有限元网格例子

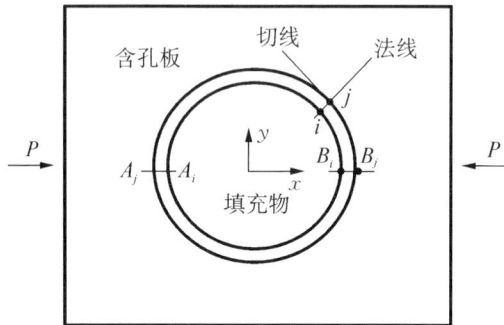

图 6-33 接触刚度方向

值得注意几点：

① 图 6-32 网格划分仅是一个例子，并不一定是好的划分方法；

② 由于填充物和板上节点用挤压刚度及摩擦刚度联系，$i-j$ 挤压刚度由板与填充物的刚度组成，如果板为复合材料，则随 j 点位置不同，法向的杨氏模量 E_θ 是不同的，因此，刚度也不同。要用专门程序计算不同点的 E_θ，进而计算不同点的接触刚度，具体计算方法从略；

③ 可以利用有限元计算结果求出填充物上的自身平衡载荷 P_1（由半圆上各 i 点叠加），那么，$P_2 = P - P_1$，近似的用图 6-29(b)，在压缩载荷 P_2 作用下，按开孔进行强度计算，与此同时，还必须校核孔边的挤压强度，如图 6-30(d)所示；

④ 可以直接用有限元法进行应力分析及强度校核，但是，板上有限元网格要细化，特别是孔边，像图 6-32 那样的划分是不合适的。然后，利用适当的强度理论进行分析；

⑤ 正如第④条所说的，用有限元法（不管用 CGAP 元法或上所说的近似模拟方法）求得板上应力后可利用适当的强度理论进行强度计算，但我们建议：用有限元法求出接触力 P_1，再求出 P_2，利用工程方法[如图 6-29(b)所示]比有限元法简单。具体计算方法这里从略。

参考文献

[1] Whitney J M, Nuismer R J. Stress Fracture Criteria for Laminated Composites Containing Stress Concentrations [J]. J. of composite materials, 1974,(8):253-265.

[2] Hart-Smith L J. Design Methodology for Bonded-Bolted Composite Joint [J], USAF Contract AFWAL-TR-81-3154, Vol. Ⅰ. February 1982.

[3] Bunin B L. 飞机结构中还存在结构[R]. NASA Contractor Report 3711 N87-10975.

[4] 谢鸣九. 复合材料连接手册[M]. 北京:航空工业出版社,1994.

[5] Chang F K, Scott R A, Springer G S. Failure of Composite Laminates Containing Pin Loaded Holes-Method of Solution [J]. Journal of Composite Materials, 1984, 255-278.

［6］ Stephen W T. Composits Design ［C］. Fourth Edition，2001.

［7］ 沈真.复合材料飞机结构耐久性/损伤容限设计指南［M］.北京:航空工业出版社,1995.

［8］ 陈业标.厚板机械连接强度分析［G］.中国航空工业公司研究所科技资料,2000.

7 结构稳定性分析

7.1 引言

结构稳定性分析(也称屈曲分析)是飞机结构设计强度分析工作的重要内容之一。特别是对于重量严格控制的飞机薄壁结构,结构稳定性分析历来都是结构工程人员重大的研究课题。它涉及复杂的弹(塑)性理论和数学运算,并且由于稳定性试验结果的分散性一般比静强度试验结果要大,因此,设计人员对结构稳定性分析十分重视。结构稳定性分析主要取决于结构本身的刚度及边界支持条件。与金属结构相比,复合材料结构稳定分析要复杂得多,而且常常出现一些奇特性,因此,复合材料结构稳定性分析主要采用有限元法。

复合材料稳定性分析方法是在金属结构分析方法基础上发展起来的,从纯理论观点来看没有多大区别,因此,本章也有相当的篇幅涉及金属结构稳定性分析。由于多年的飞机设计实践,积累了数以万计的曲线、试验图表、经验公式,可以毫不夸张地说,它们是结构设计领域各个学科中经验图线最多的。本章不打算介绍这些图线、经验数据和公式。对于设计工程师和即将成为设计师的学生重要的不是堆积如山的图表、公式,而是基本概念及方法。此外,也指出各种结构形式稳定性分析要注意的问题。

7.2 基本概念

1) 失稳特性

(1) 初始屈曲

对于梁、柱、板等结构,当加载(面内载荷)到刚产生离面位移时定义为发生初始屈曲。无论是金属或复合材料,经典的方程是弹性的。

设计手册中大量临界载荷公式大都是初始屈曲公式,而且飞机设计目前状态,求初始屈曲载荷是屈曲分析的主要内容及基本要求。

(2) 后屈曲

后屈曲是指受压元件或受压加筋板承受超过其初始屈曲载荷的能力。"后屈曲范围"是在初始屈曲载荷和某一表示破坏的较高载荷之间的范围。对于复合材料来说,经常出现后屈曲的破坏是受压元件自由边处分层,或加筋板中筋条与蒙皮脱粘。加筋板受压时,蒙皮初始屈曲后,大部分载荷由筋条承受。后屈曲的范围上限有时可称之为"局部压损"或简称"压损"。

（3）压损强度

对于较短的加筋板或型材受压时,当板和
型材剖面发生局部失稳后,压缩载荷的增加由
较刚硬的角区来承受,直到应力(载荷)增加到
足够的数值造成破坏。这种局部失稳后的终极
破坏称为压损,相应的应力称为压损应力,压损
应力一般采用半经验公式计算。压损强度虽与
局部失稳紧密关联,但与局部失稳是不同的,压
损强度一般是指型材或筋条。图7-1中表示
在压损试验中的角型和槽型剖面筋条典型的变
形形状。通常把角型或十字型受压元件当作
"一边自由"情况的压损试件。一般把受压槽
形件的腹板元当做"无自由边"情况的试件,腹
板元可近似作为"无自由边"情况的简支板。

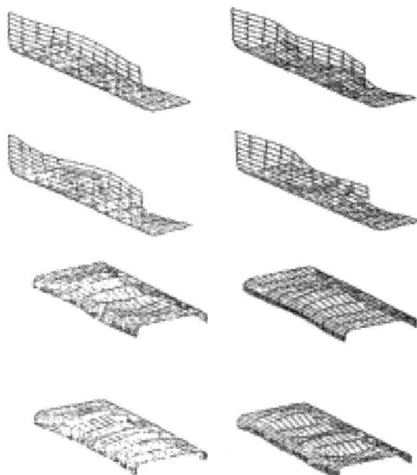

图 7-1　典型的压损形态

一般来说,压损是指筋条受压时,其横剖面仅在其自身平面内产生歪斜,而整个
筋条柱体不产生横向位移或转动的一种破坏形式。

2）失稳形态

对于梁柱或型材失稳可分为两大类:总体失稳和局部失稳。有时总体失稳称为
主失稳,局部失稳也称为附加失稳。

（1）总体失稳

总体失稳是指柱(或型材)沿其轴线发生弯曲、扭转或弯曲加扭转情况,此时柱
剖面被平移、转动或平移加转动,但没有畸变,如图7-2(a)所示。

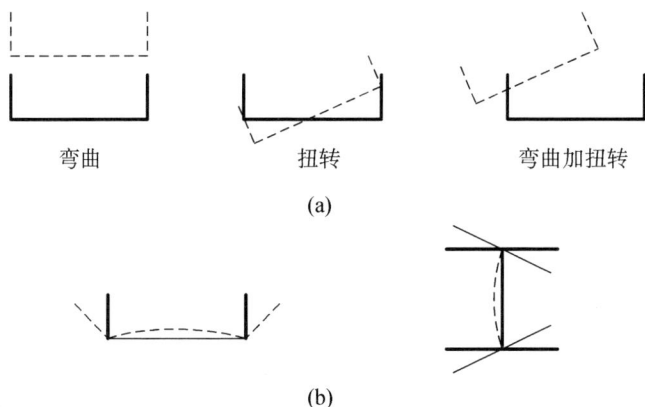

弯曲　　　　　　　　扭转　　　　　　　弯曲加扭转

(a)

(b)

图 7-2　柱的总体失稳和局部失稳

(a)总体失稳；(b)局部失稳

（2）局部失稳

局部失稳是在柱（型材）剖面元素发生畸变时出现的，但相邻元素相交的纵向边缘仍然是直线，如图7-2（b）所示。按照定义，图7-1也是属于局部失稳。

3）相关曲线

板壳元件在多向（或组合）载荷作用下的失稳方程是各个单向（或单一）载荷作用时临界载荷的函数，这种多向载荷作用时失稳方程一般表示成相关方程的形式，将相关方程绘制成图线，便于使用。这些图线称为相关曲线。例如，金属板单轴压及剪切联合作用时的相关方程为

$$R_C + R_S^2 = 1 \qquad (7-1)$$

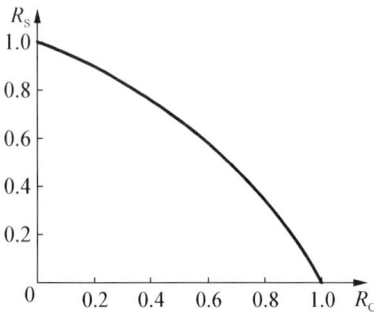

图7-3　矩形板压剪相关曲线

其中：$R_C = \dfrac{\sigma_x}{\sigma_{cr}}$；$R_S = \dfrac{\tau_s}{\tau_{cr}}$；$\sigma_{cr}$，$\tau_{cr}$分别为轴压$\sigma_x$及剪切$\tau_s$单独作用时的失稳临界应力。对应的相关曲线如图7-3的示意图。

4）结构失稳分析的塑性修正

实际设计中，失稳分析一般采用线弹性理论进行。也就是说假设胡克定律成立。一般来说，结构元件失稳应力经常超出比例极限，也就是超出线弹性范围，因此，当失稳应力超过比例极限σ_p时，用线弹性理论计算的失稳临界应力是不能用的。工程中要进行塑性稳定性分析又太复杂，使用不方便，因此，必须对线弹性理论求得的临界载荷进行塑性修正才能用于设计中。

由于问题的重要性，加上我国公开发表的手册中给出的塑性修正图线是在材料的$\sigma_{0.7}$，$\sigma_{0.85}$数值基础上绘制，目前很多材料缺乏这些数据，应用不方便，因此，在下面第7.3节中简单说明塑性修正问题。

5）各种结构元件的稳定性分析问题

（1）柱（杆）

柱用于飞机结构上以传递自A端到B端的载荷。传递的距离和外载通常均为已知，设计者必须设计出最有效的横剖面形状来传递载荷。尽可能要求以最小的横剖面承受最大应力。防止受压载荷时失稳是柱的重要要求。各种各样的型材也属于柱类。由于型材失稳问题内容很多，目前的设计手册中一般将各种型材失稳专门区分出来，而将简单的柱失稳称压杆的稳定性，我们也将型材区分出来。

杆轴压稳定临界应力用Euler-Engesser方程计算：

$$\sigma_{cr} = \pi^2 \eta E / (L'/\rho)^2 \qquad (7-2)$$

其中：$\rho = \sqrt{I_{min}/A}$ 为杆剖面迴转半径；I_{min}为剖面最小的弯曲惯性矩；A为剖面积；

$L' = L/\sqrt{C}$ 为杆有效长度;L 为真实长度;C 为端部支持系数;η 为塑性修正系数。

杆(柱)稳定分析要注意它的长细比不同而用不同的方法。

长细比 L'/ρ 的大约范围:

● $L'/\rho \leqslant 20$,压损区,破坏是塑性压缩破坏,可达到压缩强度极限σ_b,但一般取 $\sigma_{0.2}$ 为截止值。用塑性修正式(7-2)计算的临界应力值必须满足 $\sigma_{cr} \geqslant \sigma_{0.2}$。

● $L'/\rho = 20 \sim 60$,塑性失稳破坏。用塑性修正公式(7-2)计算的临界应力值 必须满足 $\sigma_{0.2} > \sigma_{cr} > \sigma_p$。

● $L'/\rho > 60$,按 $\eta = 1$ 的式(7-2)计算σ_{cr}。其计算值应满足 $\sigma_{cr} \leqslant \sigma_p$。

(2) 梁柱

梁柱是这样一种受力构件,它既可作为一个梁承受横向弯曲载荷,同时又可作 为柱承受轴向端载荷。端载荷可能是拉伸也可能是压缩载荷。拉伸载荷有助于使 梁拉直,降低因横向载荷而引起的弯矩;轴向压缩则起相反作用,它可大大地增加最 大弯矩和挠度。这两种情况都不能用简单叠加方法求解,而必须用考虑因轴向载荷 引起的挠度变化的方法求解。

① 受轴向压缩载荷梁柱。

单跨梁上任何一点的总力矩为

$$M = C_1 \sin \frac{x}{j} + C_2 \cos \frac{x}{j} + f(q) \tag{7-3}$$

其中:$j = \sqrt{\dfrac{EI}{P}}$;P 为轴压载荷;q 为梁上均布载荷(量纲为力/长度),向上时为正。

梁上任何一点处的剪力为

$$V = \frac{C_1}{j} \cos \frac{x}{j} - \frac{C_2}{j} \sin \frac{x}{j} + f(q) \tag{7-4}$$

梁的挠度 y 及斜率为

$$y = \frac{M_o - M}{P} \tag{7-5}$$

$$\theta = \frac{V_0 - V}{P} \tag{7-6}$$

其中:M_0 和 V_0 是当轴向载荷(P)为零时已知点处的弯矩及剪力。对于不同端部支 持和横向载荷梁柱,C_1,C_2 常数和 $f(q)$ 已在有关手册中给出。

② 受拉伸载荷的梁柱。

有关手册中有大量的图表,这里从略。

③ 偏心柱。

在受偏心压缩载荷时,因产生侧向弯矩,这类柱与梁类似。轴向载荷使侧向弯 矩加大,横剖面的外侧纤维应力是限制因素,要进行强度校核。根据受偏心载荷柱的"不同情况",这些柱的最大弯矩取决于外加载荷 P 与欧拉载荷 P_{cr} 之比。所谓"不同情况"是指柱支持情况及外载荷情况,结构设计手册[1]中给出 7 种情况(设每个情况为 C_i),那么最大弯矩 M 为

$$M = f(C_i, P, P_{cr}, e) \tag{7-7}$$

其中:e 为偏心距;C_i 为各种情况;P 为外载;P_{cr} 欧拉失稳载荷。手册中已将此函数给成图表,可用这些图表对于偏心柱进行强度计算:

第一,求 P_{cr} 按无偏心柱欧拉公式计算;

第二,求出 M,计算梁的最大应力,这是强度校核问题。

④ 梁柱的侧向失稳。

如图 7-4 所示的梁在弯矩和横向载荷下,由于绕 y 轴的弯曲刚度较小,会产生侧向失稳,如图 7-4 所示。

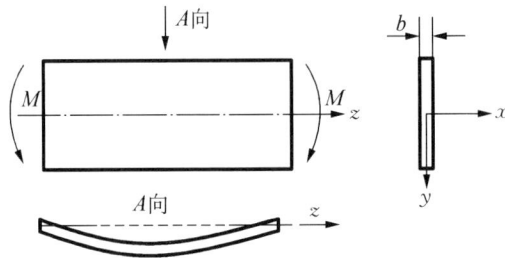

图 7-4 梁侧向失稳

根据支持情况,失稳模态可能有不同形式。此外除了弯矩外,还可能有其他横向载荷,必须计算这些载荷多大时会出现侧向失稳。手册上给出很多曲线及数据。另外,其他剖面的梁柱也会出现侧向失稳。

(3)型材稳定性

型材是飞机结构中用得最多的结构形式。它的失稳分析内容份量较大,当计算总体稳定性时,它是梁柱类结构,而且往往必须将与它相邻的蒙皮考虑进去。当计算局部稳定性时,又可将它看成是由各种支持条件的板元组成,当型材很短时,不会发生总体失稳但会局部失稳,当局部失稳后载荷由刚硬的角区承受,必须计算它的压损强度。

目前,强度校核中,将蒙皮有效宽度(逐次迭代计算)折算到型材上组成"复合"型的柱检查加筋板的强度。型材稳定分析有如下内容:

① 局部稳定性分析。

计算组成型材的各板元的稳定性,有时是单独型材,有时要考虑组合型材(将与它相连蒙皮考虑进去)。分析方法有各种各样,如临界应变法、力矩分配法等。

② 型材压损强度。

型材短时要考虑压损强度,主要是基于试验结果的半经验方法。

③ 型材总体稳定分析。

将型材看作梁柱进行总体稳定性分析。要按 L'/ρ 分为短柱,长柱和过渡型(横剖面稳定型)。

④ 弯曲和局部失稳组合型。

⑤ 开剖面型材弯扭稳定性(总体稳定分析范畴)。

对于型材弯扭失稳分析应特别说明:

对于轴压载荷作用的开剖面型材,有弯曲和扭转同时发生的倾向。这种型材的实际临界载荷由于扭转刚度小,可能比欧拉方程计算出的临界值要低。对于型材参数 L'/ρ 落在 $20\sim60$ 段,在应用约翰逊-欧拉方程计算临界应力的同时,建议同时要进行弯扭计算。

型材剖面有三类:两个对称轴剖面、一个对称轴剖面及非对称剖面。由于计算公式繁琐,尤其非对称剖面型材,要解三次方的非线性方程,工程人员使用不方便。计算时要求输入较多的剖面常数。而用专门计算软件 xcwnbuk. for 可以很方便地得到型材弯扭失稳分析的结果(详情从略)。

(4) 加筋板的稳定性

加筋板稳定性分析在飞机结构稳定性分析中内容多且较为麻烦。在飞机设计手册第 9 册[1]及有关结构手册中有详细的论述,这里简单说明受轴压载荷时壁板的许用应力计算(见图 7 - 5):

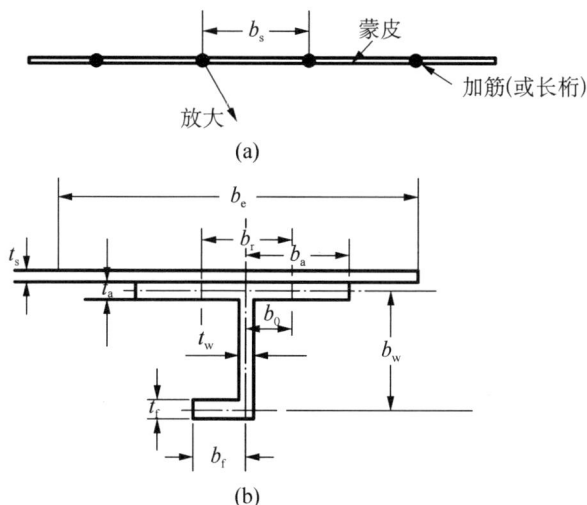

图 7 - 5 加筋壁板

● 用 Euler-Engesser 方程及横向失稳方程计算许用应力

● 约翰逊抛物线方法

约翰逊抛物线方法在计算剖面压损应力时仅考虑长桁(保守),并假设贴蒙皮一面的突缘不由蒙皮支持。但在用 Euler-Engesser 方程时,采用保守的有效宽度蒙

皮。按约翰逊抛物线方法,柱的许用应力为

$$\sigma_{cf} = \sigma_{cc} - \frac{\sigma_{cc}^2}{4\pi^2 E}\left(\frac{L'}{\rho}\right)^2 \qquad\qquad (7-8)$$

其中:σ_{cc} 为长桁许用压损应力;σ_{cf} 为长桁压缩破坏应力;E 型材弹性模量。

许用压损应力 σ_{cc} 定义为

$$\sigma_{cc} = \frac{\sum\limits_{i=1}^{n} \sigma_{cci} A_i}{\sum\limits_{i=1}^{n} A_i}(仅长桁) \qquad\qquad (7-9)$$

其中:σ_{cci} 是长度为 b_i、厚度为 t_i 的每个长桁元素的压损应力,此应力一般由试验曲线或试验数据确定,A_i 为长桁元素 i 的面积($b_i \times t_i$)。

关于约翰逊抛物线方法和欧拉方程适用范围如图 7-6 所示:

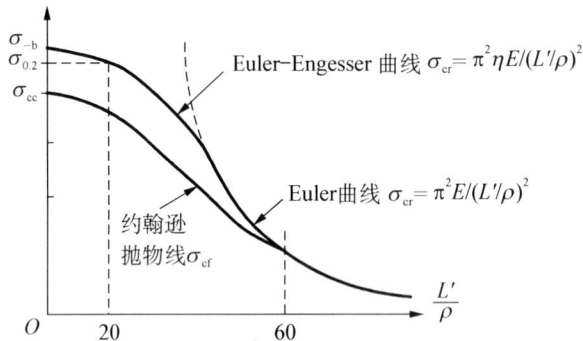

图 7-6　壁板许用应力计算适用范围示意图

σ_{-b}——压缩强度;$\sigma_{0.2}$——屈服应力;σ_{cc}——许用压损应力

我们仅以图 7-5 加筋壁板说明以下设计中几个问题:

① 设计参数初选。

● 对机翼和尾翼结构,按加筋比(长桁面积与蒙皮面积比) $A_2/A_1 = 0.5$ 大致确定尺寸。

● 取长桁 b/t 比值使元件压损应力之和大于受压壁板许用应力,一般取:

$b_a/t_a < 10$;

$b_w/t_w = 18 \sim 22$;

$b_f/t_f = 6 \sim 8$。

● 取 $t_a \geqslant 0.7 t_s$。

● $b_f/b_w = 0.40 \sim 0.50$。

● b_0 值尽可能小(为防止表面皱损)。

● 取铆钉间距为 $4d\sim5d$(机翼结构),$6d\sim7d$(机身)(d 为钉直径)。

② 加筋壁板这一组合结构中,长桁(或筋条)与蒙皮是互为支持的,在主受力结构中,两者都不允许失稳。必须单独进行失稳分析以及组合进行失稳分析,在压缩载荷下,要进行下面的分析:

● 单一组合型材[如图 7-5(b)所示]进行分析。

——局部稳定性分析(型材稳定性分析);

——总体稳定性分析(长桁 L 是肋间距或框间距);

——侧向稳定性分析。

长桁受压缩载荷时,如图 7-7 所示的阴影部分产生侧向失稳,这是必须进行的分析。

● 长桁间蒙皮失稳分析。

先决条件是组合型材不失稳,这是属于板的稳定性分析。

● 钉间蒙皮的失稳分析。

● 组合壁板总体稳定分析。

有关手册中给出了各种分析方法。

图 7-7　侧向失稳

● 组合壁板稳定分析有限元法。

有限元分析是可以的,特别是复合材料加筋板更提倡用有限元方法,但要注意下面 3 个问题:

① 长桁必须理想化成梁元 BAR(或 BEAM)元,不能用 ROD(二力杆)元,否则计算结果错误;

② 型材偏心,对于目前通用的有限元软件(如 MSC/NASTRAN),稳定性分析不能用偏心梁元,如何取梁参数? 有限元计算结果如何评估? 这要进行较多的试算以便对计算结果的精度进行评估。

③ 通常弹性范围的失稳分析有限元分析容易实施,塑性失稳分析较复杂。

6) 复合材料结构稳定分析

有几个问题需注意:

① 在目前见到的文献中只有某些理想支持条件及特殊铺层的平板才有屈曲解析解。当 D_{16},D_{26} 不为零时没有简单的临界载荷表达式,目前工程中的实际铺层,即使是对称均衡铺层,也不能绝对保证 D_{16},$D_{26}=0$。

② 复合材料层压板的失稳特性有很多奇特性,不能凭简单的直观概念进行近似计算,也不能想当然地对其结果进行评估。复合材料结构稳定分析建议用有限元法。

③ 压损强度分析在有初始损伤的复合材料层压板压缩受载中很重要,因为在边缘和表层附近,层压板容易分层。一般要通过局部分析及进行试验修正得到压损强度。

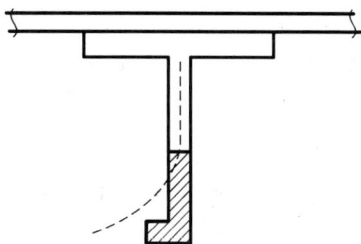

7.3　结构稳定分析中的塑性修正

7.3.1　说明

对于金属结构,目前工程设计中一般采用线弹性理论计算板或型材的失稳临界应力。若计算的临界应力超过材料的比例极限σ_p,则失稳临界应力$\sigma_{cr,e}$要进行塑性修正,修正后的临界应力$\sigma_{cr} = \eta\sigma_{cr,e}$,其中,$\sigma_{cr}$为材料非线性的临界应力值,$\sigma_{cr,e}$为用线弹性理论计算的临界应力,$\eta$为塑性修正因子。

目前公开出版的设计手册中,进行塑性修正很不方便,因为材料的应力应变关系是采用3参数表达,其中要用到$\sigma_{0.7}$,$\sigma_{0.85}$,它们不是常规的材料性能数据,目前常用的材料都缺乏这些数据。

若材料的应力应变关系采用5参数表达(5参数是材料常规的性能参数),则塑性修正就比较方便了,详情见文献[2]。

7.3.2　塑性修正的意义

我们知道,结构元件的弹性失稳临界应力$\sigma_{cr,e}$可表达为

$$\sigma_{cr,e} = f(C, \bar{E}, H, P) \qquad (7-10)$$

其中:C为边界支持条件;$\bar{E}$为弹性特性,包括E,ν;H代表几何参数;P代表载荷情况。当计算的临界应力$\sigma_{cr,e} > \sigma_p$,材料的刚度改变了,应用σ_{cr}代替$\sigma_{cr,e}$:

$$\sigma_{cr} = f_\eta(C, \bar{E}, H, P, \eta) \qquad (7-11)$$

其中:塑性修正系数η跟材料的正切模量E_t、正割模量E_s有关。文献[2]中统计给出了不同结构。例如柱壳、夹层壳体、圆柱曲板、夹层圆柱曲板以及加筋板、壳等各种航空结构,在各种载荷作用下的η表达式共给出22种,并编制了计算机软件。

这里说明几点:

① 在复合载荷作用下要像单一载荷作用下求塑性修正系数η是非常困难的,这种工作几乎是没有的。

② 塑性修正计算方法有3种:临界应变法、弹-塑对应法、当量模量法,其本质是相同的。

本节中,利用计算机软件SUXXIU.FOR给出几种材料弹-塑对应法的曲线,如图7-8~图7-14所示。利用此软件很容易地计算并绘制出任意材料各种情况的图线,图7-8~图7-14仅是几个示范例子。SUXXIU.FOR软件详情从略。

③ 下面介绍的"A"折算系数法,实际就是当量模量法,可参考有关文献,它是比较保守的方法。

④ 当正确使用成熟的弹-塑性有限元计算软件进行有限元分析,不需要进行塑性修正计算;

⑤ 图7-8～图7-14给出弹-塑失稳临界应力对应图线,由弹性计算得到的临界应力$\sigma_{cr,e}$,直接查得修正后的σ_{cr}(图7-8中,δ为材料延伸率)。

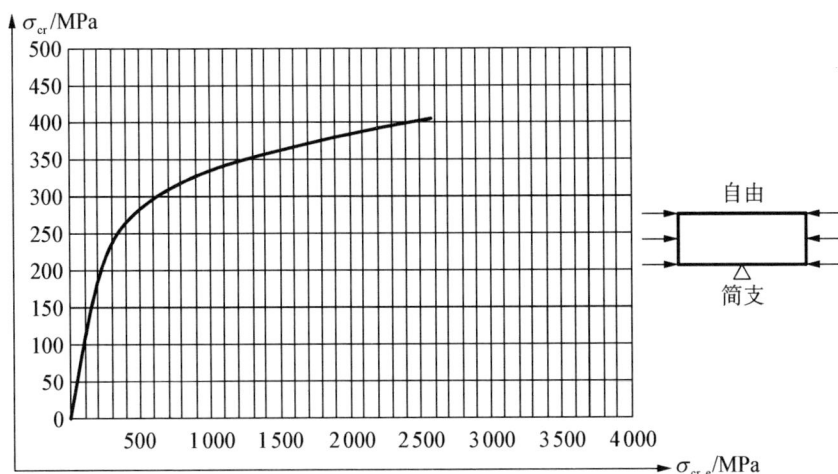

图7-8 LY12-CZ 材料性能 公式(1)*

$\sigma_b = 412, \sigma_{0.2} = 255, \delta = 0.10, \nu = 0.33, E = 70608$

*公式(1)是文献[2]中对结构和载荷情况分类的编号,下同。

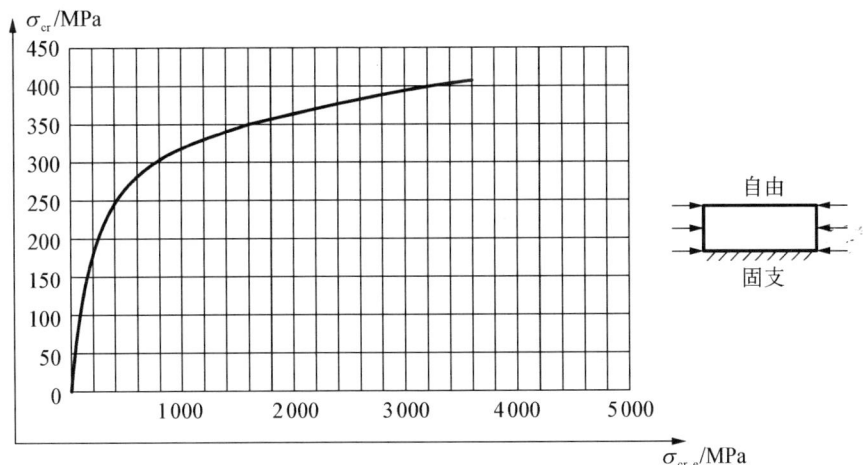

图7-9 LY12-CZ 材料性能 公式(2)

$\sigma_b = 412, \sigma_{0.2} = 255, \delta = 0.10, \nu = 0.33, E = 70608$

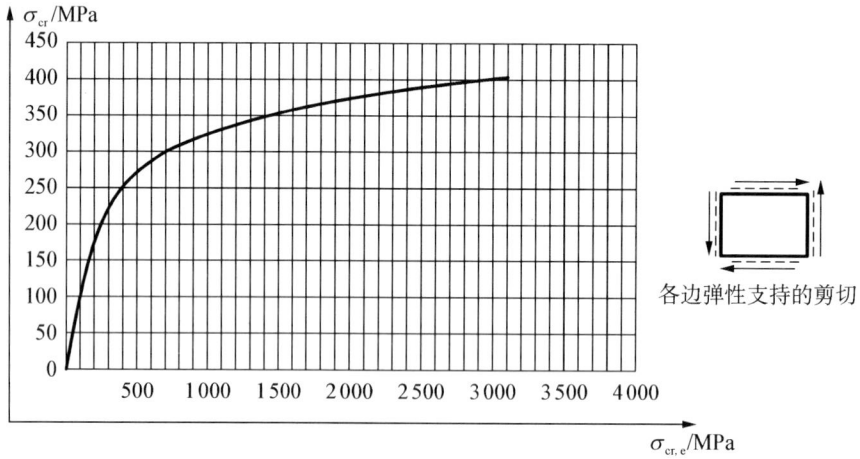

各边弹性支持的剪切

图 7-10 LY12-CZ 材料性能 公式(8)

$$\sigma_b = 412, \sigma_{0.2} = 255, \delta = 0.10, \nu = 0.33, E = 70\,608$$

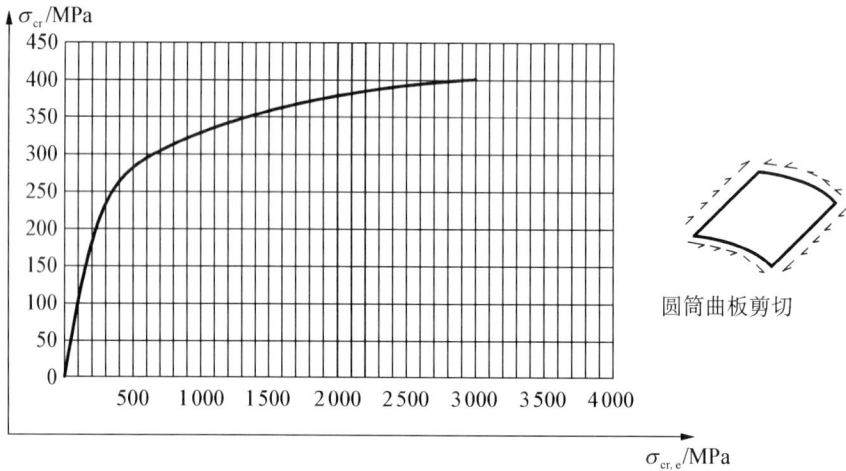

圆筒曲板剪切

图 7-11 LY12-CZ 材料性能 公式(19)

$$\sigma_b = 412, \sigma_{0.2} = 255, \delta = 0.10, \nu = 0.33, E = 70\,608$$

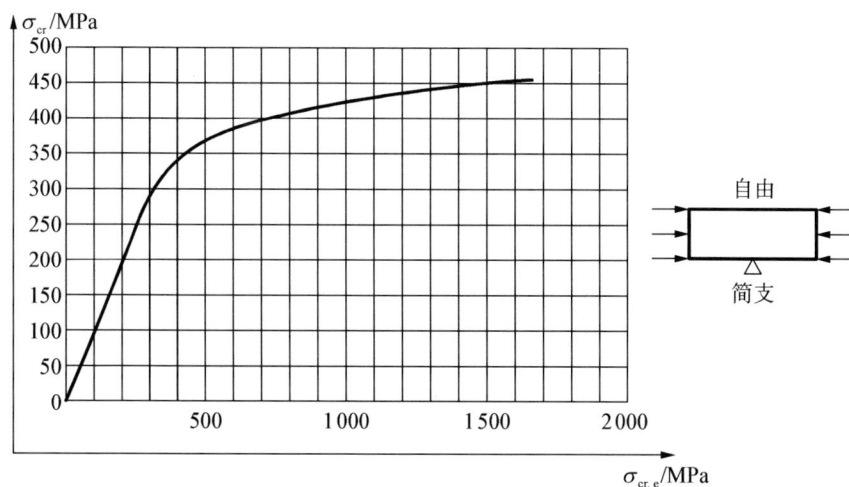

图 7-12　7075 T7452 材料性能　公式(1)

$\sigma_b = 455, \sigma_{0.2} = 360, \delta = 0.04, \nu = 0.33, E = 70\,300$

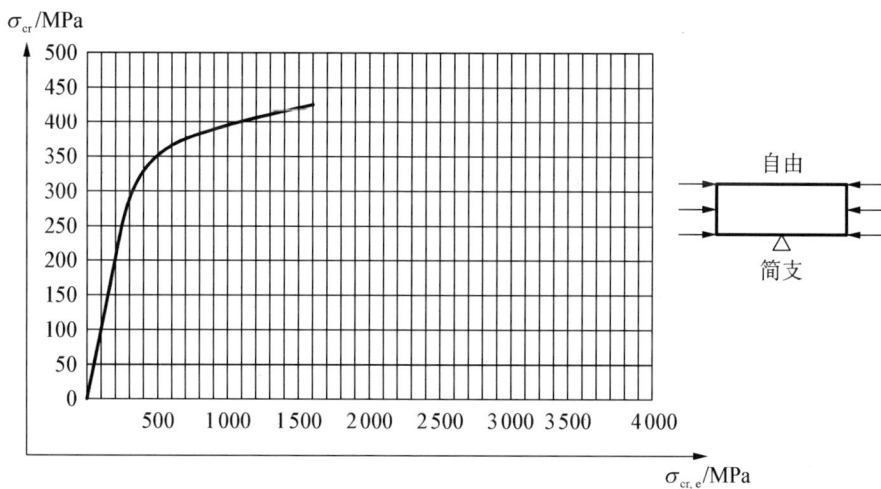

图 7-13　2024 T62 材料性能　公式(1)

$\sigma_b = 425, \sigma_{0.2} = 340, \delta = 0.05, \nu = 0.33, E = 68\,900$

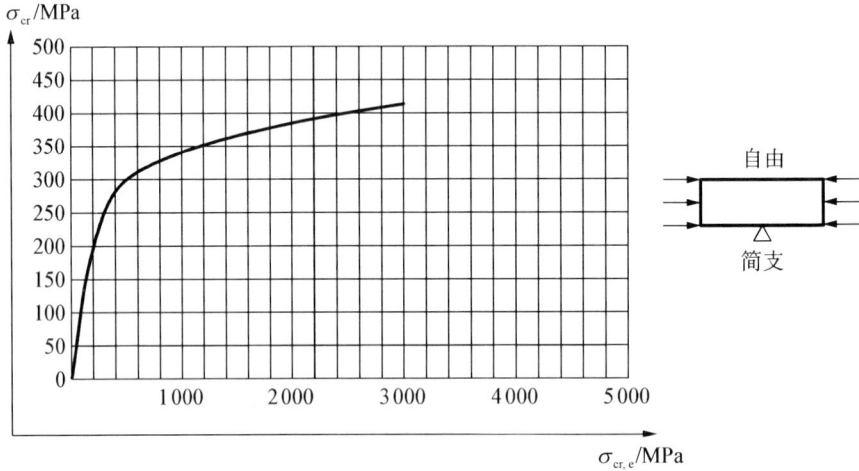

图 7-14   1161T 材料性能   公式(1)

$$\sigma_b = 421.4, \sigma_{0.2} = 274.4, \delta = 0.19, \nu = 0.31, E = 69\,580$$

7.3.3   关于"A"折算系数法

1) 方法概论

"A"折算系数法,就是上面 7.3.2 节中的"当量模量法"。其应用比"临界应变法"和"弹-塑对应法"要广泛,这里做简要介绍。

Euler-Engesser 方程为

$$\sigma_{cr} = \frac{\pi^2 \eta E}{(L'/\rho)^2} \tag{7-12}$$

在塑性修正时,将失稳方程(7-12)分解为两部分:一部分包含材料性能;另一部分包含几何参数,将式(7-12)表示为

$$\text{"A" 折算系数} = \frac{\sigma_{cr}}{\eta E} = \frac{\pi^2}{(L'/\rho)^2} \tag{7-13}$$

对于型材弯曲失稳,保守的取 $\eta E = E_t$。σ_{cr} 为压缩失稳临界载荷。由上节分析,我们知道很容易做出各种材料的压缩应力-模量曲线(或者压缩应力-应变-模量曲线),如图 7-15 所示。

根据"A"系数(实际是应变值)大小,就容易作出图中的射线,与应力-模量曲线交于 B 点,对应的应力 σ_{cr} 就为塑性修正后的失稳临界应力(见图 7-15)。

对于组合型材,蒙皮材料和长桁材料不一样时,应力-模量曲线就不是一根,而是两根,如图 7-16 所示,根据长桁面积 A_2 与蒙皮有效面积 $A_1(= b_e \times t_s)$ 加权求出,如在 B 点,用下式表示

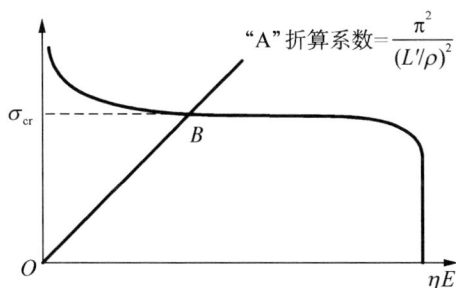

图 7 - 15　压缩应力-模量曲线

$$E_{\text{tav}} = \frac{E_{\text{t1}} b_{\text{e}} t_{\text{s}} + E_{\text{t2}} A_2}{b_{\text{e}} t_{\text{s}} + A_2} \qquad (7 - 14)$$

$$\sigma_{\text{cav}} = \frac{\sigma_1 b_{\text{e}} t_{\text{s}} + \sigma_2 A_2}{b_{\text{e}} t_{\text{s}} + A_2} \qquad (7 - 15)$$

其中：E_{t1}，σ_1 与 E_{t2}，σ_2 是图 7 - 16 中 B_1，B_2 点对应的切线模量及应力值；E_{tca}，σ_{cav} 为 B 点平均值；b_{e}，t_{s} 是蒙皮有效宽度和厚度，见图 7 - 5。

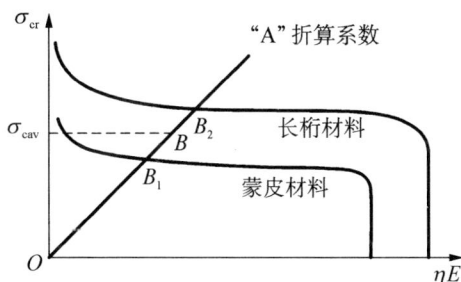

图 7 - 16　两种材料的应力-模量曲线

2）对塑性修正系数的某些建议

有关文献对铝合金蒙皮或型材提出以下建议用以绘制应力-模量曲线。

（1）方程

$$E_{\text{t}} = \frac{E}{1 + \bar{\sigma}_1 n + \bar{\sigma}_2^{n-1}} \qquad (7 - 16)$$

其中　　　　　　　　　　$\bar{\sigma}_1 = 0.002 E / \sigma_{0.2} \qquad (7 - 17)$

$$\bar{\sigma}_2 = \sigma / \sigma_{0.2} \qquad (7 - 18)$$

式中：n 为应力-应变形状系数，取 $n = 20$；σ 为压缩应力；$\sigma_{0.2}$ 为压缩屈服强度。

（2）型材扭转失稳时，有

$$\eta_{\text{T}} = \sqrt{\frac{E_{\text{t}}}{E}} \qquad (7 - 19)$$

根据式(7 - 16)及式(7 - 19)作出应力-模量曲线。

3)"A"折算系数法某些应用

"A"折算系数法不仅应用于金属,复合材料结构中也可找到某些应用,例如夹层结构面板局部失稳。对复合材料结构,一般认为是弹性材料,但"A"系数法也同样适用。在这种情况,有

$$\text{"A"系数} = \frac{\sigma_{cr}}{E_r} \qquad (7 - 20)$$

当量模量 $\qquad E_r = \sqrt{E_x E_y}/(1 - \nu_{xy}\nu_{yx}) \qquad (7 - 21)$

式中:σ_{cr} 为层压板的压缩失稳临界应力;如图 7 - 17 所示,E_x 为与 a 边平行的层压板弹性模量;E_y 为与 b 边平行的层压板弹性模量;ν_{xy},ν_{yx} 为泊松比。

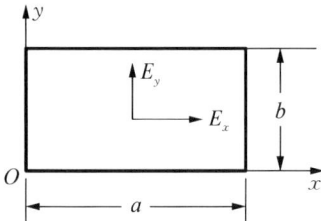

图 7 - 17　四边形板弹性方向

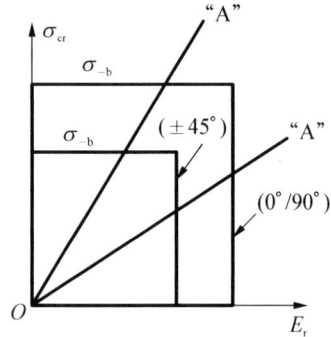

图 7 - 18　复合材料板应力-模量曲线

对于不同材料与铺层的层压板,可作出如图 7 - 18 所示的应力-模量曲线,可见 σ_{cr} - E_r 是直线,但截止值为该层压板的压缩强度 σ_{-b}。E_x、E_y、ν_{xy}、ν_{yx} 均为层压板 (laminate)的值,σ_{-b} 也为层压板的压缩强度值而非单层的值。

(1) 夹层结构芯格内屈曲

$$\sigma_{cr} = 0.943 E_r (t_f/S)^{1.5} \qquad (7 - 22)$$

其中:t_f 为面板厚;S 为芯子尺寸。

"A" $= 0.943(t_f/S)^{1.5}$,对金属、复合材料层压板均适用。

(2) 面板皱损

$$\left.\begin{array}{l} \sigma_{cr} = 0.461 E_t/(S/t_w)^{0.6666} \\ \text{"A"} = 0.461/(S/t_w)^{0.6666} \end{array}\right\} \qquad (7 - 23)$$

其中:t_w 为芯子壁厚。其他公式见有关手册。

7.4 复合材料矩形板稳定分析"解析法"[7]

7.4.1 引言

这里讨论一般铺层(D_{16}，$D_{26} \neq 0$)，一般受力情况，即$\overline{N}_x$，$\overline{N}_y$，$\overline{N}_{xy}$均不为零的矩形板稳定分析的非有限元法(称为"解析法")。由于情况太过一般，不能给出临界载荷$\{N\}$闭合解，而是导出矩阵形式的稳定方程组，通过解特征方程组求解。

原则上，$\overline{N}_x$，$\overline{N}_y$，$\overline{N}_{xy}$沿边界可以不均匀分布，因此，给出整个方程推导过程是非常有意义的。本方法运用变分原理给出两种做法：第一种方法是直接的变分运算，即对势能(泛函)变分，导出位移W及W高阶导数使其势能变分为零。第二种方法是将位移函数代入势能，对其位移待定系数变分，两种方法导致相同的结果。

为简单起见，本方法中仅给出$\overline{N}_x$，$\overline{N}_y$，$\overline{N}_{xy}$沿边界均匀分布，但很容易推广到非均布情况，板尺寸和外载荷如图7-19所示。

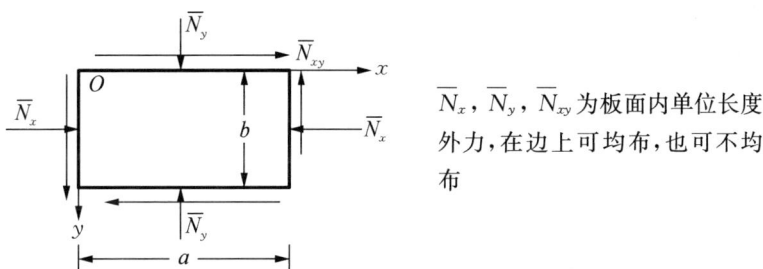

$\overline{N}_x$，$\overline{N}_y$，$\overline{N}_{xy}$为板面内单位长度外力，在边上可均布，也可不均布

图 7-19 四边形板边上的载荷

7.4.2 板的势能

由于是解稳定问题，应变能仅为弯曲应变能。势能$\varPi$为

$$\varPi = U + V \tag{7-24}$$

其中：U为应变能；V为外力势能。
($\overline{N}_x$，$\overline{N}$，$\overline{N}_{xy}$)为板面内单位长度外力，在边上均匀分布。

$$\varPi = \frac{1}{2}\int_0^b\int_0^a [D_{11}W_{,xx}^2 + D_{22}W_{,yy}^2 + 4D_{66}W_{,xy}^2 + 4D_{61}W_{,xx}W_{,xy} +$$

$$4D_{26}W_{,yy}W_{,xy} + 2D_{21}W_{,xx}W_{,yy}]\mathrm{d}x\mathrm{d}y - \frac{1}{2}\iint[\overline{N}_xW_{,x}^2 + \overline{N}_yW_{,y}^2 +$$

$$2\overline{N}_{xy}W_{,x}W_{,y}]\mathrm{d}x\mathrm{d}y \tag{7-25}$$

值得注意的是，若式(7-25)中外力有垂直板面侧向力$P_z(x, y)$，那么外力势应加入$-\iint P_z(x, y)W\mathrm{d}x\mathrm{d}y$项，则变成板应力分析问题而非稳定问题，在上面已谈过。

7.4.2.1　方法 1：变分运算

$$\delta \Pi = 0 \qquad\qquad\qquad (7-26)$$

对式(7-25)变分，利用分部定积分方法，且利用边界变分式 $\iint_{\partial\Omega}\delta W\Big|_{\partial\Omega}\mathrm{d}s = 0$（即边界上 $\delta W = 0$），则得到下式：

$$\iint \{D_{11}W_{,xxxx} + D_{22}W_{,yyyy} + 4D_{66}W_{,xxyy} + 4D_{61}W_{,xxxy} + 4D_{62}W_{,xyyy} + 2D_{21}W_{,xxyy}\}\delta W\mathrm{d}x\mathrm{d}y +$$

$$\int_0^b \left\{ [D_{11}W_{,xx} + D_{21}W_{,yy} + 2D_{61}W_{,xy}]\delta\left(\frac{\partial W}{\partial x}\right)\right\}\Big|_0^a \mathrm{d}y +$$

$$\int_0^a \left\{ [D_{22}W_{,yy} + D_{21}W_{,xx} + 2D_{62}W_{,xy}]\delta\left(\frac{\partial W}{\partial y}\right)\right\}\Big|_0^b \mathrm{d}x +$$

$$\iint \{\overline{N}_x W_{,xx} + \overline{N}_y W_{,yy} + 2\overline{N}_{xy}W_{,xy}\}\delta W\mathrm{d}x\mathrm{d}y = 0 \qquad (7-27)$$

1) 两个线积分意义

式(7-27)中两个线积分可变成如下两个式子：

$$\int_0^b \left\{ [-M_x]\delta\left(\frac{\partial W}{\partial x}\right)\right\}\Big|_0^a \mathrm{d}y \quad 及 \quad \int_0^a \left\{ [-M_y]\delta\left(\frac{\partial W}{\partial y}\right)\right\}\Big|_0^b \mathrm{d}x$$

实际就是力的边界条件，因此要保留。一般假设的位移函数 W 很难满足力的边界条件，例如，在简支边界假设的位移函数 W 就不满足边界弯矩为零：

$$M_x = -\{D_{11}W_{,xx} + D_{21}W_{,xy} + 2D_{61}W_{,xy}\}\Big|_0^a \neq 0$$

因为 $W = \displaystyle\sum_{m=1}^{m1}\sum_{n=1}^{n1} A_{mn}\sin\frac{m\pi x}{a}\sin\frac{n\pi y}{b}$，$W_{,xy} \neq 0$

我们知道，李-兹法中，位移函数 W 并不要求满足力的边界条件，本情况也一样。

上面符号 $W_{,xy} = \dfrac{\partial^2 W}{\partial x \partial y}$，等等，是简写符号。

2) 变分的运算

变分 $\delta \Pi = 0$，经过简单的变分运算得到式(7-27)。这种运算主要是根据：

● 变分的导数等于导数的变分：$(\delta y)' = \delta y'$。

● 分部积分原则：

$$\int_{x_1}^{x_2} uv'\mathrm{d}x = -\int_{x_1}^{x_2} u'v\mathrm{d}x + uv\Big|_{x_1}^{x_2}$$

因为势能表达式很多项，仅以一项 $\dfrac{1}{2}\iint D_{11}W_{,xx}^2 \mathrm{d}x\mathrm{d}y$ 为例进行变分运算：

$$\delta \iint W_{,xx}^2 \mathrm{d}x\mathrm{d}y = 2 \iint \frac{\partial^2 W}{\partial x^2} \delta \left(\frac{\partial^2 W}{\partial x^2} \right) \mathrm{d}x\mathrm{d}y$$

$$u = \frac{\partial^2 W}{\partial x^2}, \ v' = \delta \left(\frac{\partial^2 W}{\partial x^2} \right), \text{即 } v = \frac{\partial}{\partial x}(\delta W)$$

故得到

$$2 \iint \frac{\partial^2 W}{\partial x^2} \delta \left(\frac{\partial^2 W}{\partial x^2} \right) \mathrm{d}x\mathrm{d}y = 2 \int_0^b \left[\frac{\partial^2 W}{\partial x^2} \delta \left(\frac{\partial W}{\partial x} \right) \right] \Big|_0^a \mathrm{d}y - 2 \iint \frac{\partial^3 W}{\partial x^3} \frac{\partial}{\partial x}(\delta W) \mathrm{d}x\mathrm{d}y$$

再对第二项分部积分,即

$$-\iint \frac{\partial^3 W}{\partial x^3} \cdot \frac{\partial}{\partial x}(\delta W) \mathrm{d}x\mathrm{d}y$$

令 $\dfrac{\partial^3 W}{\partial x^3} = u$, $\dfrac{\partial}{\partial x}(\delta W) = v'$

且因为 $\displaystyle\int_0^b \frac{\partial^3 W}{\partial x^3} \delta W \Big|_0^a \mathrm{d}y = 0$, $0-b$ 边界上 $\dfrac{\partial^3 W}{\partial x^3} = 0$

便得到

$$\delta \frac{1}{2} \iint D_{11} W_{,xx}^2 \mathrm{d}x\mathrm{d}y = \int_0^b \left[\frac{\partial^2 W}{\partial x^2} \delta \left(\frac{\partial W}{\partial x} \right) \right]_0^a \mathrm{d}y + \iint \frac{\partial^4 W}{\partial x^4} \delta W \mathrm{d}x\mathrm{d}y$$

同样对于所有项的运算,相加后得到式(7-27)。

3) 解法

对于四边简支的情况,假设位移函数

$$W = \sum_{m=1}^{m_1} \sum_{n=1}^{n_1} A_{mn} \sin \frac{m\pi x}{a} \sin \frac{n\pi y}{b} \tag{7-28}$$

将 W 代入式(7-27),得到以下线性代数方程组:

$$([B] + \overline{N}[H])\{A\} = \{0\} \tag{7-29}$$

其中矩阵$[B]$类似于有限元中的刚度矩阵,而矩阵$[H]$类似于几何刚度矩阵。由于$[B]$矩阵各项公式极为复杂,这里从略。下面方法 2 中将详细说明。

7.4.2.2 方法 2

方法 1 或方法 2 本质上都是最小势能原理,但方法 2 是直接将 W 表达式(7-28)代入式(7-25),直接对待定系数 A_{ij} 求偏导数使其等于零。

1) 待定系数 A_{mn} 表达形式

式(7-28)中,A_{mn},$m = 1, \cdots, m_1$,$n = 1, 2, \cdots, n_1$,在矩阵中表达时,一般表

达成矢量或列阵形式，用$\{A\}$表示：

$\{A\} = [A_{11}, A_{12}, \cdots, A_{1,n_1}, \cdots, A_{21}, \cdots, A_{ij}, \cdots, A_{m_1,n_1}]^{\mathrm{T}}$，维数为$(m_1 \times n_1) \times 1$

$$\delta \Pi = \frac{\partial \Pi}{\partial A_{ij}} \delta A_{ij} = 0$$

所以$\dfrac{\partial \Pi}{\partial A_{ij}} = 0$，得到$(m_1 \times n_1)$个代数方程组，如式$(7-29)$。

2）$[B]$矩阵表达式计算

$[B]$矩阵为满矩阵，下面给出通项计算及表达式，如图$7-20$所示的$[B]$矩阵元素的通项：

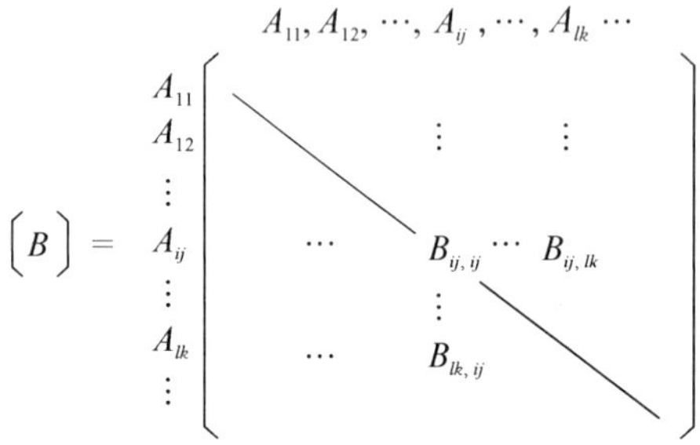

图 7 - 20 $[B]$矩阵元素通项

现要求$[B]$矩阵的对角项$B_{ij,ij}$及非对角项$B_{ij,lk}$的通式。因为$\dfrac{\partial \Pi}{\partial A_{ij}} = 0$有很多项，现以式$(7-25)$中含$D_{61}$项为例，计算$B_{ij,lk}$。

$$\delta \iint 2D_{61} W_{,xx} W_{,xy} \,\mathrm{d}x\mathrm{d}y$$

推导过程中，为方便，引入以下符号：

$$S_{mx} = \sin \frac{m\pi x}{a}, \ S_{ny} = \sin \frac{n\pi y}{b}, \ S_{ix} = \sin \frac{i\pi x}{a}, \ \cdots$$

$$C_{mx} = \cos \frac{m\pi x}{a}, \ C_{ny} = \cos \frac{n\pi y}{b}, \ C_{ix} = \cos \frac{i\pi x}{a}, \ \cdots$$

$$a_m = \frac{m\pi}{a}, \ b_n = \frac{n\pi}{b}, \ \cdots$$

$$W_{,xx} \cdot W_{,xy} = \left(\sum_m \sum_n -A_{mn} a_m^2 \cdot S_{mx} \cdot S_{ny} \right)\left(\sum_m \sum_n A_{mn} a_m b_n C_{mx} C_{ny} \right)$$

$$(7-30)$$

对A_{ij}变分：

$$\delta\{(\sum_m \sum_n -A_{mn}a_m^2 S_{mx}S_{ny})(\sum_m \sum_n A_{mn}a_m b_n C_{mx}C_{ny})\}$$

$$= (\sum_m \sum_n -\delta A_{mn}a_m^2 S_{mx}S_{ny})(\sum_m \sum_n A_{mn}a_m b_n C_{mx}C_{ny}) +$$

$$(\sum_m \sum_n -A_{mn}a_m^2 S_{mx}S_{ny})(\sum_m \sum_n \delta A_{mn}a_m b_n C_{mx}C_{ny})$$

$$= (\sum_i \sum_j -\delta A_{ij}a_i^2 S_{ix}S_{jy})(\sum_l \sum_k A_{lk}a_l b_k C_{lx}C_{ky}) +$$

$$(\sum_l \sum_k -A_{lk}a_l^2 S_{lx}S_{ky})(\sum_i \sum_j \delta A_{ij}a_i b_j C_{ix}C_{jy}) \qquad (7-31)$$

上式是一系列的和式,但我们仅求一个通项,即第 δA_{ij} 个方程中第 A_{lk} 个系数。

第一项:

$$-a_i^2 a_l b_k \iint S_{ix}C_{lx}S_{jy}C_{ky}\,\mathrm{d}x\mathrm{d}y$$

$$=-a_i^2 a_l b_k \int_0^a S_{ix}C_{lx}\,\mathrm{d}x\int_0^b S_{jy}C_{ky}\,\mathrm{d}y$$

$$=-a_i^2 a_l b_k F_{il}^x F_{jk}^y \varphi_{jk}^{il} \qquad (7-32)$$

其中:
$$F_{il}^x = \int_0^a S_{ix}C_{lx}\,\mathrm{d}x$$

$$F_{jk}^y = \int_0^b S_{jy}C_{ky}\,\mathrm{d}y$$

算子 φ_{jk}^{il}:当 $i+l$ 或 $j+k=$ 偶数,$\varphi_{jk}^{il}=0$ $\qquad (7-33)$

$\qquad\qquad$ 当 $i+l$ 或 $j+k=$ 奇数,$\varphi_{jk}^{il}=1$ $\qquad (7-34)$

第二项 $=-a_l^2 a_i b_j F_{li}^x F_{kj}^y$

所以 $\qquad B_{ij,\,lk}=-2D_{61}\{a_i^2 a_l b_k F_{il}^x F_{jk}^y + a_l^2 a_i b_j F_{li}^x F_{kj}^y\}\varphi_{jk}^{il} \qquad (7-35)$

类似地将所有的项叠加,得到 $[B]$ 矩阵各元素:

主对角线项(A_{ij} 行 A_{ij} 列)

$$B_{ij,\,ij} = \frac{ab}{4}\{D_{11}a_i^4 + D_{22}b_j^4 + (4D_{66}+2D_{21})a_i^2 b_j^2\} \qquad (7-36)$$

非对角线项(即第 A_{ij} 行,A_{lk} 列)

$$B_{ij,\,lk}=-4D_{61}\{2a_i^2+2a_l^2\}F_{ij,\,lk}\varphi_{jk}^{il} - 4D_{62}\{2b_j^2+2b_k^2\}F_{ij,\,lk}\varphi_{jk}^{il} \qquad (7-37)$$

其中:$F_{ij,\,lk}=\dfrac{ijlk}{(i^2-l^2)(j^2-k^2)}$;$\varphi_{jk}^{il}$ 同上。 $\qquad (7-38)$

跟外载($\overline{N}_x$，$\overline{N}_y$，$\overline{N}_{xy}$)有关项，用同样做法，得到矩阵$[H]$。它的元素 $H_{ij,\,lk}$ 仅跟外载、a 和 b 有关，这里略去。最后也可写成矩阵方程(7-29)的形式。

3) 惯用的有限元标准算法，求$[B]$和$[H]$矩阵

当设 $W = \sum\limits_{m}\sum\limits_{n} a_{mn} S_{mx} S_{ny}$ 时，由式(7-25)可见，势能 Π 是待定系数$\{A\}$的二次型：(Π 中每一项都是$\{A\}$的二次型)：

$$\Pi = \frac{1}{2}\{A\}^{\mathrm{T}}([B])\{A\} + \frac{1}{2}\{A\}^{\mathrm{T}}([H])\{A\} \qquad (7-39)$$

利用势能最小原理，对每个待定系数 $\dfrac{\partial \Pi}{\partial A_{mn}} = 0$，可写成矩阵求导形式：

$$\frac{\partial \Pi}{\partial \{A\}} = 0 \qquad (7-40)$$

将式(7-39)代入式(7-40)进行矩阵求导，得到

$$[B]\{A\} + [H]\{A\} = 0 \qquad (7-41)$$

写成

$$([B] + \lambda[H])\{A\} = 0 \qquad (7-42)$$

这是标准矩阵特征值方程，求解 λ 即求出

$$\left\{ \begin{array}{c} \overline{N}_{x,\,\mathrm{cr}} \\ \overline{N}_{y,\,\mathrm{cr}} \\ \overline{N}_{xy,\,\mathrm{cr}} \end{array} \right\} = \lambda_{\min} \left\{ \begin{array}{c} \overline{N}_x \\ \overline{N}_y \\ \overline{N}_{xy} \end{array} \right\} \qquad (7-43)$$

取 $m_1 = n_1 = 3$，则$[B]$(或$[H]$)是 9×9 阶矩阵，一般取 $m_1 = n_1 = 4$，与求解 $m_1 = n_1 = 3$ 的差距不大。

对于四边固支情况，情况会复杂很多，因为一般位移函数为

$$W = \sum_{m=1}^{m_1}\sum_{n=1}^{n_1} A_{mn}[C_{m-1,\,x} - C_{m+1,\,x}][C_{n-1,\,y} - C_{n+1,\,y}]$$

其中 $C_{m-1,\,x} = \cos\dfrac{(m-1)\pi}{a}x$，…定义同上

因为表达式过分复杂，这里从略(详情见文献[7])。

由于对一般情况很难构造出能满足边界条件的位移函数，因此，有限元法是最佳选择，如图 7-21 所示：

有限元法已获得广泛应用的今天，已不必要用这种"解析法"解题，但了解此方法仍有意义。

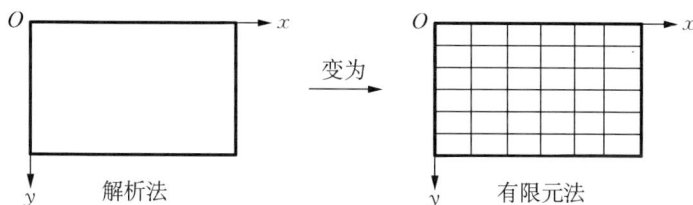

图 7-21 四边形求解网格分割

7.5 局部二次稳定分析方法

7.5.1 引言

"局部二次稳定分析"方法是建立在有限元方法基础上的结构稳定性校核方法，是飞机强度计算中新的方法。它充分利用了大型结构有限元应力分析数据（称第一次分析，这是强度计算中必须进行的分析），紧接着进行局部稳定分析（称第二次分析），由专门分析软件自动进行，而无需准备附加数据，使用方便，分析精度较高，是具有应用前途的新方法[4]。

有人认为有限元稳定分析中可以输入位移边界条件而不必构造边界支持刚度 K_b，这应该是可以的，见后面 7.5.5 节说明。但是，编者未使用输入位移边界条件进行过例题的数值计算，计算结果精度如何还不得而知。

7.5.1.1 稳定校核的传统工程方法以及存在的问题

目前，飞机设计中一般是这样进行稳定校核的：首先，对整体大结构（全机或部件）进行结构有限元应力分析，找出可能出现失稳的部位或构件（如机翼上蒙皮格子、机身蒙皮格子）；其次，对这些可能失稳的部位或构件按理想化的典型元件模型（如蒙皮格子取为简支或固支的矩形板，加上轴压、剪切载荷；设载荷在板边上均布），按强度计算手册的简单公式或图表，求出单向临界应力，对复合载荷情况按某种组合（相应的曲线、公式）近似求出临界应力；接着，将这些临界应力跟有限元应力分析结果的工作应力进行比较，完成稳定性校核。

显而易见，这种传统工程方法只能对很简单的板、杆构件校核，且在分析时作了很大的近似简化。有时，分析结果的精度很差，这是由于这种方法存在三个近似性：第一，稳定模型理想化带来的近似，蒙皮支持在骨架（梁，肋，框）上近似简化为简支或固支；形状近似，总是将蒙皮格子视为矩形；载荷近似，认为边上为均匀分布；第二，分析的近似性，单独计算单向载荷临界值，对组合载荷情况，要对单向计算结果进行相关性组合。这种组合方法很多，显然，计算结果随意性大；第三，工作应力与临界应力比较时的近似性，在理想化的元件稳定模型内部工作应力并非常量，有时应力梯度很大，难于比较。一般是将临界应力跟最大工作应力进行比较，当稳定模型尺寸很大时，强度计算极其保守。由于这许多近似性的组合，计算结果的精度是可想而知的。

实际情况是复杂的。理想化元件模型边界既非简支也非固支而是弹性支持。边界载荷也是非常复杂的。过去传统作法局限性太大，这是由计算能力所决定的。今天计算机及计算软件提供了有力的工具和条件，强度分析方法也应随着改变。因此，"局部二次稳定分析"方法就是充分利用现代手段而提出的。

7.5.1.2 不直接进行总体全结构稳定有限元分析而采用"局部二次稳定分析"的原因

既然目前计算机速度与容量可胜任大规模的计算，并且有限元稳定分析已被证明是正确的。合乎逻辑的问题是：为什么不直接进行总体大结构稳定有限元分析而采用"局部二次稳定分析"？当然对于小型简单结构，没有必要采用本方法。但是，对于像全机（或机翼）这样的大型复杂结构，企图用一个大模型进行稳定有限元分析达到对飞机结构进行稳定校核是不现实的而且也没有必要。这跟稳定分析有限元方法特点有关。

① 同一结构进行稳定有限元分析的模型网格要比应力分析的模型网格细得多。例如，要知道一个蒙皮格子是否失稳，要在格子中取较多的点才能做到。因此，其分析模型之大难于想象，这增加了不必要的建模困难以及过大的计算量及输出量。

② 一个大型复杂结构（如全机）进行稳定分析时，结果要输出很多特征值 λ_i，它既包括总体失稳，也包括局部失稳的各种模态，哪怕一个点产生奇异都在诸多 λ_i 中有反应，很难判断哪些是需要的，它对应什么失稳，什么部位真正失稳。

③ "局部二次稳定分析"利用了大型结构有限元应力分析的结果数据（这是飞机设计中必须进行的。当然，此局部有限元网格太粗会影响计算结果精度），省去绝大部分的计算工作量，任意取出的局部区域（可以是比较复杂的结构）形成局部二次分析模型，这是事半功倍的做法。

④ "局部二次稳定分析"结果与总体大结构有限元应力分析结果精度相同，与总体大结构稳定有限元分析结果精度基本相同，因此无必要进行大工作量的全模分析，且全模有限元稳定分析时要重复进行一次有限元应力分析，这是浪费资源的做法。

下面第二节说明"局部二次稳定分析"的基本概念及理论基础。

7.5.2 "局部二次稳定分析"方法基本原理

7.5.2.1 方法概述

"局部二次稳定分析"的含义是：在总体大结构有限元应力分析的基础上，对可能（或怀疑）出现失稳的部位（当然也可以是任意部位）取出该部分区域的有限元模型（对此局部模型可以进行细化，也可不细化而直接引用原模型），根据总体大模型的应力分析（称第一次分析）的结果（节点位移与内力）模拟该切出部分（称局部区域）模型边界的弹性支持，并施加边界位移（第一次总体应力分析时的位移）求出局部区域内力，再对此局部有限元模型进行稳定分析（称第二次分析）。

由此可见,"局部二次稳定分析"方法是建立在总体应力分析结果和有限元理论的基础上。我们知道,对一个结构模型进行有限元稳定分析由两步组成:第一,首先对外载荷进行应力分析;第二,稳定分析,即将第一步分析得到的应力形成几何刚度矩阵,与弹性刚度矩阵叠加形成总刚度矩阵,在给定的边界支持条件下求解稳定方程。本方法形成的局部有限元模型进行稳定分析是否正确,要满足两个条件:第一,该局部边界支持应是考虑了总体结构影响的真实的弹性支持;第二,对局部进行稳定分析时,此局部区域的应力场跟总体大结构有限元分析时局部的应力场相同。本方法满足这两个条件,这就是本方法的理论基础及依据。7.5.2.2 节中将证明这一点。

值得指出的是,"局部二次稳定分析"方法对局部模型进行二次稳定分析时本来可以直接引用总体应力分析时此局部区域的应力值,而省去第一步的分析,但由于现行软件(MSC/NASTRAN)没有此功能,若要利用 MSC/NASTRAN,这就要求形成本方法自身完善的"局部二次稳定分析"体系。

7.5.2.2 基本理论

① 图 7 - 22 描述了本方法研究对象,圆内为从大结构中切出的局部区域,圆周 S 为切出边界,是局部区域与外部结构的交线。

图中:$P_{ik}(k = 1, 2, \cdots, n)$ 为本局部区域内部节点上外载荷;$P_{bj}(j = 1, 2, \cdots, m)$ 边界上节点外载荷;现要求建立局部区域(尤其边界上)真实的力学关系、边界支持刚度矩阵 $\boldsymbol{K}_b$ 和对局部区域进行稳定分析。

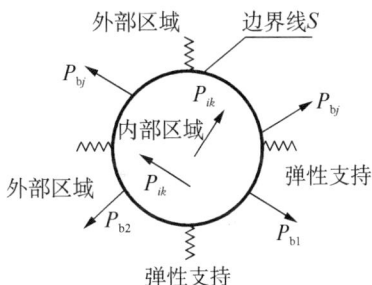

图 7 - 22 两个子结构分界示意图

这构成本方法的研究对象:

a. 外力系统:$P_{ik}(k = 1, 2, \cdots, n; n$ 为内部节点自由度总数),下面用矢量 P_i 表示;$P_{bj}(j = 1, 2, \cdots, m; m$ 为边界节点自由度总数)。

b. 边界上有弹性支持矩阵 $\boldsymbol{K}_b$。

② 理论解法。

现在的问题是如何求矢量 F_b 与 U_b 的关系进而求 $\boldsymbol{K}_b$。若用子结构方法研究此问题,局部区域(圆内)为子结构(1),外部结构为子结构(2),各子结构内部外载 $P_i^{(r)}$,边界上节点有外载 $P_{bj}(j = 1, 2, m)$。子结构基本方程为

$$\left\{ \begin{matrix} P_i^{(r)} \\ P_b^{(r)} \end{matrix} \right\} = \begin{bmatrix} K_{ii}^{(r)} & K_{ib}^{(r)} \\ K_{bi}^{(r)} & K_{bb}^{(r)} \end{bmatrix} \left\{ \begin{matrix} U_i^{(r)} \\ U_b^{(r)} \end{matrix} \right\}, (r = 1, 2) \qquad (7 - 44)$$

其中矩阵上标 (r) 表示子结构(1)和(2)。

求解式(7 - 44)分两步:

第一步,边界固死,仅加 $P_i^{(r)}$,$P_b^{(r)} = 0$,$U_b^{(r)} = 0$;求解方程(7 - 44)得

子结构内部位移

$$(U_i^{(r)})_1 = (K_{ii}^{(r)})^{-1} P_i^{(r)} \qquad (7-45)$$

边界反力

$$R_b^{(r)} = K_{bi}^{(r)} (K_{ii}^{(r)})^{-1} P_i^{(r)} \qquad (7-46)$$

第二步,边界放松,$P_i^{(r)} = 0$,加上 $P_b^{(r)}$,求解方程(7-44)得

子结构内部位移

$$(U_i^{(r)})_2 = -(K_{ii}^{(r)})^{-1} K_{ib}^{(r)} U_b^{(r)} \qquad (7-47)$$

这时边界外载为 $\overline{P}_b^{(r)} = P_b^{(r)} - R_b^{(r)}$（而不是 $P_b^{(r)}$）。

通过解方程(7-44)建立子结构边界力与边界位移的关系为

$$F_b^{(r)} = (K_{bb}^{(r)} - K_{bi}^{(r)} (K_{ii}^{(r)})^{-1} K_{ib}^{(r)}) U_b^{(r)} \qquad (7-48)$$

简写为

$$F_b^{(r)} = K_b^{(r)} U_b^{(r)} \qquad (7-49)$$

而 $U_b^{(r)}$ 未知,由于子结构(1),(2)边界相同,故 $U_b = U_b^{(r)}$,将子结构边界力 $F_b^{(r)}$ 及刚度 $K_b^{(r)}$ 叠加,得

$$\boldsymbol{F}_b = \sum_{r=1}^{2} F_b^{(r)} = (\sum_{r=1}^{2} (K_{bb}^{(r)} - K_{bi}^{(r)} (K_{ii}^{(r)})^{-1} K_{ib}^{(r)})) U_b^{(r)} \qquad (7-50)$$

得到边界力 $\boldsymbol{F}_b$ 与边界位移 $\boldsymbol{U}_b$ 的关系式(7-50)。式(7-50)简写为

$$\boldsymbol{F}_b = \boldsymbol{K}_b \boldsymbol{U}_b \qquad (7-51)$$

其中

$$\boldsymbol{K}_b = \sum_{r=1}^{2} (K_{bb}^{(r)} - K_{bi}^{(r)} (K_{ii}^{(r)})^{-1} K_{ib}^{(r)}) \qquad (7-52)$$

边界外力 $\overline{P}_b = \sum_{1}^{r} \overline{P}_b^{(r)}$,由平衡方程 $\overline{P}_b = F_b$ 可得 F_b;K_b 已知,边界真实位移 U_b 由式(7-51)求得。

子结构内部真位移为第一步,第二步之结果叠加,即

$$U_i^{(r)} = (U_i^{(r)})_1 + (U_i^{(r)})_2 \qquad (7-53)$$

$$U_i^{(r)} = (K_{ii}^{(r)})^{-1} P_i^{(r)} - (K_{ii}^{(r)})^{-1} K_{ib}^{(r)} U_b \qquad (7-54)$$

本二次分析区域内部真实解为

$$U_i^{(1)} = (K_{ii}^{(1)})^{-1} P_i^{(1)} - (K_{ii}^{(1)})^{-1} K_{ib}^{(1)} U_b \qquad (7-55)$$

式(7-51)是边界上力和位移的关系方程,U_b 是边界上的真实解。边界刚度 $\boldsymbol{K}_b$ 跟外部结构及内部结构有关。

所求得的表达边界位移 $\boldsymbol{U}_b$ 与 $\boldsymbol{F}_b$ 单纯关系式(7-51)是严格推导得到的重要关系式,它是"局部二次稳定分析"方法的理论基础之一。

③ "局部二次稳定分析"方法解法

a. 计算 K_b:

按式(7-52)计算 K_b,就能完全正确模拟边界弹性支持,边界刚度矩阵不仅反映了边界上各点的交互影响,也反映了内部点与边界各点的交互影响。因此,它正确地模拟了边界弹性支持,但是用式(7-52)计算是非常困难的,除非用繁琐的大结构超单元分析[见式(7-48)至式(7-54)]。需要稳定校核的区域有很多个,而局部区域每次改变都必须形成新的超单元,进行很多次超单元分析是不可能的。故实际上,用式(7-50)求 F_b 是很困难的。但是,可以通过两种方法求 F_b:

方法1:

将边界 S 固死。第一步,加内部载荷 $P_i (i = 1, n)$,求 $R_b^{(1)}$;第二步,内部不加载荷 P_i,加除了 P_i 以外的载荷,求 $R_b^{(2)}$。那么 $F_b = P_b - R_b^{(1)} - R_b^{(2)}$。

方法2:

切出二次区域,直接求出边界节点力。由二次区域边界元素力叠加求得。下面来阐明"局部二次稳定分析"方法用方法2求 F_b。

利用总体结构应力分析求得的真实 F_b 及 U_b,用数值法求解 K_b(用 $\overline{K_b}$ 代替):

$$F_b = \overline{K_b} U_b \qquad (7-56)$$

由于 F_b、U_b 已知,代数方程组(7-56)可写为

$$F_{bi} = \sum_{j=1}^{m} \overline{K_{bij}} U_{bj}, \ (i = 1, 2, \cdots, m) \qquad (7-57)$$

由式(7-57)不能确定 $\overline{K_{bij}}$,因 $\overline{K_{bij}}$ 中有交感项,未知数多于方程数目,取其中一个近似解:

$$\{F_b\} = [\widetilde{K}_{bij}]\{U_b\} \qquad (7-58)$$

即本方法中,仅取主项(即取$[\widetilde{K}_{bij}]$的主对角线项):

$$\widetilde{K}_{bjj} = f_{bj}/u_{bj}, \ (j = 1, 2, \cdots, m) \qquad (7-59)$$

$$当 \quad i \neq j \ 时,\widetilde{K}_{ij} = 0$$

由此得到近似的结果。

这样做法边界上的解是真实的,但是,"局部二次稳定分析"方法不仅要保证边界上的解正确,还要保证内部的解跟总体大结构应力分析的解一致,其解法才是正

确的,下面谈及此问题。

b. 如何保证局部二次区域内部解也是正确的?

同样道理,也不能利用超单元方法的式(7-54)求内部解。"局部二次稳定分析"方法的做法是:取出局部区域,在其边界强加总体大结构应力分析求得的位移矢量 U_b,局部区域内部原有的外载矢量 P_i 仍需加上,对二次局部区域进行结构应力分析,这时局部区域内的解与总体大结构应力分析时局部区内的解相同。

证明如下:

此局部施加 $P_i^{(1)}$、U_b,而 $F_b = 0$;故局部区域(子结构1)基本方程变为

$$\left\{ \begin{matrix} P_i^{(1)} \\ 0 \end{matrix} \right\} = \begin{bmatrix} K_{ii}^{(1)} & K_{ib}^{(1)} \\ K_{bi}^{(1)} & K_{bb}^{(1)} \end{bmatrix} \left\{ \begin{matrix} U_i^{(1)} \\ U_b \end{matrix} \right\} \tag{7-60}$$

仍分两步:

第一步,施加 $P_i^{(1)}$,边界固死,即 $U_b - 0$,得

$$(U_i^{(1)})_1 = (K_{ii}^{(1)})^{-1} P_i^{(1)} \tag{7-61}$$

第二步:$P_i^{(1)} = 0$,施加 U_b,式(7-60)第一个方程为

$$0 = K_{ii}^{(1)}(U_i^{(1)})_2 + K_{ib}^{(1)} U_b \tag{7-62}$$

解式(7-62)得

$$(U_i^{(1)})_2 = -(K_{ii}^{(1)})^{-1} K_{ib}^{(1)} U_b \tag{7-63}$$

内部真实位移为上两步迭加:

$$\left. \begin{matrix} U_i^{(1)} = (U_i^{(1)})_1 + (U_i^{(1)})_2 \\ U_i^{(1)} = (K_{ii}^{(1)})^{-1} P_i^{(1)} - (K_{ii}^{(1)})^{-1} K_{ib}^{(1)} U_b \end{matrix} \right\} \tag{7-64}$$

可见,式(7-64)与总体真实解式(7-55)相同,证明了此做法正确。

c. "局部二次稳定分析"方法综述:

局部二次稳定分析框图如图7-23所示。

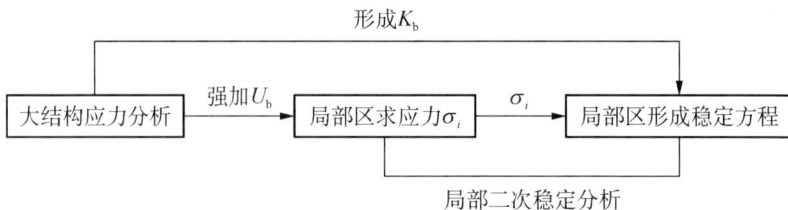

图7-23　局部二次稳定分析框图

方法步骤叙述为:

a) 进行总体结构有限元应力分析;

b) 取出可能出现失稳破坏部位进行局部二次稳定分析；

c) 在局部区域边界强加总体大结构应力分析得到的位移 U_b，求局部区域内的应力(在求解时，仍须加上内部外载 P_i)；

d) 在边界 S 上加上模拟刚度 $\widetilde{K}_b$(即 K_b)并利用上面 c)步求得的内力，形成局部区域稳定基本方程并进行稳定有限元分析；

e) 根据分析结果判断该"局部区域"在该载荷情况是否存在稳定问题，存在稳定问题时，给出稳定安全余量。

7.5.3 "局部二次稳定分析"方法的特点及计算机软件

1) 特点

不同于传统工程方法，此方法是飞机结构稳定校核中具有新思路的做法，它克服了传统稳定校核中三个近似性(见第 7.5.1.1 节)，去掉传统工程方法中的随意性，增大了结果的可信性，充分利用现代计算手段。

① 真实地考虑了所要稳定校核的局部区域的弹性支持条件、实际形状及实际载荷分布，而且可取较复杂的构件为局部二次分析区域，应用范围广。

② "局部区域"稳定分析有限元模型进行稳定分析所采用的内部应力场与总体结构有限元分析得到的该区域内部应力场相同，因此，本方法分析结果精度和总体有限元应力分析精度相同。

③ 此方法是建立在有限元法可信性的基础上。

④ 此方法要有专门的计算软件与总体应力分析结果自动连接，手工无法胜任。

2) 计算机软件简介

"局部二次稳定分析"方法配有专门的分析软件包，跟整体大型结构模型应力分析结果(文件)自动连接才能方便快速使用，这个软件包分为两部分：

① SETRAN 中的子结构"抽取"功能[4]或者利用 MSC. PATRAN 的 GROUP 功能，取出局部区域。

② LSBUAN 软件包

软件 LSBUAN 根据上面的子结构或 GROUP 形成"局部二次稳定分析"有限元模型，将此模型进行有限元稳定分析，接着执行本软件包的后处理程序，给出该局部区域的稳定校核结论(存不存在稳定问题，若存在，给出稳定安全余量 MS)。

本计算机软件使用简单、自动化程度高，无需手工劳动。7.5.4 节是用此软件的例题计算结果。

3) 关于"局部二次稳定分析"方法的可信性及计算精度

这里给出验证本方法的正确性和精度的简单作法。第 7.5.2 节已给出本方法的理论依据及正确性的证明，但是，任何理论都必须经实践证实才能令人信服。我们将本方法计算结果跟理论解进行比较。大型结构也许根本不存在理论值，因此，我们构造中小型有限元结构模型，将有限元解认为是理论值，在外载作用下对整体结构进行有限元稳定分析，此结构的应力严重区域(或结构薄弱区域)首先失稳，并求出屈曲时的临界载荷,定义此解为"理论解"(下文称理论解)。

　　然后,按照"局部二次稳定分析"方法的步骤进行,即对中小型整体结构进行有限元应力分析,再取出上面首先失稳的区域作为局部二次分析的区域,进行本方法的计算。将此计算结果跟理论解进行比较来证明本方法的可信性及计算精度。我们进行了大量例题计算,其计算精度是比较高的,下面第 7.5.4 节取出的部分计算结果。

7.5.4　例题

1) 悬臂盒段

　　如图 7 - 24 所示,悬臂盒段的结构参数为 长 × 宽 × 高 = 1200 mm × 800 mm × 120 mm;蒙皮、梁肋腹板厚度分别为 1.5 mm, 2.0 mm;材料 $E = 72\,000$ MPa;$\nu = 0.33$;载荷参数:自由端总剪力 $\sum P_z = 18\,000$ N;总弯矩 $\sum M_y = -120\,000$ N·mm;根部上蒙皮 $ABCDEF$ 首先失稳。由于对称性,蒙皮 $ABEF$ 与蒙皮 $BCDE$ 同时对称失稳。局部二次稳定分析取两个局部区域:蒙皮 $ABCDEF$ 和蒙皮 $BCDE$。

表 7 - 1　悬臂盒段计算结果:(给出特征值 λ)

局部区域	蒙皮 $ABCDEF$	蒙皮 $BCDE$	理论解
特征值 λ	0.122 808 1	0.122 851	0.122 804

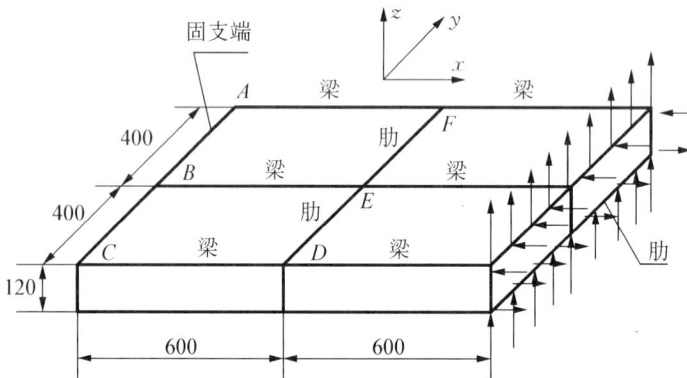

图 7 - 24　悬臂盒段

　　表 7 - 1 中,本方法结果与理论解基本相同。

2) 悬臂圆筒

　　如图 7 - 25、图 7 - 26 所示:悬臂圆筒的蒙皮及框板厚度 1.0 mm;板框内、外半径为 40 mm、80 mm;框突缘参数:截面积 $A = 100$ mm^2、$I_1 = I_2 = 1000$ mm^4、$J = 2000$ mm^4;载荷见图 7 - 26;分别取第 1、第 2、第 3、第 4 框四个局部区进行分析。

　　材料 $E = 70\,000$ MPa;$\nu = 0.3$。

其中,I_1,I_2 分别为剖面 2 个方向的惯性矩,J 为剖面扭转惯性矩。

表 7-2 悬壁圆筒计算结果(给出特征值 λ)

框 1		框 2		框 3		框 4	
本法解	理论解	本法解	理论解	本法解	理论解	本法解	理论解
11.805	11.903	12.893	12.838	12.932	12.868	13.749	13.685

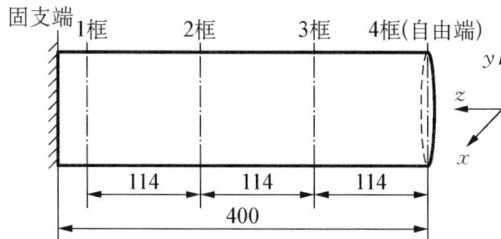

图 7-25 悬壁圆筒

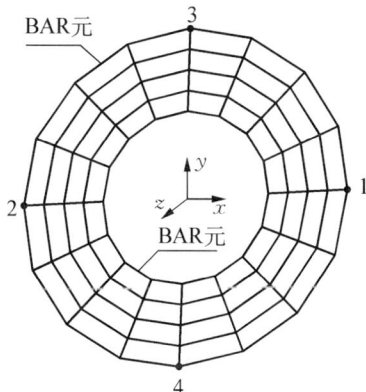

载荷情况:

第 1 框:

$P_{1z} = P_{2x} = P_{2z} = P_{3y} = -P_{1x} = P_{3z} = P_{4y} = P_{4z} = 100\,\text{N}$

第 2 框、第 3 框、第 4 框:

$P_{1x} = -100\,\text{N}; \quad P_{2x} = 100\,\text{N}$

图 7-26 框典型有限元模型及载荷情况

7.5.5 讨论

① 用 MSC.NASTRAN 进行稳定分析时,可以输入已知位移边界条件,从道理上来说,不必再构造边界支持刚度 K_b,此外,其他的做法完全一样,分析框图为图7-27。

② 由若干例题计算结果证实本方法计算精度基本满足工程要求。但有一点要特别指出,在进行总体大结构有限元分析(即第一次分析)的网格划分时,如果局部区域(即将要进行二次稳定分析的区域)的有限元网格太粗糙,会影响本方法的计算结果精度。其补救方法是,在二次分析时,局部区域要选取较大的结构,对真正要求失稳分析的局部区域重新进行细化,会改善计算结果精度,因此,要对第一,第二次分析的网格划分及工作量进行权衡。我们建议:在进行总体大结构有限元分析时,对将要进行二次稳定分析区域的网格尽可能细化,这将在很大程度上提高本方法的计算精度。

③ 它充分利用了大型结构有限元应力分析的已有数据,可对任意结构件(或任

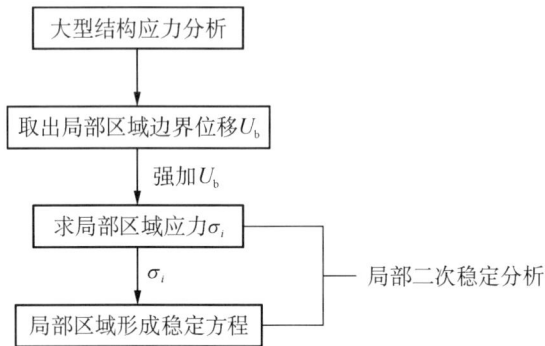

图 7 - 27　局部二次稳定分析框图

意区域)进行稳定分析而无需提供附加数据,由计算软件自动进行。

④ 经大量例题计算结果证实,"局部二次稳定分析"方法,计算方便,是飞机结构稳定性校核的较有用的作法。

⑤ 虽然我们利用自行编制的计算机软件 SETRAN 对本方法进行了若干例题计算[4],但并没有进一步的深入研究工作。另外,对于局部区域的边界是构造弹性支持刚度 K_b,还是直接输入位移边界条件 U_b,还应该进行更深入的研究和大量例题计算才能应用于实际的工程计算中。

⑥ 有一点要特别指出,在说明本方法的理论基础时已证明,当边界取值是精确时,内部的位移 $U_i^{(1)}$ 也是正确的,但本方法是近似的。虽然边界上 U_b 是正确值,F_b 是通过第一次有限元素节点力平衡求得,也是正确的,可以利用 U_b 和 F_b 构造边界刚度时是近似的,这种近似导致 $U_i^{(1)}$ 是近似的。

参考文献

[1]　《飞机设计手册》总编委会. 飞机设计手册(第 9 册)[M]. 北京:航空工业出版社,2001.

[2]　李武铨. 结构稳定性问题的塑性修正[G]. 中国航空工业公司研究所科研资料,1979.

[3]　Л. Э. 艾利斯哥尔兹. 变分法[M]. 李世晋,译. 北京:人民教育出版社,1958.

[4]　陈业标,敬录云."局部二次稳定分析"SETRAN 用户手册[M]. 中国航空工业公司研究所,科研资料,2000.

[5]　MIL - HDBK - 17 - 3F[M]. Volume 3 of 5,17 June,2002.

[6]　Timoshenko S. Theory of Elastic stability[M]. McGRAW - HILL Book Company INC. 1936.

[7]　陈业标. 复合材料层板稳定分析及铺层优化设计[G]. 中国航空工业公司研究所科研资料,1980.

8 损伤容限耐久性

8.1 引言

损伤容限耐久性的基本原理对金属和复合材料结构都是一样的。它们都是把损伤威胁与检测计划、损伤扩展速率和剩余强度分析相结合来保证结构的完整性,这就是经常说的损伤容限三要素。耐久性是对飞机结构在使用载荷谱和环境谱条件下考虑飞机寿命问题,通常与损伤容限一起考虑来达到经济性和功能性目标。金属和复合材料结构虽然原理相同,但对于实际设计来说,差别是非常明显的。第一,金属损伤容限是研究含裂纹结构的设计及分析问题,而复合材料主要的危险是冲击损伤引起分层扩展问题,因此,一个是裂纹扩展(最危险)为主的分析,而另一个是分层扩展为主要危险的分析;第二,断裂韧性,金属是基于裂纹扩展的韧性,而复合材料的韧性是层间分层扩展的韧性,主要是涉及树脂特性,提高复合材料的韧性主要是提高树脂的性能;第三,金属结构,对损伤容限,受拉是关键部位,而复合材料受压载荷是关键部位,例如,对机翼结构,金属中下翼面是疲劳损伤容限的关键部位,是按疲劳损伤容限设计,而复合材料,上翼面是疲劳损伤容限的关键部位。因此,对复合材料结构,冲击损伤是损伤容限的主要研究领域,最危险的损伤是冲击损伤。

从 20 世纪 80 年代以来,复合材料层压板损伤容限研究(主要是冲击损伤问题的研究)包括理论计算及实验研究非常活跃,研究报告数量可观,因为实际飞机复合材料设计中需要解决冲击损伤这样致命问题,理论专家们竭尽全力想解决理论计算问题(包括三方面的理论问题:损伤尺寸、损伤扩展速率以及剩余强度)。由于问题过分复杂,理论分析很难满足结构设计以及强度的要求,其成果并不能令结构设计人员满意。另外有一个问题是,用以计算的前提条件是冲击能量,冲击能量的大小及分布规律并不确定,是随机量,可能出现,也可能不出现,可能很大,也可能很小。因此,对飞机设计公司以及设计人员,把飞机复合材料结构的损伤容限问题转向试验以及在设计的顶层规定一些限制条款,即所谓的设计规范准则之类的规定来解决这一类问题。

这些规定很多,关键的是三条:

① 限制设计中的应变值,即限制应力水平;

② 规定冲击能量门槛值；

③ 采用"损伤无扩展"的概念。

第①条与第③条实际上是关联的，因为应力水平低自然损伤就不会扩展。第①个问题就是我们所说的设计许用值问题。设计许用值问题成为飞机复合材料结构设计的重要问题，是本章重点要讨论的。

第②个问题也一直是国内外飞机公司所关注的，因为冲击门槛值规定的太苛刻，就出现了对实际使用的统计调查。

目前飞机复合材料结构设计中，损伤容限理论分析不像金属结构那样成熟而作为定量分析的依据，但是，结构设计必须满足损伤容限要求。本章将花很大篇幅介绍损伤容限有关的一系列问题。耐久性问题是疲劳寿命问题，主要依靠试验，不是本章重点，仅作一般介绍。

8.2 实际设计中的损伤容限/耐久性的设计考虑

8.2.1 复合材料飞机结构损伤容限设计/耐久性设计概念

尽管复合材料损伤容限设计分析方法定量计算非常困难，它不像静强度分析方法那样成熟，通过具体静强度分析能确定结构尺寸，损伤容限分析做不到这点，但是，复合材料飞机结构设计必须满足损伤容限要求，它是复合材料结构设计要首先考虑的重要的问题之一。

复合材料飞机结构损伤容限与耐久性密不可分，虽然作为结构设计概念，它们仍然保持像金属飞机结构那样的定义和要求。即耐久性是结构在整个寿命期间能保持适当的性能（强度、刚度和环境阻抗）的能力，在此期间退化是可控的，如果需要，能用经济上可接受的维修方法修理。但是，由于复合材料结构特点，设计要求以及保守性考虑，满足损伤容限要求的复合材料结构，一般都能满足耐久性要求。正因为如此，在进行复合材料合格性验证时，两者往往是交织在一起进行的。

复合材料飞机结构损伤容限、耐久性设计及分析是建立在这样概念的基础上来达到的：

① 复合材料结构损伤容限设计主要是考虑低速冲击损伤的设计，满足了低速冲击损伤容限的设计，就能满足损伤容限、耐久性设计的要求。将目视勉强可见冲击损伤作为设计门槛值，这种情况应能承受设计极限载荷。

② 将复杂的冲击动力学问题化为静力强度问题进行设计考虑。

对目视勉强可见冲击损伤的结构（层压板）进行力学试验，确定其典型元件、标准试件的许用应变来控制设计，所设计的结构，其应力（应变）水平限制在许用值之下。

我们知道，对复合材料进行损伤分析是非常困难的，其损伤分析包括三方面问题：第一，损伤尺寸计算，这要用动力学进行结构应力以及破坏的逐步分析过程，这是动力损伤力学的分析过程。这种分析涉及结构的抗力和失效判据问题;第二,剩余强度,对损伤了的结构进行强度分析,也是非常困难的,它涉及结构响应变异性(SRV)等一系列的结构损伤容限问题;第三,损伤扩展速率,这是更加困难的问题。前两个问题虽然目前在这领域中进行了大量工作,取得了很大进展,但是将这些理论工作应用于结构设计仍然存在很多问题,首先是冲击损伤事件在结构上的分布、大小、发生的概率大小等。这种冲击损伤源如果没有合理的定量计算,那么将冲击损伤的理论分析作为定量设计依据,显然,其可靠度是未知的,就像在静强度计算中,如果载荷无法合理计算,进行强度分析是没有意义的。

因此,目前飞机设计中作了很多规定,绕过这种困难,采取了限制应变方法来解决复杂问题。但是,限制应变取多大值,这正是复合材料结构设计的重要问题和研究热点。

③ 对于明显可见的冲击损伤,必须立即修补;对于 BVID 的冲击损伤,可根据应力水平对其进行评估,决定使用中采取的措施;对使用中可能发生的严重损伤建议进行破损安全设计分析。

④ 对于结构进行合格性验证,主要通过大试件的试验验证,它是否满足损伤容限、耐久性设计。

⑤ 为了满足损伤容限、耐久性要求,从设计开始,就必须考虑损伤容限的细节设计,引用正确的设计概念,并进行小试件的试验。

⑥ 进行辅助的计算分析。

目前飞机复合材料结构的损伤容限设计分析工作基本上是按此概念进行的。

8.2.2 目前复合材料结构损伤容限设计问题

目前飞机所用的复合材料一般是比较脆的热固性树脂基复合材料,虽然有些结构采用二维编织布,就总体来说是由单向带(预浸)按不同角度铺成的层压板结构。它有效的承载形式仍是二维(平面内)的受力形式,其薄弱环节是层间或层内基体裂开。而面外法向强度以及层间剪切强度较低,这种脆性热固树脂以及层压板的构成方式,我们一般称为第一代复合材料。

第一代复合材料层压板结构的主要问题是:冲击损伤抗力低,损伤容限差,尤其是低速冲击时,表面看不见或者很难发现损伤,内部损伤却很严重,受压后强度下降严重。因此,以往复合材料结构主要是为了满足损伤容限要求考虑。研究的重点是评估冲击损伤的可见度、损伤尺寸大小(损伤尺寸分析)及剩余强度研究。现役飞机(包括正在设计的飞机),复合材料结构设计总的设计准则是采取这种方法:对目视勉强可见冲击损伤的结构要求能承受设计极限载荷而不破坏,且使用过程中(服役载荷反复作用下)损伤无扩展。

可以这样简单说明复合材料结构损伤容限/耐久性设计的要点:即通过设计思想的制订,在细节设计及设计概念上进行定性设计,通过一系列的试验确定设计许用值及验证性试验证明满足损伤容限/耐久性要求,而不是像静强度那样通过精确的计算来确定满足静强度的具体尺寸设计,下面概括设计要点。

8.2.2.1　抗冲击损伤的细节设计

① 铺层设计——寻找损伤抗力好的铺层形式。

② 构件匹配性设计——由于层压板的泊松比、强度值、热膨胀的性能均为可设计的,因此,构件之间的匹配性要加以仔细考虑。如加筋板的筋条及蒙皮变形匹配好就能提高抗剥离能力,等等。

③ 结构合理布局设计——多传力路线布局以及便于检测维修。

④ 局部增强层间粘合力设计——在某些区域某些层间界面加入韧性胶膜。

⑤ 嵌入软化物设计——较少用。

⑥ 构件合理材料定位概念设计——传统设计方法。

结构设计有两种理念:材料定位和构型定位,上述①②③可以认为是构型定位的概念。根据受载情况,不同部位采用不同材料这就是材料定位的概念,合理的材料定位是非常重要的。

应该指出,有些飞机复合材料部件的某些部位应力水平并不太高,我们也不要忽视细节设计的重要性。要特别注意,当复合材料性能不够先进时,更要求进行合理的细节设计以及结构合理布局设计,而且千万不要采用设计复杂、工艺制造困难的复合材料构件,因为它难以保证构件的强度及损伤容限要求,受载时这些构件会提前破坏而导致整个复合材料部件或组合件不能有效承受设计载荷而背负不必要的重量代价。

8.2.2.2　试验研究

由于复合材料结构损伤容限理论分析比较复杂,试验研究显得十分重要。试验大致可分 6 类:

① 标准试件冲击能量及破坏应变相关性研究。

给出冲击能量、损伤大小、破坏应变之间的关系曲线,为许用值的确定提供基本数据。

② 典型构件冲击后受载试验研究,主要是压缩加载研究,这是确定构件许用值的依据,其中包括冲击能量大小及冲击位置的确定。

③ 1:1 子构件关键部位的综合性试验研究。

一般是选一个部件中受载严重及复杂的部位或全部件进行静力、耐久性、损伤容限、剩余强度、大冲击损伤破损安全、修补等试验研究,这些试验项目按一定顺序在此构件上进行试验。试件多少视试件尺寸大小而定。试件大,一般只取一件,如果该试件跟最后发生产图试件细节上差别不大,这种综合性试验可看做带验收性的研制性试验研究。

④ 元件或试样(coupon)级的材料韧性及疲劳特性试件,如 $G_{\text{I}c}$,$G_{\text{II}c}$,$S-N$ 曲线等,此外,还要进行如第 4 章表 4-2 所示的试验;其中,$G_{\text{I}c}$,$G_{\text{II}c}$ 分别为单向层压板 I 型、II 型断裂韧性。

⑤ 典型层压板冲击响应试验研究。

研究不同支持情况,不同尺寸大小试件、不同冲击物质量、不同冲击速度测量冲击响应(如冲击力随时间、损伤尺寸、分层情况、凹坑深度、位移等),并对损伤尺寸及剩余强度提供试验数据。

⑥ 为建立半经验的分析方法所需要的数据拟合性试验。

这是复合材料结构设计中经常要进行的一类试验。

8.2.2.3 理论研究

以后的各节将做介绍。

8.3 复合材料飞机结构损伤容限实际应用情况简介

8.3.1 引言

随着复合材料在飞机主承力构件如机翼和机身结构上的应用,复合材料飞机结构损伤容限分析方法与技术在最近若干年得到了迅速的发展。二十多年前复合材料在飞机主承力构件上广泛应用回避的问题,即层间强度低、冲击损伤和分层成为其主要损伤形式,加上复合材料基体(脆性的环氧或双马来酰亚胺)较脆,不像金属那样能产生塑性变形来缓解损伤点的应力集中。当时对含损伤的复合材料飞机结构的分析技术,由于理论上的计算模型,失效判据的研究不够充分和深入,加上计算机软硬件条件限制,没有形成完整的分析体系,所以,如我们上面指出,有关复合材料的损伤容限设计和评估技术,主要依赖于试验。但是试验工作量大,成本高。高昂的代价严重制约了复合材料在飞机结构上大面积和高水平的应用。对于飞机结构中诸如垂尾活动面等较小的构件,问题不大,对于受载大、结构复杂、损伤容限要求高的主承力结构如机翼来说,仍然全靠这种完全经验性方法,要设计出高减重效率的结构就非常困难。由此可见,国内外复合材料力学工作者和飞机结构设计强度工程师们致力于研究和发展复合材料飞机结构的损伤容限分析方法和技术是多么重要。复合材料结构损伤容限分析方法的形成和完善,不但可以使复合材料飞机结构设计水平提高,使飞机的优化设计能考虑到损伤容限,减少初步设计工作的盲目性,而且可以指导"积木式"试验,大幅度地减少试验工作量,降低成本。

本节主要针对复合材料飞机结构损伤容限分析,简介近二十年以来国内外的研究动向。

8.3.2 复合材料飞机结构损伤容限分析方法介绍

国内外在复合材料飞机结构损伤容限分析方面投入大量资金及人力,相应开发了一批用于结构损伤容限分析的计算机软件。他们从损伤机理出发,提出了一些损伤分析模型以及破坏判据等,在损伤分析的力学理论和实验方面做了大量的基础研究工作。本节主要介绍几个分析软件包,以及相关的力学模型、失效判据等。

1) 几种复合材料损伤容限分析软件包评价

用于复合材料结构损伤容限分析的软件包主要的有几类。一类是完全立足自行开发的专用软件,一类是在结构优化设计程序中包含损伤容限约束的分析软件。另一类是利用大型通用有限元分析软件的开放性用户接口,引入新的损伤模型与判据构成一个大型软件包。

(1) NASA 的 COMET 软件[3]

这是由 NASA 开发的 Computational Structural Mechanics Tested (COMET) 通用有限元结构分析软件。Langley 研究中心的 Harris 将他提出的累积损伤分析本构模型引入该软件。该软件主要用于层压板与结构的层内损伤累积分析,其主要思路如图8-1所示。

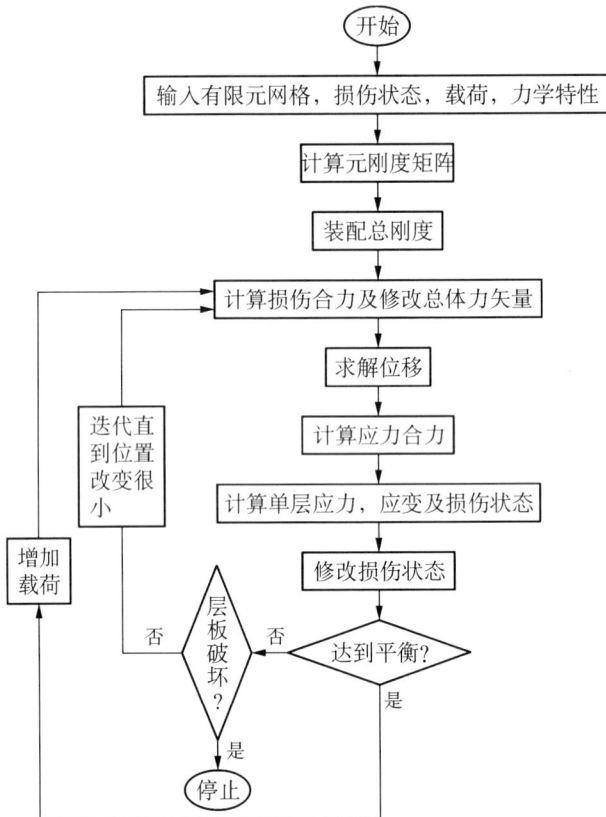

图 8-1　破坏扩展分析

(2) 基于 ABAQUS 的大型软件包[4,5]

美国斯坦福大学的 Fu-kuo Chang 利用大型商用非线性有限元结构分析软件 ABAQUS 的开放性,引入了复合材料层压板的细观损伤累计模型,构成了用于复合材料层压板结构的损伤容限分析软件包,其程序流程如图 8-2 所示。

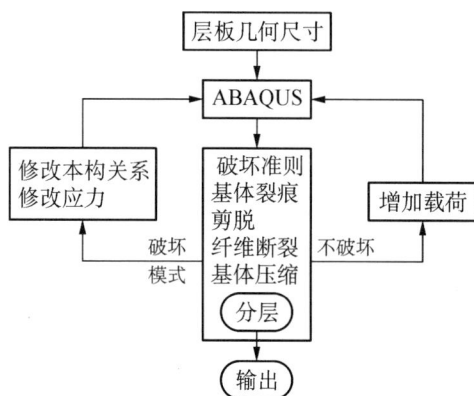

图 8 - 2　基于 ABAQUS 损伤分析程序流程图

（3）PANOPT 结构优化软件[6]

这是由荷兰 National Aerospace Laboratory（NLR）开发的多目标结构优化软件，该软件将屈曲和损伤容限作为设计约束加入复合材料加筋板设计优化软件 PANOPT 中，形成了可以进行损伤容限分析的结构优化软件。该软件基本上还是一个无损加筋板结构优化软件，对于损伤容限分析的考虑主要是引入了带有制造缺陷、冲击损伤和离散源损伤引起的设计许用应变下降，作为约束来处理。根据损伤容限要求，无可检损伤的加筋板要满足 DUL 载荷要求，带有可检损伤的加筋板要满足 DLL 载荷要求，对离散源损伤载荷应不低于 70% DLL。

（4）ASTROS 分析与设计软件[7]

美国政府机构（GA）Forsyth Knowledge Systems 公司的 Pipkins 等人在已有多科目分析和优化设计软件 ARTROS 中，引入了损伤容限要求，并考虑到强度、刚度以及气动弹性要求，使该软件可以应用于带损伤的金属和复合材料结构的剩余强度和刚度分析中。关于此软件还没有看到进一步的报道。

2）损伤容限分析模型

目前在大型结构分析的有限元中使用的损伤力学模型主要还是基于层压板理论，因此，大部分都属于二维分析模型，也有部分应用分层损伤起始与扩展的三维模型。另外，这些模型主要还是应用于层压板与结构的面内强度分析，如孔边、模拟离散源损伤的切口尖端部位的应力分析和剩余强度预测以及损伤扩展预测等。这些模型大致可以分成细观力学模型、损伤内变量模型、断裂力学模型和半经验模型等。

（1）细观力学模型

这是由斯坦福大学张富国教授等提出的有限元分析模型。该模型以层压板中的一个单胞，通过铺层应力分析得到层内应力，然后根据以下三类破坏准则来确定单元的损伤程度。

① 基体破坏：

$$\left(\frac{\sigma_y}{Y_t}\right)^2 + \left(\frac{\tau_{xy}}{S}\right)^2 \leqslant 1 \qquad (8-1)$$

② 纤维-基体复合材料剪切破坏：

$$\left(\frac{\sigma_x}{X}\right)^2 + \left(\frac{\tau_{xy}}{S}\right)^2 \leqslant 1 \qquad (8-2)$$

③ 纤维断裂：

$$\left(\frac{\sigma_x}{X}\right)^2 \leqslant 1 \qquad (8-3)$$

式中：X、Y 是单向复合材料强度；S 是基体的剪切许用值；X 和 Y 是取 X_t，Y_t 还是 X_c，Y_c 取决于 σ_x，σ_y 是拉应力还是压应力，τ_{xy} 为剪应力。

损伤后材料性能的降低由铺层的弹性性能来描述：

当基体破坏时 $\qquad\qquad E_y = \nu_{xy} = 0 \qquad\qquad\qquad (8-4)$

纤维-基体剪切破坏 $\qquad \nu_{xy} = G_{xy} = 0 \qquad\qquad\qquad (8-5)$

纤维断裂 $\qquad\qquad E_x = E_y = \nu_{xy} = G_{xy} = 0 \qquad (8-6)$

将上述模型引入 ABAQUS 中，即可以计算复合层压板的损伤起始和扩展。张富国用该软件模拟计算了单钉连接复合材料层压板的损伤扩展，结果与实验符合很好，如图 8-3 所示。

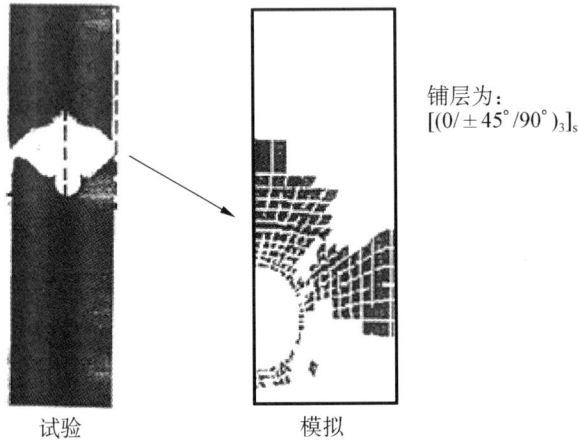

铺层为：
$[(0/\pm 45°/90°)_3]_s$

试验　　　　　　模拟

图 8-3　单钉连接层压板损伤模拟

另外，NASA Langley 研究中心的 Carlos G. 应用该软件分析预测了含有一穿透切口受压三筋层压板的剩余强度，计算结果与实验结果吻合很好，见图 8-4 和图 8-5 所示。

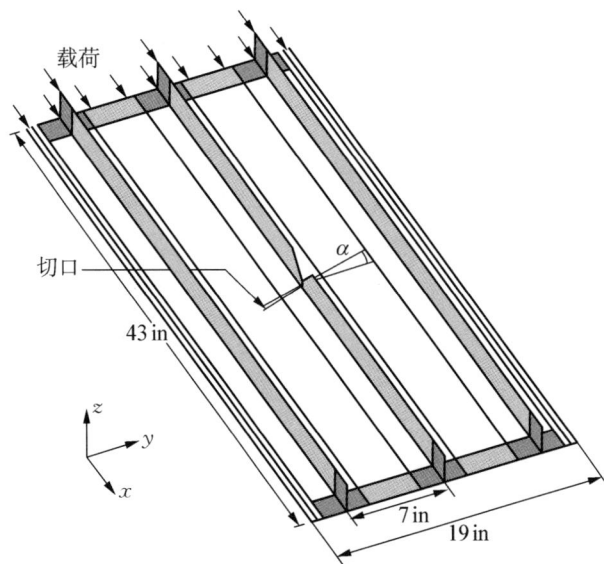

图 8-4　机翼蒙皮(切口)压缩载荷情况

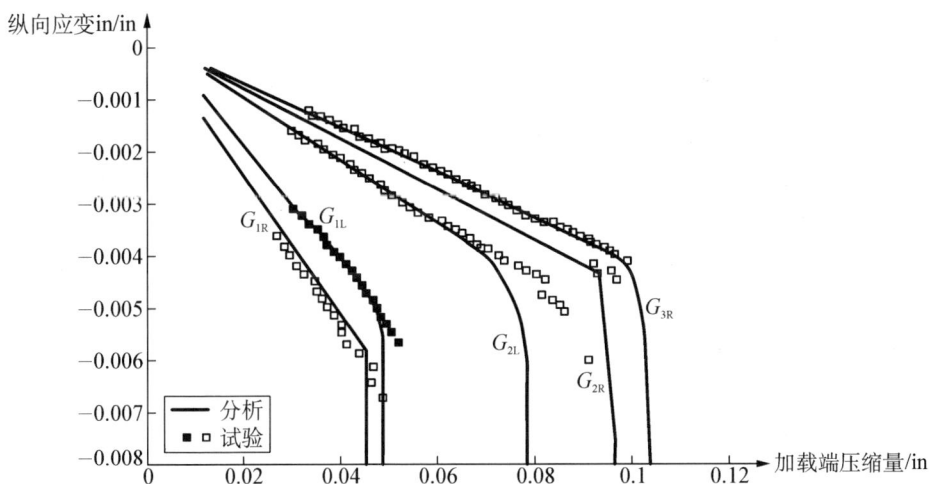

图 8-5　切口尖端预测应变

（2）损伤内变量模型

NASA Langley 研究中心的 Harris 和 Coats 提出了一种非线性累积损伤模型。在有限元分析的本构关系中考虑了一个损伤内变量。

$$\sigma_{ijL} = Q_{ijkl} \{\varepsilon_{kl} - \alpha_{kl}\}_L \tag{8-7}$$

式中：σ_{ijL} 是局部平均应力分量；ε_{klL} 是局部平均应变分量；Q_{ijkl} 为弹性矩阵；α_{klL} 为铺层一级的损伤内变量。α_{klL} 取决于不同的应变状态下的应力和损伤形式与水平。将这一模型引入 NASA 开发的 COMET 有限元分析软件中,可以对包含Ⅰ型和Ⅱ型基体开裂和纤维断裂的复合材料结构进行损伤容限分析,确定带切口的层压板的损伤扩展和剩余强度。

(3) 断裂力学模型[8]

美国 Holland 及 Associates 公司的 Tryon 在大型通用有限元分析软件 ANSYS 中引入了虚拟裂纹闭合模型 Virtual Crack Closure Technique (VCCT),用于预报分层起始。这种虚裂纹闭合模型是将单元节点力与单元节点位移相乘除以裂纹面积作为分层的能量释放率 G。其失效判据可以是单一判据:

$$\left. \begin{array}{l} G_{\text{I}} \leqslant G_{\text{I}C} \\ G_{\text{II}} \leqslant G_{\text{II}C} \end{array} \right\} \tag{8-8}$$

或复合型判据:

$$\frac{G_{\text{I}}}{G_{\text{I}C}} + \frac{G_{\text{II}}}{G_{\text{II}C}} \leqslant 1 \tag{8-9}$$

其中:G_{I},G_{II} 分别为单向层压板Ⅰ型,Ⅱ型能量释放率。

他成功地分析了直升机旋翼桨毂中斜削型复合材料层板(tapered composites)的分层问题。

这种模型实际上是将有限元算得出的有关节点力与节点位移作为原始数据输入自编的能量释放率显式计算程序作二次计算的一种方法。当然有限元软件不限于 ANSYS,其他程序如 NASTRAN、MARC、ABAQUS 等都可以。

(4) 半经验模型

国内外都提出了半经验模型,如陈普会的 FD[2] 及唐啸东的 DI[27] 及弯曲、剪切应变能密度模型,其中唐的工作很有创造性、内容也新奇,但是,此方法仍存在一些问题有待进一步研究。

8.3.3　复合材料结构损伤容限分析方法和实用性评价

1) 分析工作总的评价

① 这些分析方法不能完全作为设计中定量分析的依据。

② 由于应用上还存在很多问题,设计部门对这些分析方法和技术大都采取非常慎重的态度,一般是将其作为定性分析,而以试验验证为主要依据。

③ 虽然在损伤容限分析方面做了不少研究工作,但还应深入扎实地进行有理论深度且有实际应用意义的工作。

④ 虽然这些理论方法仍不能作为定量分析的依据,但这些研究以及进一步深入研究还是非常重要的。它们可以作为辅助计算、定性分析、局部性的损伤预估,这对指导损伤容限设计以及大幅度地减少试验工作量,其意义是非常重大的。

2) 进一步研究工作的建议

鉴于以上 1)④的理由,我们需要进行进一步理论研究。

① 根据实际飞机结构使用情况提出一些更有实用性的损伤容限分析模型,结合这些分析模型进行认真的试验研究;

② 为了容易为设计部门采纳,要将专用的分析软件与通用的为大家承认的大型软件(如 NASTRAN)接口,这是一条非常重要的经验与途径;

③ 利用目前成功的软件,对冲击威胁及损伤作某些假设进行应力分析及失效分析。

8.4　复合材料结构冲击损伤分析

8.3 节概要介绍了国内外关于损伤容限理论分析模型及有关软件,由于程序来源的困难,这里仅对某些实用且简单的方法作一般介绍。另外,损伤容限理论分析内容很多,这里仅谈工程设计中感兴趣的。

8.4.1　分析内容及分析概述

复合材料结构损伤容限分析主要针对低速冲击损伤分析,包括外来物冲击下损伤大小分析及剩余强度分析。损伤大小分析问题的性质是动力问题以及损伤破坏判据问题,一般要进行动力响应分析。理论分析方法一般有解析法、有限元法及工程近似方法。理论方法求解动力方程一种是 Sanker 发展的用格林函数的动力方法[9],一种是有限元法。但是,理论方法中求解损伤大小其可靠性值得讨论。因此,工程上一般转向试验数据模拟的近似方法。

这些方法如何应用到飞机设计及强度校核中去是值得认真研究的问题。一般飞机在天上飞不大可能出现低速冲击,冲击威胁与飞行载荷是什么关系都应认真研究。飞机设计及强度校核中一般采取两种办法:

1) 第一种处理方法

进行单独的冲击下损伤大小分析及剩余强度分析。不管用什么方法,要证明结构能承受这种冲击并保留有足够的剩余强度,以便飞机在飞行载荷作用下不能引起破坏。进行这种分析一般是对局部结构进行,不进行全部大结构分析。

令损伤引起局部结构的剩余强度为 $\{\sigma\}_R$,在 DLL 飞行载荷引起的应力为 $\{\sigma\}_L$ 应保证 $\{\sigma\}_L < \{\sigma\}_R$。值得注意两点:第一,$\{\sigma\}_L$ 是总体结构有限元应力的结果(不考虑损伤);第二,在计算剩余强度 $\{\sigma\}_R$ 时,各应力分量的比例与 $\{\sigma\}_L$ 应一样。

2) 第二种处理方法

对可能的冲击部位及可能的冲击威胁大小进行局部结构(如矩形板弹性支持)的损伤及刚度降分析,然后将这些分结构的等效刚度、强度求出,进行总体(或局部)分析时,此部分结构用当量结构代替进行总体(或局部)应力分析以及强度分析。这里有一个问题,即进行总体分析时,由于冲击是随机的,相连的结构或者同一板屏格子是否可能同时出现冲击损伤(若同时模拟损伤,情况会过分严重),**这就是概率理论要解决的问题**,我们应强调冲击损伤剩余强度分析一般是局部分析。因此,方法1)是最现实的。

8.4.2　一种工程分析方法

8.4.2.1　引言

此方法是针对简单的层压板,用冲击力及冲击能量作为尺度参数来研究冲击损伤。所考虑的参数包括板尺寸、边界条件、层压板厚度、材料、铺层情况、损伤可见度以及损伤类型。冲击头的参数是冲头直径、质量及速度。

如果结构的边界条件及元件(如长桁)离冲击损伤足够远时,可以假设:对于由冲击损伤引起的破坏强度,可以单独由损伤状态来表征。因此,同样的损伤有同样的强度。另外,从试验中可看到,对于加强板,加筋及其他结构元件具有能阻止断裂的能力,因此,强度远大于简单的板,用简单板的分析结果是保守而偏安全的。

在本节中,不仅对冲击力、位移,对损伤大小也进行了近似计算,给出较多的算例,揭示层板的冲击响应特性。

8.4.2.2　冲击分析模型及具体计算

1)冲击分析模型及接触力计算

最大的接触力及位移是利用能量平衡方程得到,此方法简单、快速地得到冲击点处的冲击力及位移。基本假设是最大接触力或最大位移时刻所有冲击能量都变换到板中,能量损失及材料阻尼及振动略去,即

$$\frac{1}{2}MV^2 = \int_0^{\delta_{\max}} F\mathrm{d}\delta + \int_0^{\alpha_{\max}} F\mathrm{d}\alpha \qquad (8-10)$$

其中:M,V 分别为冲击物的质量及速度;δ,α 分别表示板上冲击点处的挠度及接触时的刻痕(凹坑)深度;F 为接触力。方程(8-10)中右边第一项为板弯曲变形能,第二项为接触表面的接触能量。

$$F = k\delta \qquad (8-11)$$

其中:k 为板接触点处的刚度。显然,它是板尺寸大小、边界条件、层压板材料、铺层及板形状等的函数。很多文献中作了很多假设给出了 k 的显式表达,显然是非常近似的。对于工程设计来说,用有限元分析计算都能考虑这些因素。后面的算例中 k 是用有限元法求得的。

根据 Hertz 接触定律

$$F = n\alpha^{\frac{3}{2}} \qquad (8-12)$$

其中:n 为 Hertz 接触刚度,近似用下式求得

$$n = \frac{4}{3}r_a^{\frac{1}{2}}E_z \qquad (8-13-1)$$

或

$$n = \frac{4}{3}\sqrt{r_a}\frac{1}{\left[\dfrac{1-\nu_s^2}{E_s}+\dfrac{1-\nu_z^2}{E_z}\right]} \qquad (8-13-2)$$

其中：E_z 为板垂直板面方向的弹性模量（近似取 E_{2c}）；r_a 为刻痕半径（可近似用冲头半径）；E_s，ν_s 为冲头的弹性模量及泊松比；ν_z 为层压板的泊松比（近似取ν_{12}）。

将式(8-11)，式(8-12)代入方程(8-10)积分计算后得

$$\frac{1}{2}MV^2 = \frac{1}{2}\frac{F_{max}^2}{k} + \frac{2}{5}\frac{F_{max}^{5/3}}{n^{2/3}} \qquad (8-14)$$

当 F_{max} 求得后，可求得 δ，α 的值，后面我们会看到利用式(8-14)计算应满足的条件。

2）冲击过程力-位移关系

在冲击试验中，可以记录接触力的历程，因此力-位移特性可用积分求得。对于脆性基体的准各向同性板典型的力-时间及力-位移特性，如图8-6所示。

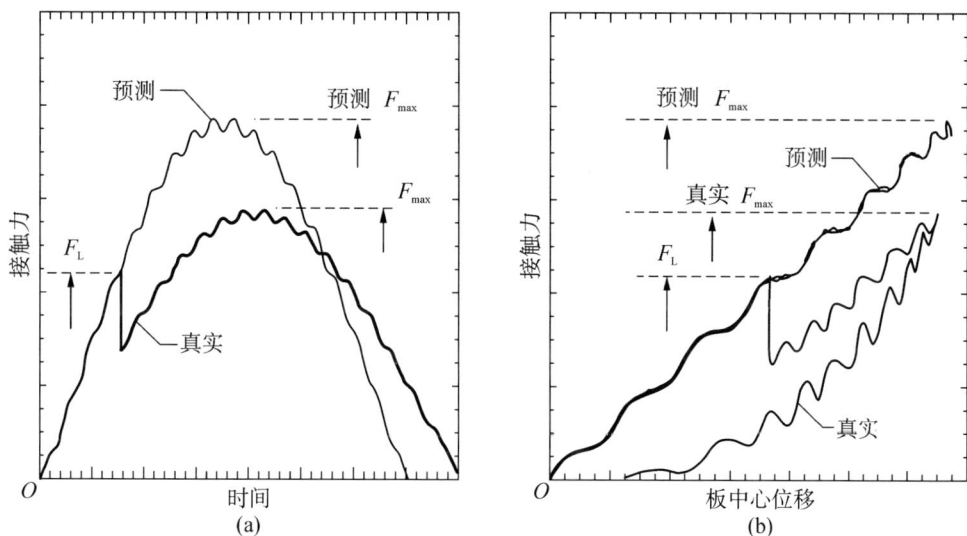

图8-6　典型的力-时间及力-位移图线

(a) 时间；(b) 板中心位移

（1）接触力与时间的函数关系 $F(t)$

接触力随时间按正弦方式变化，最大接触力在冲击时间的中点（$T/2$ 处，T 为整个时间），如图8-7所示。

如果求出 T，则 $F(t)$ 就可以求得，利用动能原理，通过研究可求得

$$T = 2.94\frac{\alpha_{max}}{V_i} \qquad (8-15)$$

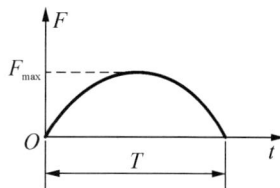

图8-7　接触力与时间关系

其中：α_{max} 为最大刻痕深度，它在 $T/2$ 时间到达。

$$\alpha_{max} = \left(\frac{5}{4}\frac{V_i^2}{n\xi}\right)^{\frac{2}{5}} \qquad (8-16)$$

$$\xi = \frac{1}{m_{\text{t}}} + \frac{1}{m_{\text{s}}} \qquad (8-17)$$

式中：V_i 为冲击速度；m_{t}，m_{s} 分别为板及冲击物的质量；$m_{\text{s}} = M$，但 m_{t} 不是板的原始质量。我们知道，只有在冲击点附近，板才有与冲击头一样的速度，板远离接触点冲击速度减小，板不能用它的全部质量，而 $m_{\text{t}} = \beta m_0$，m_0 为板原始质量，$\beta < 1$，因此，m_{t} 要根据能量原理来计算。

例如，等断面双简支梁在中点受冲击，经计算 $\beta = \frac{17}{35}$。又例如，等断面悬臂梁，在自由端受冲击的 $\beta = \frac{33}{140}$。

对简单梁 β 计算较简单（见材料力学教程），但对于较复杂的板计算 m_{t} 较困难，这里略去。

用近似的正弦函数表示 $F(t)$ 表示为

$$F(t) = F_{\max}\sin\left(\frac{\pi t}{T}\right) \qquad (8-18)$$

有了 $F(t)$ 就可以进行动力响应计算，它的基本方程为

$$[\kappa]\{u\} + [C]\{\dot{u}\} + [M]\{\ddot{u}\} = F(t) \qquad (8-19)$$

（2）刚度降特性

对于工程分析，我们关心的是达到 $F_{\max}$ 的分析，在冲击（或准静态压痕试验）超声波及微观检测已揭示，基体裂纹及小的分层扩展已出现，当力增加到 F_{L}，力急剧下降，这表明，板横向刚度突然下降，如果冲击有足够动能，随后接触力将进一步增加，力-位移线性关系再次出现，但斜率将变小，即刚度已下降（见图 8-6）。在准静态试验中，可以经常听到碎裂的声音，但是没有由于振动引起的小振幅。即使对于冲击，从分析角度，我们略去这个小振荡现象，可简化如图 8-8 所示的力-位移关系。

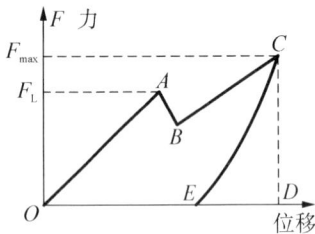

图 8-8 冲击件力-位移曲线

图 8-8 中，已把如图 8-6 那些小振荡曲线去掉了。在力到达 F_{L} 以前是线性关系，达到 F_{L} 后力下降，这是由于损伤出现，刚度下降，位移到了 B 点后，分层扩展已稳定下来，如果冲头有足够动能的话，在载荷下降后，接触力将进一步增加，如直线 BC 所示，但 BC 段斜率比 OA 段下降了。

如果力的预测不考虑损伤的影响，预测的 $F_{\max}$ 会超过实际结果，因为 k 和 n 都随损伤的增加而减小，从而降低 $F_{\max}$。很多研究者认为，破坏载荷 F_{L} 与冲击质量、速度、板尺寸大小及边界条件无关。

另外必须指出，当 $\dfrac{\omega^2}{k/m_{\text{s}}} > 100$ 时，（其中，ω 为板自然频率，板刚度 k，m_{s} 为冲头

质量)其冲击响应基本上是准静态的,式(8-14)可用;不满足此要求时,冲击响应是瞬态的,冲击力要大于式(8-14)的值[17],但考虑到上述原因(即计算时不考虑损伤),工程应用是可以的。

3) 分层损伤及横向剪力

对于中等厚度层压板(3.4~7 mm),最大分层范围远大于接触范围。分层大小根据最大接触力及横向剪力计算。大量实验表明,最大分层面积跟冲击力呈线性关系。这种关系可通过理论计算和实验确定。

① 两个实验结果(见图 8-9 及图 8-10)[10]。

● 脆性材料 AS4/3501-6,(45/0/-45/90)_{6s},$h \approx 7$ mm;

● 韧性材料 IM7/8551-7,(45/0/-45/90)_{6s},$h \approx 7$ mm;

● 进行静压痕及落锤冲击;

● 冲击试验:冲头直径 $d = 12.7$ mm,$m_s = 4.63$ kg,方板 127 mm 夹持;

● C 扫描测量得损伤面积大小、损伤形状。对两材料,分层都表现为螺旋阶梯状模型;

● 最大分层直径跟试验方法无关;

● 韧性材料有优越的抗冲击损伤性能。

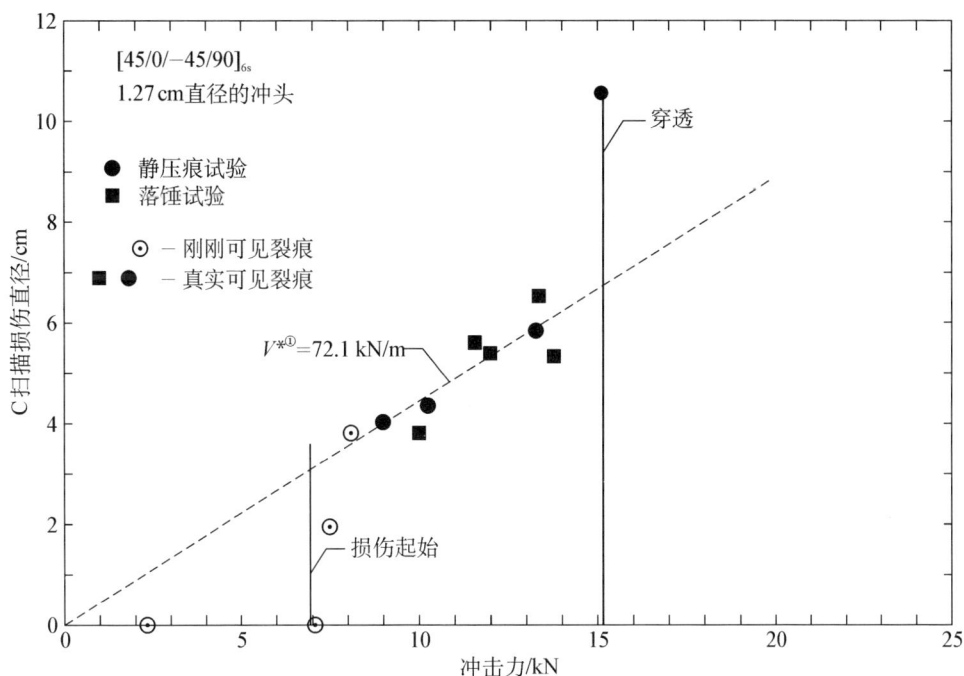

图 8-9 损伤直径-冲击力关系(准各向同性 48 层 AS4/3501-6)①

① V^* 表示损伤边缘横断面上单位长度剪力

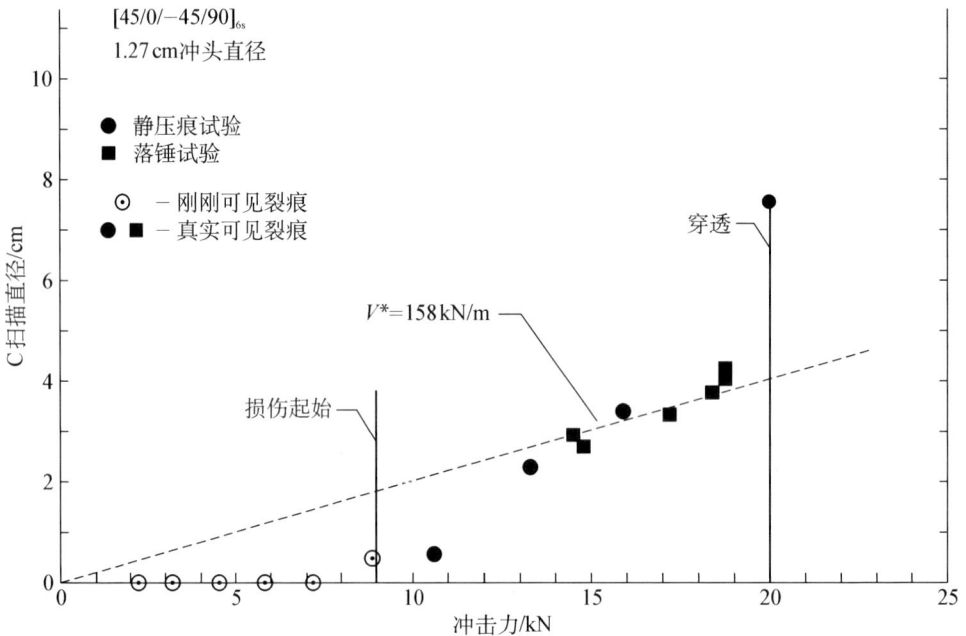

图 8-10 损伤直径-冲击力关系(准各向同性 48 层 IM7/8551-7)

② 分层横向剪力计算。

由于冲击力与最大分层直径为线性关系,那么一个常值的横向剪切力 V 可以跟分层前缘线建立起关系,对于一个圆形前缘,这关系为

$$V = \frac{F}{2\pi r} \tag{8-20}$$

其中:F 为接触力;r 为圆半径,对于方形也同样成立。

当产生分层时,设分层半径为 r^*,那么跟分层前缘直径相关联的横向剪力 V^* 表示为

$$V^* = \frac{F}{2\pi r^*} \tag{8-21}$$

通过大量试验得下面结论:

- 远离接触区的分层仅是冲击力的函数,而与支持条件、冲头直径或冲击方法无关;
- 对于同一种材料,V^* 与板厚 h 有关,V^* 正比于 h 或 $h^{3/2}$;
- 韧性材料的 V^* 比脆性材料的 V^* 要大得多;
- 冲击力与分层大小成线性关系。

③ 对于给定的层压板,由试验测定 V^*,其表达式为

$$V^* = S^* \cdot h \tag{8-22-1}$$

其中:h 为板厚,单位为 mm;V^* 横向剪力,单位为 N/mm;S^* 为分层前缘横向剪应力。

分层前缘横向剪应力 $S^* = V^*/h$,对于脆性材料如 AS4/3501-6,$S^* = 10.8$ MPa,此值比层间剪切强度小一个数量级(AS4/3501-6 的层间剪切强度为 124 MPa),对于类似的脆性材料可近似取 $S^* = 0.087\tau_b^i$。对于任意材料,V^* 可以表示为

$$V^* = C\tau_b^i h \tag{8-22-2}$$

其中:C 由试验测量得到参数;τ_b^i 为层间剪切强度。

④ 用 Hertz 定律,接触半径 r_c 近似为

$$r_c = \left(\frac{F r_s^{3/2}}{n} \right)^{1/3}$$

式中:r_s 为冲头半径;r_c 为接触半径。一般来说,r_s,r_α,r_c 是不同的。

⑤ 损伤面积的近似计算。

利用图 8-9 和图 8-10 的类似实验曲线以及关于 V^* 的概念,可近似计算损伤面积,在此基础上计算剩余强度。

4) 最大冲击力及损伤计算结果

可以用准静力工程方法对矩形各种支持情况层压板进行计算,本文给出较多的例题计算结果。板尺寸 $a \cdot b$,四边简支及固支,冲头 $d = 12.7$ mm,冲击在板中心,如图 8-11 所示。

材料:T300/双马

$E_{1t} = 13\,500$ MPa,$E_{2c} = 10\,700$ MPa,$E_{2t} = 8\,800$ MPa,$G_{12} = 4\,470$ MPa,$\nu = 0.33$

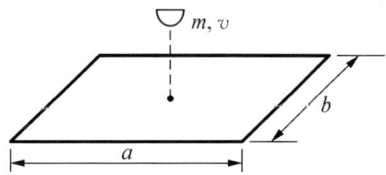

图 8-11 冲击板

铺层情况:

(1) $\left[(45/0/-45/90)_2/(45/0/-45)_5/0 \right]_s$ $h = 6$ mm

(2) $(45, 90, -45, 0, -45, 0, 45, 90, 45, -45, 0, 90, -45, 0, 90, 45, -45, 0, 45)_s$ $h = 4.75$ mm

不同 a,b 及支持情况的冲击响应计算结果见表 8-1。

表 8-1 冲击响应计算结果

铺层号	$a \cdot b$ /(mm×mm)	支持	能量 /J	k /(N/mm)	F_{max} /N	α /mm	δ_{max} /mm	$T/\times 10^{-6}$ s	R /mm	S_{max} /mm²
(1)	254×125	固支	16.3	8129	14593	0.54	1.8	161	35.9	4045
(1)	254×125	简支	16.3	3655	10298	0.43	2.8	127	25.3	2014
(1)	150×115	固支	16.3	10627	16274	0.589	1.5	173	40.0	5030

(续表)

铺层号	$a \cdot b$ /(mm×mm)	支持	能量 /J	k /(N/mm)	F_{max} /N	α /mm	δ_{max} /mm	$T/\times10^{-6}$ s	R /mm	S_{max} /mm²
(1)	150×115	简支	16.3	5 260	12 115	0.484	2.3	142	29.8	2 788
(1)	500×500	固支	16.3	707	4 728	0.258	6.7	76	11.6	424
(1)	500×500	简支	16.3	355	3 373	0.206	9.5	60	8.29	216
(1)	500×500	固支	32.6	707	6 698	0.326	9.5	95	16.5	852
(1)	500×500	简支	32.6	355	4 774	0.260	13.4	76	11.7	432
(2)	100×100	固支	20	8 850	16 803	0.602	1.89	177	41.3	5 362
(2)	200×200	固支	20	2 212	9 060	0.399	4.1	117	22.2	1 559
(2)	150×115	固支	21	5 603	14 182	0.538	2.5	158	34.8	3 820

注:表中,第 1 列为铺层代号,T 为接触时间;R 为分层半径;S_{max} 为最大分层面积。

　　k 为接触点处板的刚度,此刚度值由 MSC. NASTRAN 分析求得作为本方法的输入数据。上面给出的结果是用软件 CHIMPACT 计算的。

共计算了 11 种情况。后面给出部分计算结果图线。

从表 8-1 计算结果可得出几点结论:

- 同样支持及同一冲击能量时,板越大,F_{max} 越小;
- 相同情况,固支比简支严重;
- 相同情况,固支凹坑比简支深;
- 相同情况,在小冲击能量时,小板分层面积比大板要大;
- 通过工程方法与有限元相结合,求得的当量载荷比较合理。

以矩形板大小 $a \cdot b = 254\text{mm} \times 125\text{mm}$,四边固支情况,铺层(1)为例,给出不同冲击能量冲击响应的计算结果列在表 8-2 中,并根据表中数据画出如图 8-12～图 8-15 所示图线。

表 8-2　固支矩形板铺层(1)冲击响应计算结果

冲击能量/J	F_{max}/N	α_{max}/mm	R/mm	S_{max}/mm²
10	11 333	0.463 2	27.87	2 439
15	13 979	0.532 7	34.37	3 712
20	16 220	0.588 2	39.88	4 997
25	18 200	0.635 2	44.75	6 291
30	19 995	0.676 3	49.16	7 593
35	21 648	0.713 1	53.22	8 901
40	23 189	0.746 5	57.01	10 213
50	26 011	0.805 9	63.95	12 850
60	28 576	0.857 9	70.24	15 500
70	30 922	0.904 4	76.03	18 161

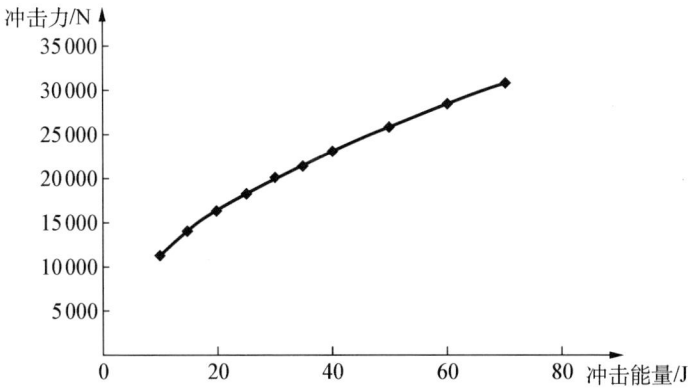

图 8 - 12 冲击能量与最大冲击力的关系

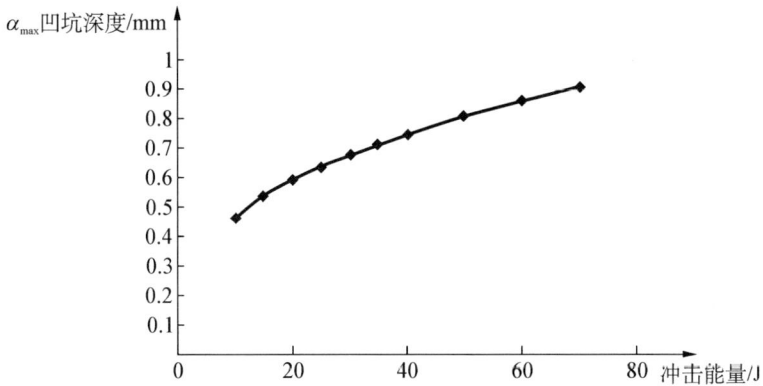

图 8 - 13 冲击能量与 α_{max} 关系

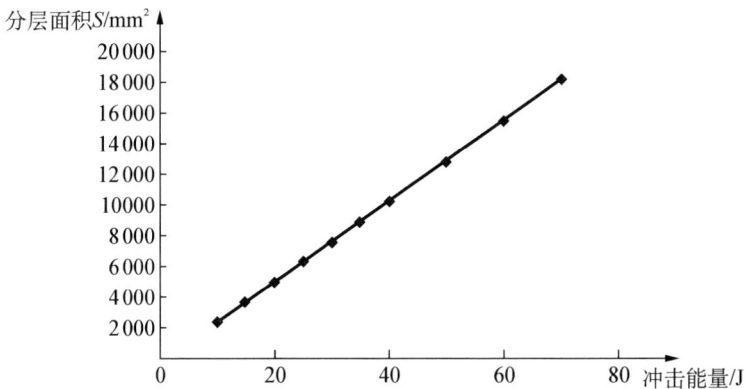

图 8 - 14 冲击能量与最大分层面积的关系

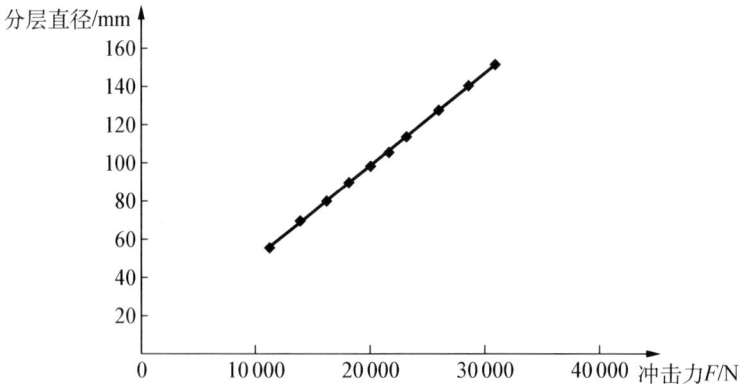

图 8 - 15　冲击力与分层直径 d 的关系

5）计算结果的讨论

上面我们用工程近似方法（准静力方法）计算了最大接触力、横向剪力及损伤（分层面积及 α_{max}），但是应用此方法是有条件的：

● 冲击物质量越大，冲击速度越小，准静力方法计算结果越精确。一般认为，$M \geqslant 1 \mathrm{kg}$，冲击速度 $V < 2 \mathrm{m/s}$，对于一般板格子大小（如 $a \cdot b = 254 \mathrm{mm} \times 125 \mathrm{mm}$），计算结果非常精准。

● 板应尽可能小，板尺寸过大时上述方法要慎重使用，若板大时，冲头质量必须足够大，因此，对大板一般不能用静力方法。

● 图 8 - 13 中，冲击能量与 α_{max} 其数值与试验结果较接近，但两曲线的斜率差别较大。因此，理论计算应做修正。

● 在什么条件下可以用准静力方法求冲击响应问题，在上面已谈到条件 $\omega^2/(K/m_s) > 100$，一般计算很复杂，因此，用 M^{-1} 的对数刻度作横坐标给出某些情况的接触力计算值，包括用动力响应及工程方法的计算结果（见图 8 - 16，图 8 - 17）。图中的参数范围可作为使用工程方法条件的近似考虑。

8.4.2.3　冲击损伤强度当量分析近似方法

关于冲击损伤剩余强度问题，更详细的情况将在下面第 8.5 节中讨论。这里仅在上面工程方法的基础上提出剩余强度的计算方法。一般用两种方法：

① 上面已求得当量载荷 F_{max}，与外载叠加（若在弹性范围）用有限元法计算强度；

② 计算剩余强度。

冲击多在地面维修时出现，在飞行中一般不会出现，用上面的载荷叠加似乎不妥，因此，可以采用当量破损法来计算。因分层半径 R 已求得，将损伤化为半径为 R 的圆孔（这偏于保守）进行有限元分析，如图 8 - 30 所示。使用适当的破坏准则，便可计算剩余强度 $\{\sigma\}_R = [\sigma_x \quad \sigma_y \quad \tau_{xy}]_R^T$，在外载作用下，此部分结构的应力为 $\{\sigma\}$，要满足：$\{\sigma\} \leqslant \{\sigma\}_R$。

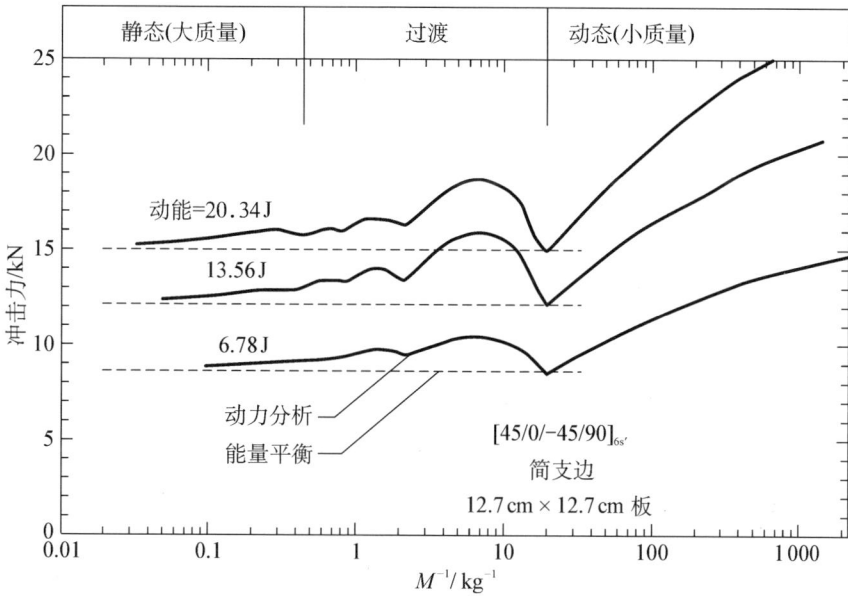

图 8-16 在常动能情况预测的冲击力与冲头质量的关系[10]

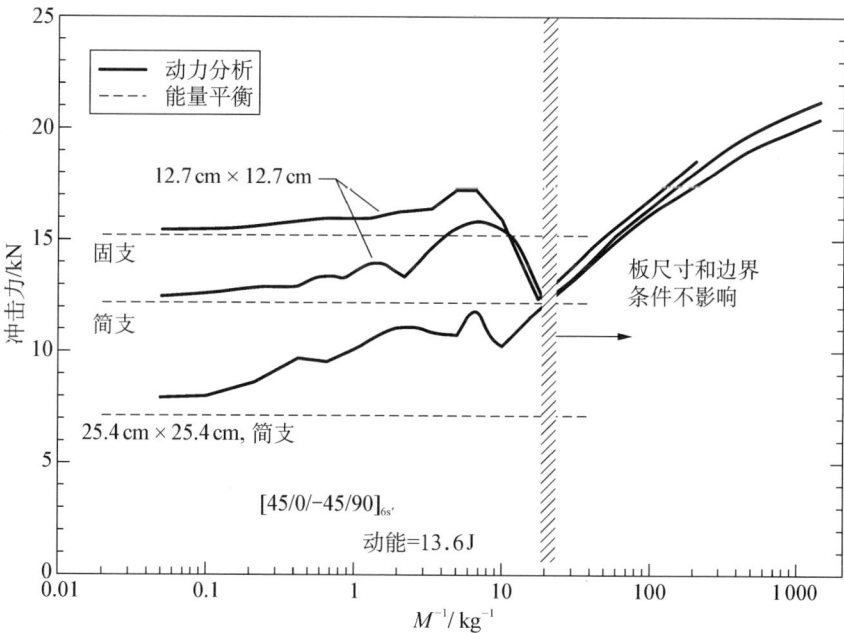

图 8-17 不同板尺寸和支持条件情况冲击力与冲击质量的关系[10]

8.4.2.4 问题讨论

除了上面谈到用准静力方法计算 F_{max} 的限制条件外,另一存在问题是,用式(8-14)计算 F_{max} 是认为所有的冲击能量(等式左边)用于产生板位移 δ 及板凹坑 α 而无能量损失,但是我们从图 8-6 及图 8-8 看到,当冲击力达到 F_L 时,板出现了损伤。有损伤就要吸收(或消耗)能量,因此,计算 F_{max} 时,采用式(8-14)认为用总能量(不消耗),这是不妥当的,而应仔细讨论。板的总能量应是图 8-8 中 $O-A-B-C-D$ 折线所包围的面积。它包括板的变形能量(由板位移 δ 和板凹坑 α 表示)及损伤吸收(或消耗)的能量,但是不要错误地认为板的变形能量只是图 8-8 中 OA 线段下面的能量。实际上,除了这部分能量外,总能量中还有一部分能量要提供产生板的变形所需要的能量。文献[26]提出这种见解:设 OA 线段下面的能量为 E_1,总能量为 E_0,能量 $E_4 = E_0 - E_1$,而 E_4 全部是板损伤(如分层)所吸收的能量,我们认为这需要认真研究。很明显,能量 E_4 中除了板损伤(如分层)所吸收的能量外还有一部分使板变形所需要的能量。因此,必须仔细找出 E_4 中使板产生损伤的那部分能量,才能得到合理的计算结果。

本方法中,假设总能量全部产生板变形而无能量损失,据此求出 F_{max},这也是非常近似的,必须进行较多的试验对此进行修正才能用于设计中。

8.5　冲击损伤剩余强度分析

冲击损伤的剩余强度分析是一个非常重要而有实际意义的课题。近年来,众多作者做了大量的试验与理论研究。这些研究中给出了试验数据,理论上也提出了各种分析模型。

冲击损伤剩余强度分析必须了解层压板损伤的最终状态。精确地给出此状态是非常困难的。通过试验观察,在冲击区域内(γ_c),损伤是由基体裂纹、分层及纤维断裂组成;远离接触区由基体裂纹及分层组成,要精确分析这些问题不是光凭理论就能解决的。一般要通过试验修正才能得到比较接近的实际结果。本节简要介绍了国内外某些工作,并详尽描述了几种模型。

8.5.1　损伤尺寸描述

损伤尺寸描述一般有两种方法,第一,冲击后各分层大小、形状以及在厚度方向的位置,如图 8-18 所示[1]。它表示出各分层平面尺寸(即长、短轴方向),

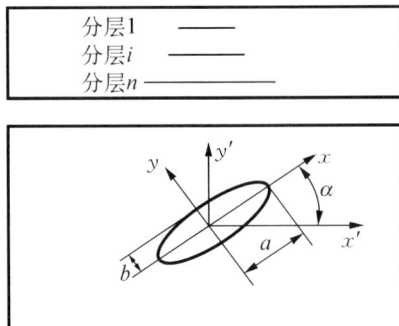

图 8-18　分层尺寸描述之一

它处在哪两层之间;第二,冲击时凹坑深度以及最大分层面积,如图 8‑19 所示[2]。

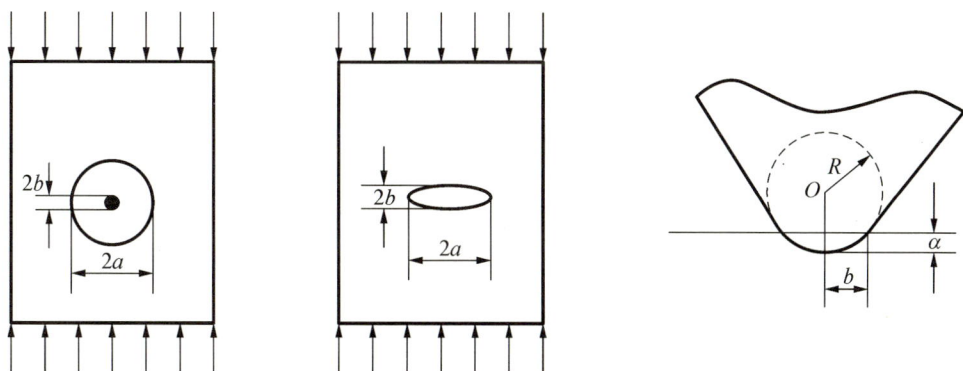

图 8‑19 损伤描述

8.5.2 模型 1:分层屈曲模型[1]

层压板受冲击后,形成多个分层的二维分层模型,且分层形状可近似为椭圆形,主轴取其实际角度。这种分析将冲击损伤模型作如下假设:

① 仅考虑主要分层;

② 一个或几个分层之间的分层不连通;

③ 每层均认为是承载层,可忽略纤维的局部断裂,也可对严重区域断裂纤维所在层作折算考虑;

④ 分层形状为椭圆形,且有角度变化。

1) 失效模型

失效模型分析框图如图 8‑20 所示。每个子叠层失效分析由以下两个模型判断:第一,一个最外层的屈曲模型,即分别对上下两个最外叠层作屈曲分析;第二,所有子叠层的压缩模型,即对每个子叠层作压缩分析。子叠层屈曲分析采用瑞利‑李兹法(R‑R 法);子叠层压缩破坏则采用经典层压板理论的有关破坏准则。

2) 子叠层间的载荷分配

对于对称层压板,认为应变沿厚度方向均匀分布,可求出中面应变,再由中面应变得到各子叠层的承载大小。当外载为{P}时,按经典层板理论求出中面应变:

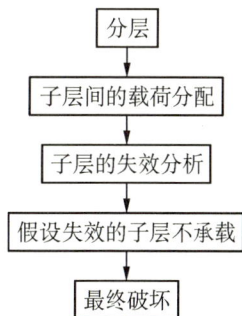

图 8‑20 失效分析

$$\begin{Bmatrix} \varepsilon_x^0 \\ \varepsilon_y^0 \\ \gamma_{xy}^0 \end{Bmatrix} = \begin{bmatrix} a_{11} & a_{12} & a_{16} \\ a_{21} & a_{22} & a_{26} \\ a_{61} & a_{62} & a_{66} \end{bmatrix} \begin{Bmatrix} P_x \\ P_y \\ P_{xy} \end{Bmatrix} = [a]\{P\} \qquad (8-23)$$

那么第 m 子叠层的载荷 $\{N\}_m$ 为

$$\begin{Bmatrix} N_x \\ N_y \\ N_{xy} \end{Bmatrix}_m = \begin{bmatrix} A_{11} & A_{12} & A_{16} \\ A_{21} & A_{22} & A_{26} \\ A_{61} & A_{62} & A_{66} \end{bmatrix}_m \begin{Bmatrix} \varepsilon_x^0 \\ \varepsilon_y^0 \\ \gamma_{xy}^0 \end{Bmatrix} = [A]_m\{\varepsilon^0\} \qquad (8-24)$$

其中：$[a]$ 为层板的广义柔度矩阵；$[A]_m$ 为第 m 叠层的刚度矩阵。当失效层出现时，它不再承载，在未失效的子层中，近似按此方法计算载荷分配，见图 8-21。

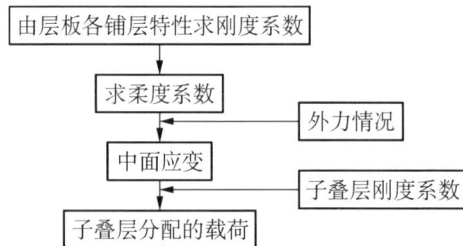

图 8-21　子叠层载荷分配

3）子叠层的压缩破坏

求出各子叠层的应力，按蔡-吴破坏理论计算失效，当然也可以按其他理论，具体计算过程从略。

4）子叠层的屈曲

对于受冲击损伤的最外一个子叠层的屈曲分析，以 W. Whitcomb[11] 模型为基础，认为基板的厚度远大于屈曲子叠层的厚度，且基板在外载荷作用下不发生屈曲；子叠层的边界条件作为理想固支条件，屈曲前按无损薄板理论分析。为一普遍性，我们用图 8-22 所示的受力模型。椭圆中心为坐标原点 O，h 为分层厚度，a、b 分别为分层椭圆长、短半径。

5）子层屈曲理论分析

采用瑞利-李兹法进行子层屈曲分析。对于小挠度薄板采用的假设为：

① 横向应变 $\varepsilon_z = 0$；

② 略去 τ_{xz}，τ_{yz}，σ_z 对板变形的影响；

③ 板中面各点无面内位移。

满足边界条件 $\varepsilon_z = 0$ 假设的子层屈曲位移函数为

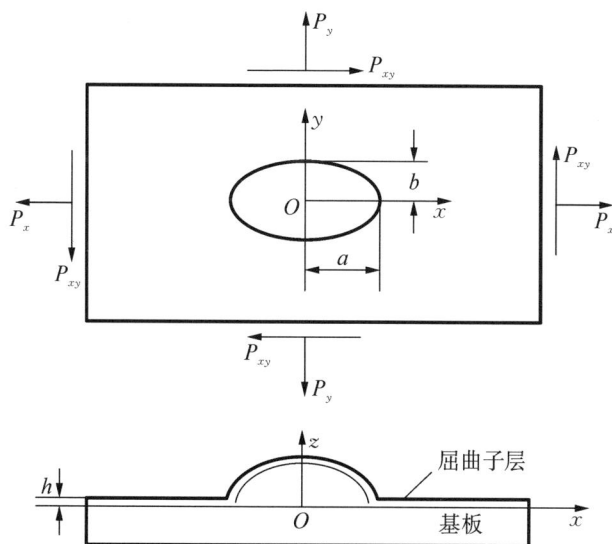

图 8 - 22　最外屈曲子层特性

$$w = \left[1 - \left(\frac{x}{a} \right)^2 - \left(\frac{y}{b} \right)^2 \right]^2 (C_0 + C_1 x^2 + C_2 y^2 + C_3 xy) \qquad (8 - 25)$$

式中：x，y 及 a，b 前已说明；C_i 为待定常数。可在计算中考虑各种耦合刚度影响，并能对压剪复合载荷条件下任意椭圆子层主轴方向进行计算。

　　子层屈曲的总势能表达式为

$$\Pi = U + V$$

其中：U 为应变能；V 为外载势能。第 m 子层（屈曲子层）的三个内力分量为（N_x^m，N_y^m，N_{xy}^m），外载势能分别为

$$\left. \begin{aligned} \mathrm{d}V_x &= \frac{1}{2} N_x^m \left(\frac{\partial w}{\partial x} \right)^2 \mathrm{d}x\mathrm{d}y \\ \mathrm{d}V_y &= \frac{1}{2} N_y^m \left(\frac{\partial w}{\partial y} \right)^2 \mathrm{d}x\mathrm{d}y \\ \mathrm{d}V_{xy} &= N_{xy}^m \left(\frac{\partial w}{\partial x} \frac{\partial w}{\partial y} \right)^2 \mathrm{d}x\mathrm{d}y \end{aligned} \right\} \qquad (8 - 26)$$

在椭圆区域 F 内积分得

$$V = \frac{1}{2} \iint_F \left[N_x^m \left(\frac{\partial w}{\partial x} \right)^2 + N_y^m \left(\frac{\partial w}{\partial y} \right)^2 + 2 N_{xy}^m \frac{\partial w}{\partial x} \frac{\partial w}{\partial y} \right] \mathrm{d}x\mathrm{d}y \qquad (8 - 27)$$

　　略去 τ_{xz}，τ_{yz}，σ_z 的影响，采用直法线假设，故第 m 子层中第 k 单层的物理方程为

$$\begin{Bmatrix} \sigma_x \\ \sigma_y \\ \tau_{xy} \end{Bmatrix} = z \begin{bmatrix} \bar{Q}_{11} & \bar{Q}_{12} & \bar{Q}_{16} \\ \bar{Q}_{21} & \bar{Q}_{22} & \bar{Q}_{26} \\ \bar{Q}_{61} & \bar{Q}_{62} & \bar{Q}_{66} \end{bmatrix}^{(k)} \begin{Bmatrix} \dfrac{\partial^2 w}{\partial x^2} \\ -\dfrac{\partial^2 w}{\partial y^2} \\ -2\dfrac{\partial^2 w}{\partial x \partial y} \end{Bmatrix} \qquad (8-28)$$

式中:$\bar{Q}_{ij}$ 为第 k 单层模量分量。

$$D_{ij}^{(m)} = \sum_{k=1}^{n} \int_{-h/2}^{h/2} \bar{Q}_{ij}^{(k)} z^2 \mathrm{d}z \qquad (8-29)$$

其中:n 表示子叠层 m 的单层总数,一般来说,子叠层 m 是不对称的,采用折减刚度 $[D]^*$ 表示:

$$[D]^* = [D_m] - [B_m][A_m]^{-1}[B_m] \qquad (8-30)$$

应变能可以写为

$$U = \frac{1}{2}\iint_F \left[D_{11}^* \left(\frac{\partial^2 w}{\partial x^2}\right)^2 + 2D_{12}^* \frac{\partial^2 w}{\partial x^2} \cdot \frac{\partial^2 w}{\partial y^2} + D_{22}^* \left(\frac{\partial^2 w}{\partial y^2}\right)^2 + 4D_{66}^* \left(\frac{\partial^2 w}{\partial x \partial y}\right)^2 + \right.$$
$$\left. 4\left(D_{16}^* \frac{\partial^2 w}{\partial x^2} + D_{26}^* \frac{\partial^2 w}{\partial y^2} \right) \frac{\partial^2 w}{\partial x \partial y} \right]\mathrm{d}x\mathrm{d}y \qquad (8-31)$$

其中:D_{11}^*,D_{12}^*,$\cdots$,D_{66}^* 为屈曲子叠层 m 刚度矩阵 $[D]^*$ 的元素。

根据势能最小原理,得到特征值方程为

$$|[K] + \lambda[K']| = 0 \qquad (8-32)$$

$[K]$ 仅跟弯曲有关的,但是,层板内原来可能具有初始力 N_{x0}、N_{y0}、N_{xy0} 时;$[K]$ 应增加或减少一部分值(N_{x0} 为压力时,则减少),故式(8-32) 变为

$$|[K] + [K_0'] + \lambda[K']| = 0 \qquad (8-33)$$

求解此方程,求得最小特征值 λ,临界载荷为

$$\{P\}_{\mathrm{cr}} = \lambda\{P\} = \lambda[P_x \quad P_y \quad P_{xy}]^{\mathrm{T}} \qquad (8-34)$$

其中:$\{P\}=[P_x \quad P_y \quad P_{xy}]^{\mathrm{T}}$ 为外载荷。

式(8-33)中:

$$[K] = D_{11}^*[K_1] + D_{22}^*[K_2] + 2(D_{12}^* + 2D_{66}^*)[K_3] + 4(D_{16}[K_{16}] + D_{26}^*[K_{26}]) \qquad (8-35)$$

$$[K_0'] = N_{x0}^m[K_1'] + N_{y0}^m[K_2'] + N_{xy0}^m[K_3'] \qquad (8-36)$$

$$[K'] = [K_1'] + \frac{N_y^m}{N_x^m}[K_2'] + \frac{N_{xy}^m}{N_x^m}[K_3'] \qquad (8-37)$$

其中,(下面矩阵对称,仅写一半)

$$[K_1]_{4\times4} = \frac{b}{a^3}\begin{bmatrix} 8 & a^2 & b^2 & 0 \\ & 2.7a^4 & 0.1a^2b^2 & 0 \\ & & 0.3b^4 & 0 \\ & & & 0.5a^2b^2 \end{bmatrix}$$

$$[K_2] = \frac{a}{b_3}\begin{bmatrix} 8 & a^2 & b^2 & 0 \\ & 0.3a^4 & 0.1a^2b^2 & 0 \\ & & 2.7b^4 & 0 \\ & & & 0.5a^2b^2 \end{bmatrix}$$

$$[K_3] = \frac{1}{3ab}\begin{bmatrix} 8 & 0 & 0 & 0 \\ & 1.1a^4 & 0.5a^2b^2 & 0 \\ & & 1.1a^4 & 0 \\ & & & 0.9a^2b^2 \end{bmatrix}$$

$$[K_{16}] = \frac{\pi b}{a}\begin{bmatrix} 0 & 0 & 0 & 0 \\ & 0 & 0 & 0.8a^2 \\ & & 0 & 0.4b^2 \\ & & & 0 \end{bmatrix}$$

$$[K_{26}] = \frac{\pi a}{b}\begin{bmatrix} 0 & 0 & 0 & 0 \\ & 0 & 0 & 0.4a^2 \\ & & 0 & 0.8b^2 \\ & & & 0 \end{bmatrix}$$

$$[K'_1] = \frac{\pi b}{60a}\begin{bmatrix} 40 & 0 & 4b^2 & 0 \\ & 3a^2 & 0 & 0 \\ & & b^4 & 0 \\ & & & a^2b^2 \end{bmatrix}$$

$$[K'_2] = \frac{\pi a}{60b}\begin{bmatrix} 40 & 4a^2 & 0 & 0 \\ & a^4 & 0 & 0 \\ & & 3b^4 & 0 \\ & & & a^2b^2 \end{bmatrix}$$

$$[K'_3] = \frac{\pi ab}{60}\begin{bmatrix} 0 & 0 & 0 & -4 \\ & 0 & 0 & a^2 \\ & & 0 & b^2 \\ & & & 0 \end{bmatrix}$$

值得指出,在图 8-22 所示坐标系中严格地说,只有剪力 $P_{xy}=0$ 时,位移函数式(8-25)才是合理的,否则式(8-25)应进行修改。

8.5.3　模型2:弹性核模型

本节内容直接取自许希武教授在文献[1]中介绍的方法。将损伤区看作是一个弹性核,此弹性核的力学参数不同于未损伤区域。而弹性核力学参数计算有各种方法,这里介绍一种方法。弹性核力学参数确定后,剩下的问题就是如何求解具有弹性核的应力分析及强度分析。

1) 弹性核弹性常数确定方法

这里使用的方法为:由最外层的屈曲应力确定弹性核的材料性能降,在最外的子层屈曲后,损伤层板中的载荷将重新分配,其中较大的载荷会分配到层板中未损伤的部分,载荷的重新分配在损伤区边缘产生应力集中,使压缩强度下降。材料在此区中的弹性模量降由远离冲击面最大子层的屈曲来确定,如图 8-23 所示。其中,σ_B 是最外子叠层屈曲时在层压板上的正应力,σ_{RS} 是损伤后层压板的压缩剩余强度。

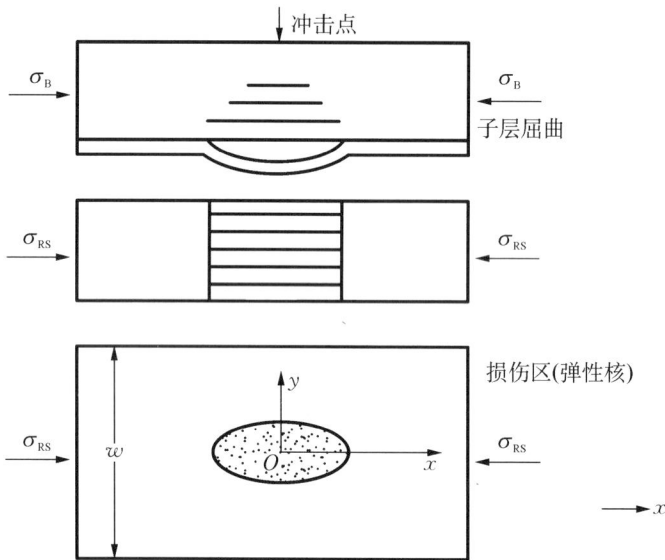

图 8-23　冲击损伤弹性核模型

在损伤分析时,要给出最外子层的位置及大小,按上面介绍的方法计算最外子层的屈曲应力σ_B,在相同的载荷下,未受冲击损伤的层板的压缩破坏应力为σ_{-b},则弹性核内材料性能的折减系数为

$$D_r = \sigma_B / \sigma_{-b} \tag{8-38}$$

设弹性核材料内材料泊松比不变,则弹性模量为

$$\left.\begin{aligned} E_{h1} &= D_r E_1 \\ E_{h2} &= D_r E_2 \\ G_{h12} &= D_r G_{12} \end{aligned}\right\} \tag{8-39}$$

其中：E_{h1}，E_{h2}，E_{h12} 为弹性核的弹性模量；E_1，E_2，G_{12} 为无损伤层压板的弹性模量。

2）含弹性核层板的强度分析

含弹性核层板应力分析可用各种方法，在求得应力后，利用特征曲线方法，检查特征曲线上应力是否达到破坏，如图 8-24 所示，特征曲线方程为

$$\frac{x^2}{(a+d_0)^2} + \frac{y^2}{(b+d_0)^2} = 1 \tag{8-40}$$

其中：d_0 为特征长度，由试验定，是材料及铺层情况的函数。

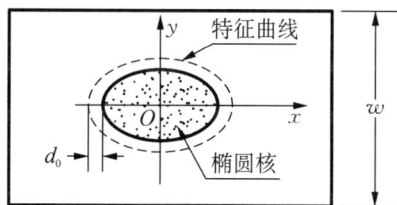

图 8-24 特征曲线及特征长度

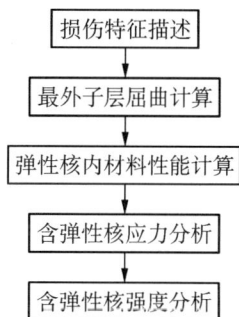

图 8-25 弹性校核模型分析框图

强度分析时认为沿特征曲线上元素发生破坏时的正则化应力即为层板的剩余强度。是否第一层破坏就认为破坏？这是强度设计准则及破坏判据问题。破坏判据可采用各种判据。这要求计算结果跟试验结果进行比较，根据我们计算经验，不同的计算方法，可能 d_0 会取不同的值才能跟试验吻合。弹性核分析确定冲击损伤剩余强度的分析框图如图 8-25 所示。

8.5.4 模型 3：损伤凹坑当量椭圆孔分析 FD 判据

损伤凹坑当量椭圆孔分析 FD 判据是陈普会教授提出的分析方法[2]。当有一定深度凹坑且板较薄时，陈普会发展了建立在大量试验基础上的分析模型。这种模型虽然在理论机理上仍值得进一步讨论，但是对于单向外载（拉或压）情况，这种方法应用方便，且对大多数常用铺层情况，计算结果与实验吻合较好。

1）损伤描述

如图 8-19 所示。凹坑深度为 α，最大分层面积为 S，将最大分层面积 S 用半径

为 a 的当量圆表示，a 表示为

$$a = \sqrt{\frac{S}{\pi}} \qquad (8-41)$$

凹坑用一半径为 b 的圆表示。它是根据凹坑深度 α 以及冲头半径 R 推算得到的：

$$b = \sqrt{R^2 - (R - \alpha)^2} \qquad (8-42)$$

2）破坏机理

当冲击具有一定大小的凹坑时，在压缩载荷作用下，损伤区将作为一个整体朝一个方向发生面外变形，挠曲方向指向冲击背向，如图 8-26 所示。试验观察表明随着压缩载荷的增加，凹坑向里不断凹进，凹曲面逐渐增大，呈不断变化的椭圆状，当椭圆长轴达到原损伤区的边界时，形成具有一定深度的椭圆曲面，继续加载，椭圆长轴基本不再增加，只是凹曲面深度增加，凹曲面内的纤维严重弯折，冲击损伤区的承载能力大大降低，随后的破坏类似于含椭圆孔的层压板受压缩一样，可以分为两个阶段，即冲击损伤附近损伤区的形成阶段和突然破坏阶段。

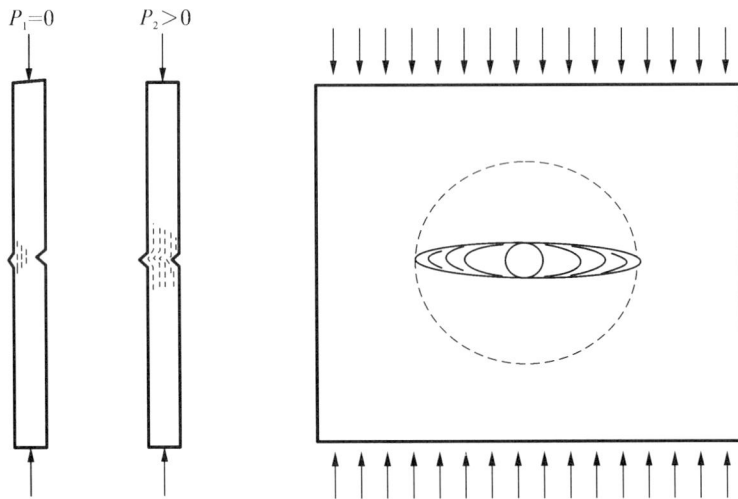

图 8-26　损伤区破坏过程

3）剩余强度分析

剩余强度分析时，简化成为图 8-19 所示的椭圆孔（长半轴为 a，短半轴为 b），并假设孔内材料不再承载。剩余强度分析，第一步必须对图 8-19 所示含椭圆孔层压板在拉（或压）载荷作用下进行应力分析；第二步是根据一定的破坏判据，确定剩余强度，陈普会用的是他自己提出的 FD 判据。

（1）含椭圆孔板应力分析

应力分析可用有限元法以及解析法。解析法中，陈普会是利用弹性平面问题复变函数方法解决含孔各向异性板的应力分析。详情可参考有关资料，本书仅给出陈普会论文中的公式。

（2）破坏分析的 FD 判据

FD 判据认为：

假设当缺口附近 0°层垂直于加载方向的一距离 L_0 范围内的平均应力达到材料体系单向板拉伸或压缩强度时，层压板失效，并进一步假设 L_0 是只与材料及载荷类型（拉或压）有关的常数。而与层压板铺层、缺口形状及缺口尺寸无关。当层压板发生如图 8-27 所示破坏时，满足下式

$$\frac{1}{L_0}\int_a^{a+L_0} \sigma_y^0(x,\,0)\mathrm{d}x = X \tag{8-43}$$

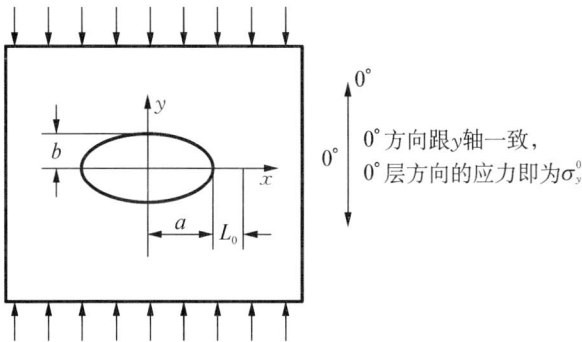

图 8-27 特征长度

式中：L_0 为特征长度，材料系数，拉压取不同值，它是大量试验结果的平均值；a 为椭圆长半轴或中心裂纹半长度；X 为材料 0°层性能数据，拉伸时 $X=X_t$，压缩时 $X=X_c$；$\sigma_y^0(x,\,0)$ 为层压板缺口边 0°层的应力分布，它可由有限元法或各向异性弹性理论中的复变函数方法求得，用后面一种方法，层压板的应力表达式为

$$\sigma_x = a\sigma_y^\infty \mathrm{Re}\left[\frac{a_1\mu_2^2}{w_2} - \frac{a_2\mu_1^2}{w_1}\right] \tag{8-44}$$

$$\sigma_y = \sigma_y^\infty \left\{1 + a\mathrm{Re}\left[\frac{a_1}{w_2} - \frac{a_2}{w_1}\right]\right\} \tag{8-45}$$

$$\tau_{xy} = -a\sigma_y^\infty \mathrm{Re}\left[\frac{a_1\mu_2}{w_2} - \frac{a_2\mu_1}{w_1}\right] \tag{8-46}$$

其中：

$$a_1 = (a - \mathrm{i}\mu_2 b)\mu_1$$

$$a_2 = (a - \mathrm{i}\mu_2 b)\mu_2$$

$$w_1 = (\mu_1 - \mu_2)(z_i + \sqrt{z_i^2 - a^2 - \mu_i^2 b^2})\sqrt{z_i^2 - a^2 - \mu_i^2 b^2}, \quad i = 1,2$$

$$z_i = x + \mu_i y$$

而 μ_1、μ_2 为特征根,表达式为

对于各向异性材料, $\quad \mu_1 = \mu_2 = \mathrm{i}, \ \bar{\mu}_1 = \bar{\mu}_2 = -\mathrm{i}$ \hfill (8-47)

对于呈正交各向异性材料且坐标轴与材料主轴方向一致时,单向层压板(注意:1 方向是图 8-27 中的 y 方向,2 为 x 方向)情况比较简单。有三种情况,令

$$\Delta = \left(\frac{E_1}{G_{12}} - 2\nu_{12}\right) - 4\frac{E_1}{E_2} \tag{8-48}$$

当 $\Delta > 0$ 时,

$$\mu_1 = \frac{\mathrm{i}}{2}\left[\sqrt{f} + \sqrt{H}\right] \tag{8-49}$$

$$\mu_2 = \frac{\mathrm{i}}{2}\left[\sqrt{f} - \sqrt{H}\right] \tag{8-50}$$

当 $\Delta < 0$ 时,

$$\mu_1 = \frac{1}{2}\left[\mathrm{i}\sqrt{f} - \sqrt{H}\right] \tag{8-51}$$

$$\mu_2 = \frac{1}{2}\left[\mathrm{i}\sqrt{f} + \sqrt{H}\right] \tag{8-52}$$

当 $\Delta = 0$ 时, $\qquad \mu_1 = \mu_2 = \mathrm{i}\left(\frac{E_1}{E_2}\right)^{1/2}$ \hfill (8-53)

其中: $\qquad f = \frac{E_1}{G_{12}} - 2\nu_{12} + 2\sqrt{\frac{E_1}{E_2}}$ \hfill (8-54)

$$H = \frac{E_1}{G_{12}} - 2\nu_{12} - 2\sqrt{\frac{E_1}{E_2}} \tag{8-55}$$

根据经典层压板理论,层压板应变为

$$\begin{Bmatrix} \varepsilon_x \\ \varepsilon_y \\ \gamma_{xy} \end{Bmatrix} = \begin{bmatrix} a_{11} & a_{12} & a_{16} \\ a_{12} & a_{22} & a_{26} \\ a_{16} & a_{26} & a_{66} \end{bmatrix} \begin{Bmatrix} \sigma_y \\ \sigma_x \\ \tau_{xy} \end{Bmatrix} \tag{8-56}$$

则层压板中 0°层的应力为

$$\begin{Bmatrix} \sigma_y^0 \\ \sigma_x^0 \\ \tau_{xy}^0 \end{Bmatrix} = \begin{bmatrix} Q_{11} & Q_{12} & 0 \\ Q_{12} & Q_{22} & 0 \\ 0 & 0 & Q_{66} \end{bmatrix} \begin{bmatrix} a_{11} & a_{12} & a_{16} \\ a_{12} & a_{22} & a_{26} \\ a_{16} & a_{26} & a_{66} \end{bmatrix} \begin{Bmatrix} \sigma_y \\ \sigma_x \\ \tau_{xy} \end{Bmatrix} \qquad (8-57)$$

令 $z_i = x (i=1, 2)$，即可求出 $0°$ 层沿 x 轴方向应力分布 $\sigma_y^0 (x, 0)$，代入式(8-43)得

$$\frac{1}{L_0} = \left[\alpha_1 \int_a^{a+L_0} \sigma_x(x, 0)\mathrm{d}x + \alpha_2 \int_a^{a+L_0} \sigma_y(x, 0)\mathrm{d}x + \alpha_3 \int_a^{a+L_0} \tau_{xy}(x, 0)\mathrm{d}x \right] = X$$
$$(8-58)$$

其中 $\alpha_j (j=1, 2, 3)$ 定义为

$$\left. \begin{array}{l} \alpha_1 = Q_{11}a_{11} + Q_{12}a_{12} \\ \alpha_2 = Q_{11}a_{12} + Q_{12}a_{22} \\ \alpha_3 = Q_{11}a_{16} + Q_{12}a_{26} \end{array} \right\} \qquad (8-59)$$

(3) 有限宽度修正

以上是用无限宽板理论得到的结果，因此，上面公式中未出现板宽 W，当孔径与板宽之比较大时，要进行宽度修正。Tan[12] 给出各向异性板有限宽度修正系数，含圆孔、椭圆孔即中心裂纹有限宽度修正系数分别为

$$Y_1 = \frac{2 + (1 - 2R/W)^3}{3(1 - 2R/W)} \qquad (8-60)$$

$$Y_2 = \frac{\lambda^2}{\lambda_1^2} + \frac{1 - 2\lambda}{\lambda_1^2} \sqrt{K} - \frac{4b^2 M^2}{\lambda_1 \sqrt{K} W^2} \qquad (8-61)$$

$$Y_3 = \sqrt{[W/(\pi a)]\tan(\pi a/W)} \qquad (8-62)$$

其中： $\lambda = \dfrac{b}{a}$；$\lambda_1 = 1 - \lambda$；$K = 1 + (\lambda^2 - 1)\left(\dfrac{2a}{W}M\right)^2$

$$M^2 = \left\{ \sqrt{1 + 8\left[\frac{3(1 - 2a/W)}{2 + (1 - 2a/W)^3} - 1\right]} - 1 \right\} \Big/ 2(2a/W)^2$$

式中：W 为板宽；R 为孔半径。

(4) 剩余强度计算公式

$$\sigma_y^\infty = \frac{L_0 X}{\alpha_1 F_1 + \alpha_2 F_2 + \alpha_3 F_3} Y_i \qquad i = 1, 2, 3 \qquad (8-63)$$

$i = 1, 2, 3$ 分别适用于圆孔、椭圆孔及裂纹。

其中：

$$F_1 = \int_{R(\text{或}a)}^{R(\text{或}a)+L_0} \left(1 + a\mathrm{Re}\left[\frac{a_1}{W_x} - \frac{a_2}{W_x}\right]\right)\mathrm{d}x \qquad (8-64)$$

$$F_2 = a\int_{R(\text{或}a)}^{R(\text{或}a)+L_0} \mathrm{Re}\left[\frac{a_1\mu_2^2}{W_x} - \frac{a_2\mu_1^2}{W_x}\right]\mathrm{d}x \qquad (8-65)$$

$$F_3 = -a\int_{R(\text{或}a)}^{R(\text{或}a)+L_0} \mathrm{Re}\left[\frac{a_1\mu_2}{W_x} - \frac{a_2\mu_2}{W_x}\right]\mathrm{d}x \qquad (8-66)$$

其中：$W_x = (\mu_1 - \mu_2)(x + \sqrt{x^2 - a^2 - \mu_2^2 b^2})\sqrt{x^2 - a^2 - \mu_2^2 b^2}$；$a_1$，$a_2$ 见式(8-46)；α_1，α_2，α_3 见式(8-59)。

（5）关于特征长度 L_0 问题

自从 Whitney 和 Nuismer 在 20 世纪 70 年代提出"点应力"和"平均应力"准则[13]，其中涉及特征长度 d_0 及 a_0 的概念后，这一重要概念普遍被用在带缺口复合材料的破坏分析中。张富国在复合材料机械连接孔的分析中采用"特征曲线"的概念[14]，我国很多人也这样用，现在陈普会也用了特征长度 L_0 的概念，追其源，凡涉及剩余强度分析中特征长度的做法，仍是 W. N. 方法的推广（后面要介绍的 DI 判据也如此）。

有些研究者认为"特征长度"仅跟材料有关而跟铺层无关，我们认为这种认识与实际情况不符合。W. N. 的应力准则认为距离孔边或裂纹尖端某一特征长度 d_0 处应力 σ_y 达到无缺口层压板强度 σ_b 时，层压板发生破坏，即公式为

$$\sigma_y(x,0)\big|_{R+d_0} = \sigma_b$$

并且 d_0 由试验定。即使同一种材料，由于铺层不同，σ_b 是不同的，故 d_0 跟铺层有关，跟孔径也有关系。这一点已被试验所证实。因此，一切认为"特征长度"跟铺层无关这一结论在理论上是不妥当的，实际上与试验结果也不符合。我们做了大量计算证明，特征长度 d_0，a_0，R_t，R_c 跟铺层是有关系的。从 L_0 的试验结果也可以看出，对于同一种材料，不同铺层，L_0 是不同的。但从工程角度来看，将同一种材料各种不同铺层试样进行试验的平均值作为该材料的"特征长度"L_0，计算结果是可以接受的。但是某些铺层结果偏离较大，这值得注意。为了提高 L_0 的精度（即计算结果的精度），建议：

第一，在取各种不同形式的铺层进行试验时，对于不常用的铺层不选取它的结果参与平均值计算，否则影响 L_0 精度；

第二，在确定 L_0 平均值的大量试验，已存在 L_0 与各种不同铺层层压板的对应关系，在工程设计中如已选用了特殊铺层，在破坏分析时，选跟试验件接近的铺层的 L_0 而不取平均值，计算结果精度会大大提高。

因此，建立在"特征长度"概念上的判据及计算不仅是理论问题，更是一个试验问题。他们在实际的工程应用中是有价值的。

8.5.5 模型 4:DI 模型

DI 模型是唐啸东提出的分析模型[27],关于 DI 模型讨论这里从略。

8.5.6 理论分析结果和试验结果比较

1) 分层屈曲模型(模型 1)的计算结果

选文献[15]中的一种层板,将文献分析结果、试验结果与模型 1 计算结果进行比较:

- 层板几何尺寸 305 mm×178 mm,四边固支。
- 材料 AS4/Peek。

性能如下:

$E_1 = 125\,400\,\text{MPa}$;$E_2 = 9\,160\,\text{MPa}$;$G_{12} = 4\,960\,\text{MPa}$,$\nu_{12} = 0.33$,$X_t = 1\,890\,\text{MPa}$,$X_c = 1\,720\,\text{MPa}$,$Y_t = 103\,\text{MPa}$,$Y_c = 80\,\text{MPa}$,$S = 602\,\text{MPa}$;铺层 $(45/-45/0/90)_{6s}$。

- 冲击能量:54.2J。
- 检测到的损伤大小及位置见表 8-3。

表 8-3 AS4/Peek 层压板受 54J 能量冲击损伤分层位置与大小

分层位置/层	椭圆 a/mm	b/mm
2	24.15	20.10
5	23.25	20.40
10	25.30	23.75
28	25.55	25.00
41	25.75	25.25

注:a、b 分别表示椭圆损伤区域长半轴和短半轴

采用本节模型 1 计算的结果与文献[15]作比较,见图 8-28。

2) 弹性核模型(模型 2)

将其跟文献[16]给出的结果(包括计算结果及试验结果)进行比较:

- 层板几何尺寸:102 mm×152 mm;
- 铺层 $(45/0/-45/90)_{3s}$,每单层厚度 $t=0.19\,\text{mm}$;
- 材料 T800H/3900-2。

性能如下:

$E_1 = 152\,400\,\text{MPa}$;$E_2 = 9\,205\,\text{MPa}$;

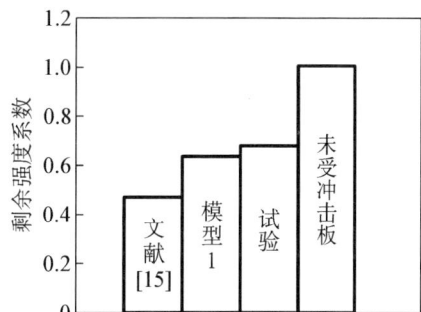

图 8-28 剩余强度计算结果跟文献[15]结果比较

$G_{12} = 4275$ MPa，$\nu_{12} = 0.35$，$X_t = 2089$ MPa，$X_c = 1482$ MPa，$Y_t = 79.3$ MPa，$Y_c = 231$ MPa，$S = 138.2$ MPa。

采用 5 种冲击能量进行试验，每项试验 5 个试件。本节中模型 2 采用了 3 种准则分析板剩余强度，文献[16]用最小二乘法曲线拟合技术处理试验结果给出特征长度 d_0，d_0 是板宽 W 及椭圆尺寸的函数，计算结果见表 8-4。

表 8-4　模型 2 计算结果与文献[16]的比较

| 能量 | 模型 2 计算结果 | | | | 计算结果[16] | 试验结果[16] |
	Yamada-Sun 准则	最大应变准则	最大应力准则	蔡-吴失效准则	点应力准则	
15.25 J	0.7571	0.7603	0.7595	0.7860	0.7125	—
	0.7673	0.7700	0.7693	0.7942	0.7295	0.7407
	0.8195	0.8213	0.8207	0.8447	0.7863	0.7937
	0.7764	0.7815	0.7805	0.8114	0.7200	—
	0.7966	0.8012	0.8002	0.8315	0.7459	0.6803
30.5 J	0.5957	0.6009	0.6003	0.6212	0.5443	0.5814
	0.6318	0.6360	0.6350	0.6570	0.5888	0.6061
	0.5942	0.6021	0.6013	0.6257	0.5428	0.6061
	0.6215	0.6261	0.6251	0.6469	0.5777	—
	0.6157	0.6201	0.6195	0.6399	0.5757	—
40.67 J	0.5412	0.5452	0.5448	0.5566	0.5166	0.5102
	0.5660	0.5717	0.5712	0.5846	0.5352	—
	0.6451	0.6484	0.6482	0.6567	0.6198	0.5051
	0.5468	0.5522	0.5518	0.5649	0.5177	0.5236
	0.5551	0.5585	0.5581	0.5678	0.5347	—
50.87 J	0.4529	0.4674	0.4671	0.4748	0.4452	—
	0.4999	0.5033	0.5031	0.5090	0.4829	0.4854
	0.4650	0.4688	0.4685	0.4753	0.4480	0.4444
	0.4872	0.4907	0.4904	0.4965	0.4688	0.5128
	0.4676	0.4710	0.4708	0.4758	0.4571	—
60.55 J	0.4679	0.4719	0.4716	0.4800	0.4502	—
	0.4520	0.4559	0.4557	0.4611	0.4398	0.3891
	0.4566	0.4608	0.4605	0.4684	0.4347	0.4065
	0.4831	0.4866	0.4863	0.4935	0.4675	—
	0.4268	0.4310	0.4307	0.4366	0.4062	0.4065

3）模型 3（FD 判据）

此模型计算结果与大量试验进行比较。此方法中，要求输入凹坑深度、最大分层面积以及试验测量得的 L_0。理论分析结果与试验结果见表 8-5。

表 8 - 5 **T300/5222 冲击试验数据、剩余强度试验值与预计值**

冲击能量/J	试件编号	试件尺寸/mm	凹坑深度/mm	损伤面积/mm²	a/mm	b/mm	剩余强度/MPa		误差/%
							试验值	预计值	
10	22		0.44	450	12.0	2.32	198	210.4	6.3
	06		0.46	457	12.1	2.37	186	209.4	12.6
	09		0.46	420	11.6	2.37	197	213.7	8.5
	15		0.42	476	12.3	2.27	197	207.7	5.4
12	04		0.76		14.5	3.01	181	188.1	3.9
14	11	200×100	1.06	426	14.6	3.51	183	209.5	14.5
	07		0.96	563	13.4	3.36	175	195.5	11.7
	12		0.98	459	12.1	3.39	185	205.9	11.3
	14		0.96	535	13.0	3.58	177	198.1	11.9
16	03		1.82		21.5	4.45	158	142.0	−10.2
18	01		2.32		15.0	4.91	170	180.8	6.3
	02		1.82	689	14.8	4.45	168	182.7	8.8
	05		1.72	791	15.9	4.35	155	175.6	13.3
	10		2.80	870	16.6	5.27	159	169.3	6.5
20	19		2.88	776	15.7	5.32	175	175.4	0.2

注:铺层为[45, −45, 0, 90, −45, 45, 45, −45, 0_2, 90, 0, −45, 45, 90]$_s$。

8.5.7 理论分析和实际应用——"当量破损法"

上面介绍的3种分析模型实际应用中存在一些问题:

① 对于模型1,2,损伤情况难以给出。

② 对于模型3,存在两个问题:第一,仅适用于外载为单向拉压情况;第二,对于较厚的板且凹坑深度很小时,损伤模型假设及破坏机理值得讨论。

③ 对于 DI 模型,我们将作进一步讨论,对于圆孔拉伸以及其他损伤情况,还应对计算结果与试验结果进行认真研究,实际使用中还要进行某些改进。

④ 所有这些模型局限于简单的结构及支持情况,都是局部性的考虑,实际工程应用还要进一步研究。

在工程实际中,我们经常采用保守的"当量破损法"进行计算剩余强度,在第8.4.2 节中已提及。在第 8.4.2 节中,我们已用工程方法计算得分层面积 S_{max},将损伤面积 S_{max} 折算为半径 R 的当量圆:

$$R = k\sqrt{\frac{S_{max}}{\pi}} \qquad (8-67)$$

其中折算系数 $k<1.0$,保守取法 $k=1.0$。

将层板变成 R 的圆孔,进行细化的有限元分析,需要引用特征尺寸 d_0,进行破坏分析,当取适当的 k 及 d_0,就能得到理想的结果。

理论分析本身以及如何将理论分析方法应用于实际设计中,还有很多问题需要解决。本节将提出实际应用的设想。经初步计算此方案是可行的。但是要开发专门软件与大型计算软件(如 MSC. NANSTRAN)接口。我们曾开发了 SETRAN 软件用于计算[24]。

本节中将提出总体分析的设想:

① 建立冲击能量分布并确定最大能量,这将在后面介绍。

② 根据最大冲击能量确定"当量载荷 F_{max}"。

最大冲击能量 J_{max} 冲击在蒙皮不同部位,F_{max} 是不同的,这就需要类似于 SETRAN 那样的专用软件"细化"蒙皮格子,如图 8-29 所示,取出"$ABCD$"求出 i 点刚度 K,则求出 F_{max}。

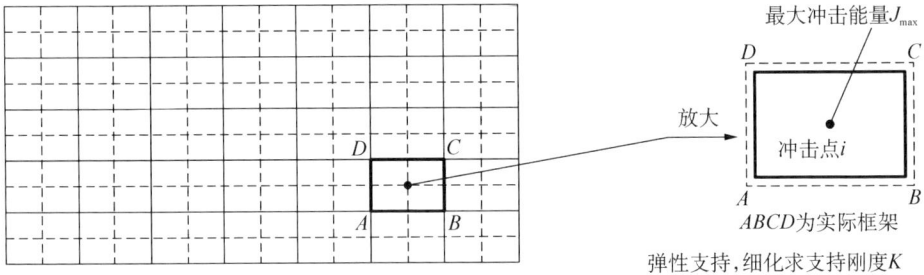

图 8-29　分析位置 $ABCD$

③ 通过试验数据分析求出损伤尺寸及当量载荷的函数关系,上节 8.4.2 中已给出,但还要进一步做些工作。

④ 求出"当量破损"尺寸 R,利用类似 SETRAN 那样的专门软件细化网格,并从总体中取出"$ABCD$"边界应力,如图 8-30 所示的网格,进行剩余强度分析,即可

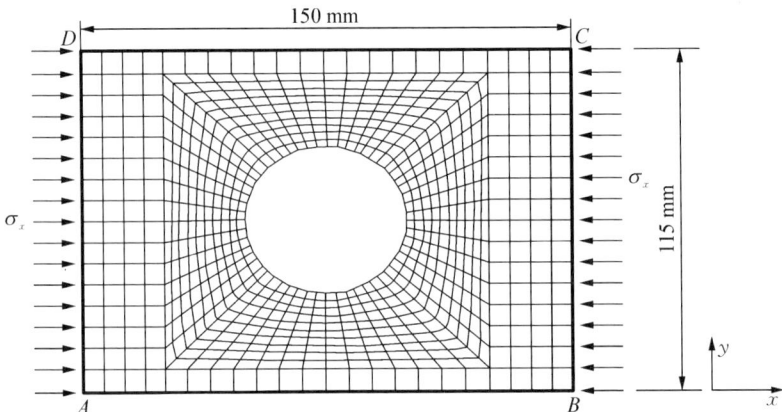

图 8-30　格子 $ABCD$ 有限元模型

判断板 $ABCD$ 强度是否够。图 8-30 中为矩形,且仅示意画出σ_x,可为任意四边形及任意载荷,实际计算时,可取比"$ABCD$"更大的区域进行计算。若强度不够要进行重新设计,设计计算框图如图 8-31 所示。

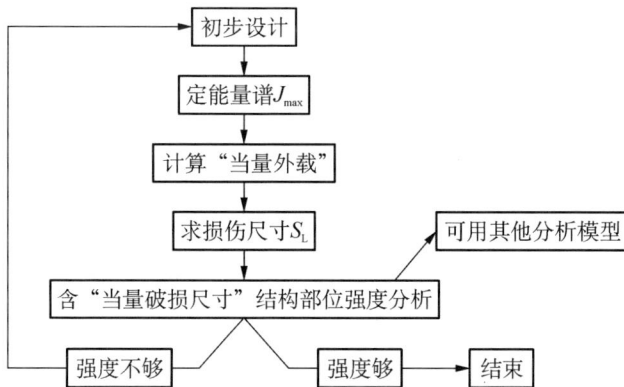

图 8-31　损伤容限设计分析框图

8.6　复合材料结构损伤容限验证方法

8.6.1　引言

复合材料主结构损伤容限验证有两种方法。第一种是确定性方法,第二种是概率或半概率方法。我们目前使用的方法基本上是确定性方法。而概率方法或半概率方法在国外已在部分民机上应用,因此,是很有发展前途的。

1) 确定性方法

确定性方法是建立在两类试验及分析的基础上。第一类试验是用于证明含 $BVID$ 损伤时结构在 DUL 载荷下具有正的安全余量。这个试验主要是含 $BVID$ 损伤的试样及组合件;第二类试验是用于证明含大的损伤时在 DLL 载荷下具有正的安全余量;这个试验包括穿透厚度损伤、蒙皮与桁条脱胶和大的冲击损伤组合件(如 5 桁条壁板)和部件结构。这些损伤类型被认为是最大设计损伤 MDD。要用试验证明 MDD 尺寸的损伤是易于检测的,还要证明在服役载荷(operational load)作用下损伤不扩展,operational load 可以理解为实际飞行载荷,一般是疲劳载荷。

为了支持这种验证方法以及由试验支持的分析,要进行下面的作法:(a)建立剩余强度与损伤尺寸的关系;(b)确定损伤检测方法和最小可检尺寸;(c)确定使承载能力降到 DUL 载荷和 DLL 载荷时的损伤尺寸(即 ADL 及 CDT);(d)对大于 $BVID$ 的损伤将其分类为满足损伤容限所有要求的关键的损伤尺寸:ADL、CDT、RDD 及"离散源"损伤。给出这些损伤的符合性要求、对应的剩余强度及检测计划(损伤尺寸简写符号 ADL, CDT, ADL, CDT, RDD 等见第 2 章图 2-3);(e)根据

CCAR - 25 中 25.57 条款进行有关损伤容限评定（具体作法这里从略）。

2）概率及半概率符合性方法

此方法涉及给定冲击能量水平冲击损伤出现的概率评估、载荷水平出现的概率评估以及一个给定冲击损伤可检性概率评估。应确定检测间隔与检测方法，使得破坏风险的累积概率应小于 $10^{-9}/fh$。后面我们将作简要介绍。

本节中，我们要介绍国外 20 世纪末关于复合材料结构冲击损伤后在压缩载荷下的破坏分析和剩余强度的计算方法。在冲击后压缩强度分散性试验基础上，根据冲击能量概率分布统计规律进行基于可靠度基础上的压缩许用值的分析计算，并介绍许用值计算方法及计算机程序，较大的篇幅要介绍国外关于冲击能量概率分析。这是在大量调查基础上的工作，对我们开展概率及半概率方法用于复合材料结构验证工作是有很大意义的。但是，应用此法必须格外谨慎，特别是民机，不能照搬国外某些结果及结论。

8.6.2　冲击威胁在飞机上的概率分布分析

冲击威胁一般以冲击能量表示，在损伤容限验证的确定性方法中有些飞机公司采取最大冲击能量为 136 J 作为承受 DUL 载荷的一个门槛值，这是一个非常保守的估计，因此，国外早就开始对实际使用的飞机进行调查。结果表明，实际的冲击威胁并没有那么严重，并且冲击威胁在飞机上的分布也是不同的。考虑到外在因素（如冲击威胁、载荷等）的随机性特点发展起来的概率方法已在结构设计和验证中逐渐应用。利用基于可靠性分析的概率方法对结构进行风险评估时要进行冲击能量出现概率的分析，及其在结构上的分布情况。在确定性分析方法中也要求出对应于静力载荷所要求的能量实际截止值。因此，研究复合材料飞机结构冲击能量概率分布是非常重要的。

冲击威胁出现概率及其分布是十分困难的研究课题。因为它并不是纯理论问题，而必须通过对飞机在制造、使用、维修过程中出现的冲击事件进行大量调查，而且还要对损伤进行标定转换为冲击能量，此项工作的工作量是非常巨大。

本文收集了国外调研的一些数据和研究结果，这些数据对我们设计工作和开展结构验证概率分析方法的研究是有参考价值的。

8.6.2.1　复合材料结构随机损伤出现的统计数据

1）结构损伤源及损伤类型

结构冲击损伤源一般分为两类：

（1）飞机在服役中引起的损伤

（2）飞机在维护过程中引起的损伤

例如：

● 跑道石块冲击，其冲击物速度相当于飞机滑跑速度（约 61 m/s）。

● 轮胎碎片冲击（速度约 61 m/s）。

● 维护时工具、螺栓坠落冲击。

- 维护(或加油、装卸)车辆、梯子撞击边缘及边角处。
- 人在机翼表面行走引起凹坑及划伤。
- 雷电及鸟撞。

由上述损伤源引起损伤类型为

- 表面划伤、深度很浅的小裂口。对承载能力影响不大,分析中可略去。
- 由于基体裂纹及纤维断裂引起分层。这是在内部,一般蒙皮外表也有刻痕,这有两种情况:

——内部分层,两个外表面看不见;

——在冲击外表目视可检(凹坑,碎裂)。

- 贯穿性损伤:裂纹及孔。
- 边缘撞裂。

2) 国外复合材料飞机结构损伤状况调查简介

(1) 美国 FAA 与俄罗斯合作研究

文献[18]介绍了五种机型 12 个部件的复合材料结构损伤情况的数据统计。大量的表格这里不再给出,仅给出它对统计数据的数学表达式

$$H(2L) = H_0 e^{-\frac{2L}{b}} \tag{8-68}$$

其中:$2L$ 为裂纹长度(或损伤面积直径,mm);$H(2L)$ 为超越数密度(定义为每 1000 小时每平方米的超越数),H_0,b 为拟合常数。根据定义有

$$H(2L) = \frac{N_e}{N_0 \cdot S} \times 1000 \tag{8-69}$$

其中:N_e 为超越数;S 为元件表面积;N_0 为飞行小时数(调查时间)。

按 $H(2L)$ 将飞机元件分类为高损伤、中等损伤及低损伤并给出了平均意义上的推荐值,如表 8-6 所示。

表 8-6 H_0 及 b 的推荐值

损伤等级	单 元	H_0			b		
		D1	D2	D3	D1	D2	D3
Ⅰ高损伤部位	**机动性飞机** ● 机翼前缘 ● 发动机罩 ● 垂尾安定面作动器罩 ● 机头着陆轮罩 ● 机头着陆装置门	36	16	0.97	39	64	58
Ⅱ中等	**机动性飞机** ● 进气道壳体 ● 下部拱形壳	1.6	0.43	0.81	28	22	27

（续表）

损伤等级	单　　元	H_0			b		
		D1	D2	D3	D1	D2	D3
Ⅲ低损伤部位	**机动性飞机** ● 垂尾安定面蒙皮 ● 机翼蒙皮 **低机动性飞机** ● 机翼/机身整流罩 ● 着陆装置门 ● 货舱门	0.33	0.27	0.13	56	69	55

注:表中 D1 表示所有类型损伤＝划伤＋分层＋裂纹＋孔;D2 表示分层;D3 表示孔＋裂痕。

根据经验超越数密度可近似计算损伤概率:

$$P = \frac{N_e}{N_0} \tag{8-70}$$

当检查时间 N_0 很大时,P 较精确,由式(8-69)可求得

$$P = H(2L) \times S/1000 \tag{8-71}$$

我们利用文献[18]中的表 1-2,直接用式(8-70)计算得飞机各部位损伤概率见表 8-7。

（2）美国航空部门的调查统计

① 冲击超越数与冲击能量水平调查数据。

文献[17],[19]介绍了对 4 种军用飞机的调查数据,他们认为可推广到运输机情况。这是 Northrop 公司与海军合同 N6226987－C－0259 进行调研所提供。经过对冲击事件标定后将损伤转变为冲击能量水平,调查结果数据见图 8-32。

另外,外场调查还得到一个更精确的关于冲击能量的双参数 Weibull 分布,其形状参数与尺度参数分别为 α,β,拟合结果为:$\alpha=1.147$,$\beta=8.2$J。

此外,在表 8-8～表 8-11 中也给出各种造成结构损伤的原因(即各种事件)出现多寡的调查结果数据。**要特别注意,这些表中的数据也只能用来推算出引起结构损伤各事件出现的概率,无疑,这些数据对结构设计有重要的参考价值,但不能用这些数据去推算冲击能量大小。因为不同的冲击事件,冲击威胁(以能量大小表示)的概率分布是不同的。**

② 各种损伤源出现比率的调查数据。

文献[20]给出下面表 8-8,表 8-9,表 8-10,表 8-11 所列的调查数据。通过这些数据可以了解冲击事件出现的概率,对设计有参考作用。由表 8-8 中可见维护中的损伤事件是最多的。

表 8 – 7 损伤概率分布情况

部位序号	元件	机型	所有类型损伤			分层			孔及裂痕		
			2L>0	2L>30	2L>80	2L>0	2L>30	2L>80	2L>0	2L>30	2L>80
I 组：高损伤概率元件											
1	机翼前缘	MIG29	0.0149	0.003 34	0.002 00	0.002 67	0.002 00	0.000 668	0.003 34	0.000 669	0.000 669
4	发动机罩	MIG29	0.006 69	0.004 68	0.000 669	0.003 34	0.002 67	0	0.001 34	0.000 669	0
7	安定面作动器罩	SU27	0.005 50	0.001 00	0	0	0	0	0.001 50	0.001 00	0
8	前轮撑杆罩	SU27	0.005 50	0.001 00	0.000 500	0	0	0	0.001 50	0.001 00	0.000 500
9	机头着陆舱门	SU25	0.002 33	0.002 33	0.000 669	0.002 00	0.002 00	0.000 669	0	0	0
11	着陆装置门	AN124	0.004 66	0.004 16	0.001 39	0.002 77	0.002 78	0.007 22	0.002 08	0.001 38	0.000 694
12	货舱门	AN124	0.006 25	0.003 50	0.001 39	0.003 47	0.002 78	0.001 39	0.001 39	0.000 690	0
II 组：中等损伤概率元件											
3	进气道壳体	MIG29	0.007 36	0.000 668	0	0.002 67	0.000 680	0	0	0	0
5	下部拱形板	MIG29	0.004 05	0.002 00	0	0.000 669	0.000 669	0	0.002 07	0.000 669	0
III 组：低损伤概率元件											
2	垂尾安定面蒙皮	MIG29	0.004 01	0.001 34	0.001 34	0.001 34	0.001 33	0.000 668	0.000 200	0	0
6	机翼蒙皮	MIG29	0.000 667	0	0	0	0	0	0.000 669	0	0
10	翼/身整流罩	L – 1011	0.000 439	0.000 133	0.000 037 7	0.000 213	0.000 050 0	0.000 012 6	0.000 150	0.000 073 7	0.000 025 7

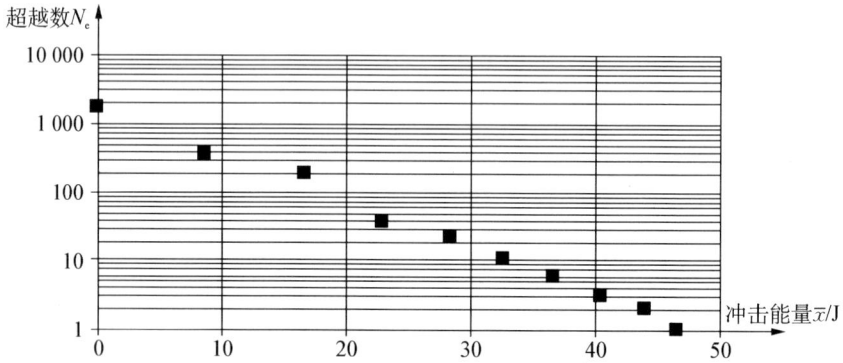

图 8-32　对 1 倍飞机寿命的超越数-冲击能量水平[17]

表 8-8　各种事件出现次数综合

	American 航线	De. Havilland 飞机公司	United 航线	合计
飞行小时数	2 005 896	117 134	1 691 755	3 814 785
冰雹	5	5	1	11
雷电击	60	8	51	119
鸟撞	0	4	3	7
维护引起	585	312	491	1 388

表 8-9　事件出现率

	每 10^6 飞行小时出现次数
冰雹	3
雷电击	31
鸟撞	2
维护引起	389

表 8-10　每 10^6 飞行小时各损伤源引起损伤次数

损伤原因	频率/%	每 10^6 飞行小时出现次数
雷电	7	76
鸟撞及冰雹	8	86
潮湿及化学	30	324
跑道碎石	8	86
维护引起	36	389
其他	11	119
总计	100	1 080

表8-8,表8-9和表8-10是不同的冲击事件出现的频率。

③ 损伤类型统计数据。

文献[20]给出损伤类型的统计数据如表8-11和表8-12所示。

表 8-11 每 10^6 飞行小时各类损伤出现次数

损伤类型	每 10^6 飞行小时各类损伤出现次数			总计
	<1.5 in	$1.5\sim3.0$ in	>3.0 in	
孔	189	132	57	378
分层	49	146	292	487
裂纹	32	32	43	107
总计	270	310	392	972

表 8-12 损伤类型及对应的尺寸分布

损伤类型	频率/%	损伤尺寸分布概率/%		
		<1.5 in	$1.5\sim3.0$ in	>3.0 in
孔损伤	35	18	12	5
分层	45	5	14	27
裂纹	10	3	3	4
小计	90	26	29	36
其他	10			
累计	100			

在损伤类型中,分层损伤不仅在总损伤中所占比例达45%,而且在大尺寸损伤时它所占比例也较大。

(3) 空客调查数据[26]

① 调查情况:

● 空客公司对所有空客系列飞机的机翼冲击损伤进行总数为18740000飞行小时及9800000飞行循环的调查;

● 对 A320 机身进行了 1140000 飞行小时的类似调查;

● 对 A320 整个飞机的冲击损伤进行了 500000 飞行小时调查;

● 还有其他方面数据来源,共进行了 10330000 飞行小时的调查。

我们认为,这些调查数据是在美国调查数据基础上的补充调查。应该说,这种调查是相当充分的,遗憾的是未见公开发表的统计数据,但给出了下列数据信息。

② 给出近似的简化概率公式:

$$P_j(X \geqslant x_j) = 10^{-b-x_j/15} \tag{8-72}$$

式中:x_j 表示冲击能量大小;b 为统计数据常数,对于不同部位和不同情况,b 大小是不同的。

③ 对暴露在外部的部位:

a. 典型的冲击能量是

$$x_j = 35\,\mathrm{J},\ P_j = 10^{-5}/\mathrm{fh} \qquad 静力截止值$$

$$x_j = 90\,\mathrm{J},\ P_j = 10^{-9}/\mathrm{fh} \qquad 损伤容限截止值$$

b. 水平尾翼安定面接近机身处的蒙皮

$$x_j = 140\,\mathrm{J},\ P_j = 10^{-5}/\mathrm{fh} \qquad 静力截止值$$

c. 门过道区域(结构)

$$x_j = 132.5\,\mathrm{J},\ P_j = 10^{-5}/\mathrm{fh} \qquad 静力截止值$$

$$x_j = 238.5\,\mathrm{J},\ P_j = 10^{-9}/\mathrm{fh} \qquad 损伤容限截止值$$

8.6.2.2 冲击能量的概率分布分析研究

1) 关于冲击能量出现概率问题

在结构验证概率方法中,我们研究冲击能量出现概率或者飞行载荷出现概率都是给出每飞行小时出现的概率大小(例如 $P = 10^{-5}/\mathrm{fh}$)。因此,进行冲击损伤数据统计调查时,要给出损伤大小及调查的飞行时间(飞行小时数)。本节给出冲击能量概率分布详细推导过程。

2) 冲击能量概率分布及推导过程

(1) 冲击事件数据统计表示方法

冲击威胁用能量表示,能量是通过冲击损伤转换得到。因此,要对冲击损伤事件进行数据统计。数据统计用两种表示方法,或者说用两种方法进行数据统计:

第一种方法:如图 8-32 按冲击能量超越数的统计方法。这时不必求出概率密度函数 $f(x)$。图 8-33 是图 8-32 的示意图。它是根据 1 倍寿命 1644 次冲击事件的统计数据得到的[17]。

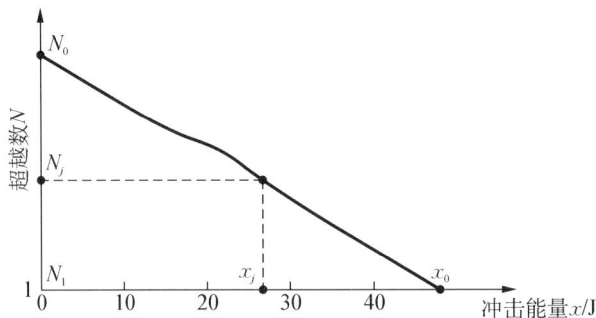

图 8-33　对 1 倍飞机寿命的超越数-冲击能量水平

第二种方法:通过典型的频数方框图方法,如图 8-34 所示,冲击能量 x 按各小方块出现的频数,这样经过统计分析得到冲击损伤能量分布的概率密度函数 $f(x)$。

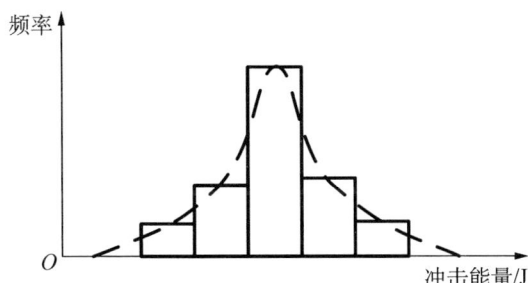

图 8-34　频率方框图

(2) 研究每飞行小时遇到能量 $X \geqslant x_j$ 的冲击概率 $P_j(X \geqslant x_j)$

引入下面符号：

N_j：表示冲击能量 $x \geqslant x_j$ 时对应的超越数；

N_0：表示冲击能量 $x \geqslant 0$ 时对应的超越数，即 $N_0 = 1644$（研究 1644 次冲击事件）；

N_1：表示冲击能量 $x \geqslant x_0(48\text{J})$ 时对应的超越数，即 $N_1 = 1$。

设事件 A＝"损伤能量 $\geqslant x_j$"；事件 B＝"冲击能量出现次数"。我们知道，事件 A 与 B 是不独立的，它们同时出现的概率为

$$P(A \cap B) = P(A)P(B \mid A) \tag{8-73}$$

$P(A) = P(X \geqslant x_j)$，用 $P_{2j}(X \geqslant x_j)$ 表示。条件概率 $P(B \mid A)$ 是 1 倍飞行时间（以 n_f 飞行小时表示）能量 $X \geqslant x_j$ 出现次数的概率，它是事件 A 已发生时 B 出现的概率，用 P_{1j} 表示，因此，将式(8-73)改为

$$P_j(X \geqslant x_j) = P_{1j}(\text{冲击能量出现次数}) \times P_{2j}(\text{损伤能量} \geqslant x_j) \tag{8-73-1}$$

P_{1j}（冲击能量出现的次数）是指对应于 P_{2j} 中损伤能量 $\geqslant x_j$ 冲击出现次数的概率，很显然，这是一个条件概率，这个概率就涉及时间的概念。文献[17](MIL-HDBK-17F)明确指出，图 8-32 是 1 倍飞机寿命的调查数据，这冲击能量出现的次数是指 1 倍飞机寿命出现的次数。我们知道，1 倍寿命中，$x \geqslant x_j$ 冲击超越数为 N_j，设 n_f 为 1 倍寿命时间（以飞行小时数表示），那么，在 $x \geqslant x_j$ 情况下，每飞行小时 B 出现的概率 $P(B \mid A)$ 为

$$P_{1j}(\text{冲击能量出现次数}) = \frac{N_j}{n_f} \tag{8-74}$$

将式(8-74)代入式(8-73-1)，得

$$P_j(X \geqslant x_j) = \frac{N_j}{n_f} \times P_{2j}(X \geqslant x_j) \tag{8-75}$$

上面已说明 P_{1j} 的计算方法，下面推导 $P_{2j}(X \geqslant x_j)$ 计算过程。直接通过图 8-32

统计数据出发,冲击能量 x 可表示为

$$x = x_0 + k\log N \qquad (8-76)$$

其中,N 表示对应于损伤能量 $\geqslant x$ 的超越数,$x_0 \approx 48\mathrm{J}$(见图 8-32),k 为图线斜率,由图 8-32 可得,$x \approx 33\mathrm{J}$,对应的超越数 $N = 10$,代入式(8-76),求得 $k = -15\mathrm{J}$,由式(8-76) 得

$$\log N = \frac{x - x_0}{k} \qquad (8-77)$$

那么 $$N = 10^{3.2 - \frac{x}{15}} \qquad (8-78)$$

很显然在研究的总共 $N_0 = 1644$ 冲击事件中,冲击能量 $\geqslant x$ 出现的次数为 N,那么

$$P_{2j} = \frac{N}{N_0} \qquad (8-79)$$

当 $x \geqslant x_j$ 时,$N = N_j$,即 $N_j = 10^{3.2 - \frac{x_j}{15}}$,那么

$$P_{2j}(损伤能量 \geqslant x_j) = \frac{N_j}{N_0} = \frac{1}{1644} \times 10^{3.2 - \frac{x_j}{15}} = 10^{-\frac{x_j}{15}} \qquad (8-80)$$

根据式(8-75),最后得到每次飞行小时遇到 $X \geqslant x_j$ 冲击概率为

$$P_j(X \geqslant x_j) = \frac{N_j}{n_f} 10^{-\frac{x_j}{15}} \qquad (8-81)$$

设 $\dfrac{N_j}{n_f} = 10^{-a}$,那么式(8-81) 变为

$$P_j(X \geqslant x_j) = 10^{-a - \frac{x_j}{15}} \qquad (8-82)$$

推导得到的式(8-82)在形式上同于空客[26]给出的式(8-72)。

(3) 算例

① $n_f = 50000$ 飞行小时(短程/中程民用飞机 1 倍寿命),求每次飞行冲击能量 $\geqslant x_0$ 的冲击概率 P_a。

$$P_a = P_j(X \geqslant 48\mathrm{J}) = (N_j/n_f) \times 10^{-48/15} \qquad (8-83)$$

由图 8-32 知,冲击能量 $\geqslant 48\mathrm{J}$,超越数 $N_j = N_1 = 1$,所以有

$$P_a = \frac{1}{50000} \times 10^{-3.2} = 2.0 \times 10^{-8.2} \qquad (8-83-1)$$

文献[17]中由类似 B 基准的概念得到 $P_a = 2.1 \times 10^{-6}$。显然,式(8-83-1)比 B 基准严格得多。

② 求每次飞行冲击能量 $\geqslant 33\mathrm{J}$ 的冲击概率 P_j。

$$P(X \geqslant 33\,\mathrm{J}) = \frac{10}{50\,000} \times 10^{-\frac{33}{15}} \approx 10^{-6}$$

3) 冲击能量的双参数 Weibull 分布数据拟合方法

这就是上面所说的第二种冲击事件数据统计表示方法。求得的分布函数就是上面的概率 P_{2j}。

下面仅就冲击事件本身用双参数 Weibull 分布研究冲击能量的分布,是对 1644 次冲击事件的统计分析,它跟飞行时间并未建立起关系。

（1）冲击能量 Weibull 分布数据拟合方法

用 Weibull 分布比正态分布更一般化且更方便。

冲击能量概率密度函数假设为

$$f(x,\ \alpha,\ \beta) = \frac{\alpha}{\beta}\left(\frac{x}{\beta}\right)^{\alpha-1}\mathrm{e}^{-\left(\frac{x}{\beta}\right)^{\alpha}} \tag{8-84}$$

其中：x 为冲击能量；α 称为形状参数；β 为尺度参数。

（2）如何确定 $\alpha,\ \beta$

通过大量调查数据可以拟合 Weibull 分布中的 $\alpha,\ \beta$ 值。图 8-35 所示是典型的 Weibull 分布密度函数。图中 x_m 是出现频率最高时的能量,它类似正态分布中的均值 μ,称为"众数"。图中 x_p 是较大的能量值,几乎是调查中的截止值,如图 8-35 所示,x_p 对应的概率为 p（p 的数值等于图中剖面线的面积除以图线包围的总面积）。Northrop/ MCAIR 的拟合曲线用此调查结果数据：$x_\mathrm{m} = 1\mathrm{ft} \cdot \mathrm{lb}$,$x_\mathrm{p} = 35\mathrm{ft} \cdot \mathrm{lb}$,$p = 0.0005$。

根据下面两个条件便可求 $\alpha,\ \beta$：① 已知"众数"x_m 的大小；② 已知 x_p 大小及它对应的概率 p。根据条件①：在 x_m 处,$f(x,\ \alpha,\ \beta)$ 取最大值,即 $\dfrac{\partial f(x,\ \alpha,\ \beta)}{\partial x} = 0$,得

$$x_\mathrm{m} = \left(\frac{\alpha-1}{\alpha}\right)^{1/\alpha}\beta \tag{8-85}$$

根据条件②：$p = p(x_\mathrm{p}) = P(X > x_\mathrm{p}) = 1 - P(X \leqslant x_\mathrm{p}) = \mathrm{e}^{-\left(\frac{x_\mathrm{p}}{\beta}\right)^{\alpha}}$

很容易得到

$$x_\mathrm{p} = \beta[-\ln(p)]^{1/\alpha} \tag{8-86}$$

由式（8-85）及式（8-86）得到

$$\frac{x_\mathrm{m}}{x_\mathrm{p}} = \left[\frac{\alpha-1}{-\alpha\ln(p)}\right]^{1/\alpha} \tag{8-87}$$

用迭代求解方程（8-87）得到 α,再用式（8-85）求得 β。根据 MCAIR 数据得

$$\alpha = 1.147;\ \beta = 5.97\mathrm{ft} \cdot \mathrm{lb} = 8.11\mathrm{J}$$

（3）冲击能量结构分区方法

为建立实际的冲击能量要求,考虑到冲击威胁与结构部位有密切关系。根据可

用数据,文献[19]提出将冲击能分成 3 个水平:高、中、低三种冲击威胁。我们将真实调查 MCAIR 数据和这三种冲击威胁列在一个表 8-13 中。

表 8-13　冲击威胁情况(能量单位:J)

	MCAIR	低冲击	中冲击	高冲击
Modal 能量 x_m	1.3574	5.429	8.144	20.361
出现概率低对应的 x_p	47.509			
$P(136)^*$	10^{-11}	0.0001	0.01	0.1
α	1.147	1.221	1.192	1.264
β	8.11	21.96	37.87	70.177

关于表 8-13 说明:

① Modal 能量 x_m 的意义,如图 8-35 所示;x_p 是出现概率很小时的能量值;

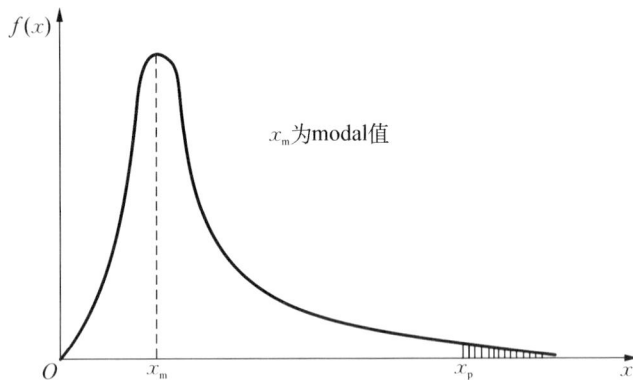

图 8-35　x_m 及 x_p 的意义

② MCAIR 数据拟合出的 α, β 是根据 $x_m = 1\text{ft} \cdot \text{lb}$ 以及 x_p 为 $35\text{ft} \cdot \text{lb}, p = 0.0005$ 为参数进行拟合得到,由 x_m, x_p(及它的概率为 p) 求出 α, β 的方法见上面说明;

③ $P(136)$ 即 $P(X \geqslant 136)$,对应大于或等于 136J 冲击能时出现的概率;

④ 由表可见,在实际情况调查时(即 MCAIR 数据),$P(136)$ 是很小的,为保守设计要求的其他 3 种冲击情况,要人为地令其出现概率很高才可能。实际情况说明,即使那些处于维护区域的结构(容易被撞伤),中等冲击威胁也是非常保守的。只有个别结构能采用中等及高等冲击威胁,大部分结构,用低等冲击威胁也还是偏保守的。

(4) 冲击能量概率累积分布 $p(x)$

$$p(x) = P(X \geqslant x) = 1 - \int_0^x f(x)\mathrm{d}x \qquad (8\text{-}88)$$

将式(8-84)代入式(8-88)并积分得到

$$P(x) = \mathrm{e}^{-\left(\frac{x}{\beta}\right)^\alpha} \qquad (8\text{-}89)$$

$P(x)$有些文献中也称为冲击能 x 出现的概率。由式(8-89)得

$$x = \beta \left[\ln \frac{1}{P} \right]^{1/\alpha} \qquad (8-90)$$

值得注意的是,这里研究的概率 $P(x)$ 是根据 1644 次冲击事件的分析,即文献[17]第 7.3.3 节中所指的第二个概率 P_e(而 $\log P_e = -x(j)/15$),也就是上面的式(8-80),并未涉及飞行时间的概念。因此,这里式(8-89)的 $P(x)$ 跟上面给出的式(8-82)是不同的,后者已是两个概率的组合。

4) 冲击能量在飞机上分布情况

由式(8-82)及式(8-90)仍不知道适用于哪些区域,即分布情况并不清楚,本文根据文献[18]的各种水平的冲击威胁损伤分布的统计数据推算出飞机各部位损伤分布概率,如表 8-7 所示。从表 8-7 可以看出两点:第一,某元件(或部件)的损伤概率与冲击超越数密度以及元件表面积成正比;第二,飞机上同一元件(或部件)对于同一类型损伤,损伤尺寸越大,出现的概率越小,但是对于不同部位及不同损伤类型,不能做此比较结论。下面对损伤概率进一步分析。

(1) 高、中、低损伤区域出现概率的比值

由表 8-7 计算飞机各部位按高损伤概率、中等损伤概率及低等损伤元件出现概率分别为 0.00286,0.00133,0.000711,则对于平均值的比率为 1.71：0.81：0.43。

(2) 由表 8-8 计算各种事件出现概率如表 8-14 所示。

表 8-14　各类事件出现概率

事件	出现概率 P
冰雹	2.88×10^{-6}
雷击	3.11×10^{-5}
鸟撞	1.83×10^{-4}
维护引起	3.89×10^{-4}

● 冰雹冲击可忽略,因为冲击能量小且出现的概率也小;

● 雷击概率较大,但易于发现且对复合材料防雷设计已相当重视,对风险评估不是重点;

● 维护引起损伤出现概率大,是重要的研究内容。

要特别注意一个问题:绝对不能将表 8-14 中的概率代入到式(8-90)中求冲击能量大小,因为式(8-89)是损伤大小(以能量表示)出现的概率,而表 8-14 中的概率是事件出现的概率,不同冲击事件,能量分布不同。但是,了解不同事件出现的概率对结构设计仍有意义。

(3) 损伤概率分布

高损伤区域是维护中频繁多冲击的区域。根据调查的数据表明:

- **高损伤概率区域：**

机翼前缘及翼面(包括平尾)边缘地区；

包皮前端，如发动机罩、着陆装置前端包皮；

货舱门及走道处；

在安装武器及加油的拐角处。

- **低损伤概率地区：**

远离边缘的翼面蒙皮，如机翼、垂尾安定面、平尾安定面；

机身蒙皮；

翼/身整流罩。

- **参考表 8-7 概率分布：**

对于各元件(或部件)，损伤大小(用 $2L$ 或 d 表示)出现的概率是根据 $H(2L)$ 的分布推导得到，因此，这种损伤大小出现的概率分布与冲击能量大小出现概率分布是成正比的。损伤尺寸(或冲击能量)越大，概率越小。此表中的数据不仅考虑了损伤能量的大小及分布，也已考虑了飞行时间的因素。

（4）从损伤出现概率到冲击能量出现概率分析

表 8-7 给出的损伤概率并不代表冲击能量大小，要利用损伤($2L$ 或 d)大小转变为冲击能量大小(以 x 表示)，即 $d \rightarrow x$，其方法有两种：①用实验方法，在具体部位结构情况进行标定，建立 $d \sim x$ 关系式；②理论分析，根据具体部位结构(主要是蒙皮厚度与支持情况)进行 d 与 x 关系分析。只要通过(d, x)变换，求出 x 与对应概率关系式 $P(x) \sim x$ 关系才有普遍意义。当然，了解损伤概率分布的研究对结构设计及选材等都有实际意义。

8.6.2.3 小结

1）冲击能量与出现概率表达式

（1）根据文献[17]给出冲击超越数与能量数据(即图 8-32 的数据)推演出简单表达式：

$$P_j(X \geqslant x_j) = 10^{-a - \frac{x_j}{15}} \tag{8-91}$$

此式即式(8-82)，对于不同部位，a 取不同值，但必须对统计数据进行认真分析。

（2）双参数 Weibull 分布表达式

根据 Northrop/MCAIR 对外场调查结果进行数据拟合，冲击能分布函数为

$$p(x) = P(X \geqslant x) = e^{-\left(\frac{x}{\beta}\right)^{\alpha}} \tag{8-92}$$

$$x = \beta \left[\ln \frac{1}{p}\right]^{1/\alpha} \tag{8-93}$$

拟合结果，$\alpha = 1.147$，$\beta = 8.11$ J。

不同部位，α，β 取不同值，因此，他们建议根据不同区域冲击情况，分三个档次

用于设计中。上面已说明,式(8-91)和式(8-92)意义是不同的。

（3）能量分布的结构分区方法

根据损伤容限设计要求,文献[19]建议用结构分区法将冲击威胁分为高、中、低三个水平,不同水平用于不同区域,如图8-36所示。但并未指出这三个水平(不同的 α,β)用于哪些部位,广泛的调查表明:那些暴露于使用维护中的区域,中等能量水平都是极保守的。

2）冲击威胁在飞机各部位分布情况

（1）损伤概率分布见表8-7的结论

（2）冲击能量概率分布

① 高冲击概率。

● 机翼前缘;

● 平尾前缘内侧;

● 门过道地区。

② 低冲击能量。

● 远离边缘的机翼蒙皮;

● 垂尾安定面蒙皮;

● 远离边缘及外侧平尾安定面蒙皮。

可用表达式

$$P(X \geqslant x_j) = 10^{-\alpha\frac{x_j}{15}}$$

计算 $x\sim P$ 关系,a 取值要认真研究;

③ 冲击损伤出现频率跟部件位置关系较大。

● 低位置部位比高位置部位冲击出现的概率大;

● 水平上表面比下表面的冲击概率要大,且冲击能量也大。

④ 冲击能量分区法(见上)。

⑤ 机翼表面调查结果。

● 上蒙皮:冲击能量一般是5.4~67J之间;

● 下蒙皮:冲击能量一般是5.4~21J之间。

⑥ 冲击损伤调查结果

认为冲击上限为48J,90%的冲击事件的冲击能量低于20J。

3）损伤容限符合性方法对冲击能量要求

（1）截止值规定

静力截止值(DUL)对应能量 x 出现概率

$$P(x) = 10^{-5}/\text{fh}$$

损伤容限截止值(DLL)对应的能量 x 的出现概率

$$P(x) = 10^{-9}/\text{fh}$$

（2）空客大量调查后建议采用

● 远离边缘的低冲击威胁部位的典型冲击威胁：

静力截止值

$$x = 35\,\text{J}, \; P(x) = 10^{-5}/\text{fh}$$

损伤容限截止值

$$x = 90\,\text{J}, \; P(x) = 10^{-9}/\text{fh}$$

截止值解释：对于低冲击威胁部位，在冲击能为 35 J 时要能承受 *DUL* 载荷；在冲击能为 90 J 时，应能承受 *DLL* 载荷。

● 门过道区域

静力截止值

$$x = 132.5\,\text{J}, \; P(x) = 10^{-5}/\text{fh}$$

损伤容限截止值

$$x = 238.5\,\text{J}, \; P(x) = 10^{-9}/\text{fh}$$

（3）文献[19]的建议

基于验证安全性考虑，建议用高、中、低冲击能三个水平，见图 8-36。这时不能用第（1）条中的规定。

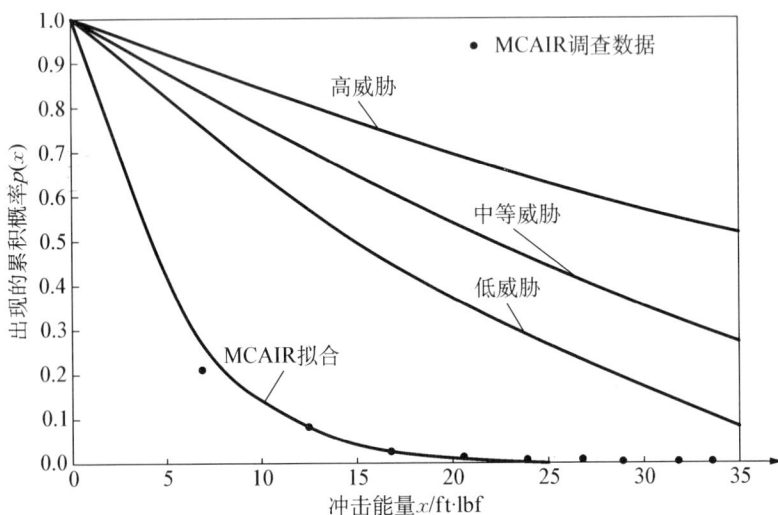

图 8-36　冲击威胁分布比较

● 高冲击威胁区（$\alpha = 1.269$, $\beta = 70.1\,\text{J}$）：

频繁维护且维护工具很重，造成严重冲击区域。取 $x = 136\,\text{J}$, $P(x) = 0.1$，这是极保守且不大可能出现的数值；

- 中等冲击威胁区（$\alpha = 1.192$, $\beta = 37.69$ J）：

暴露于服役（使用）及维护两者的结构区域，取 $x = 136$ J, $P(x) = 0.01$，这也是非常保守的规定；

- 低冲击威胁区（$\alpha = 1.221$, $\beta = 21.96$ J）：

若取 $x = 136$ J, $P(x) = 0.0001$，对大部分区域，这也是保守的。

因此，Northrop 的建议比空客要保守得多。但前者是 20 世纪 90 年代提出的，空客是最近的调查结果。

8.6.3　层压板冲击损伤压缩设计许用值分析

8.6.3.1　引言

层压板冲击后设计许用值分析是复合材料结构损伤容限分析的一项极为重要的内容。尤其是压缩设计许用值是飞机复合材料结构设计的关键问题之一。它的分析理念和取值大小直接关系到结构的安全性和经济性。

在第 4 章中，我们介绍了如何用试验方法确定压缩设计许用值。许用值的确定不能光停留在试验方法的水平上，否则，我们将为复合材料结构设计付出沉重的代价。上面第 8.6.2 节介绍的冲击威胁分布的研究就是为了许用值分析提供一个重要的依据，也是为了提高设计许用值一项重要工作。如果冲击能量的概率分析是可信的，本节的许用值分析就有坚实的基础。

设计许用值的研究是复合材料结构损伤容限验证的一项重要内容，因此将它放在结构验证中讨论，而不是放在第 4 章中。

本节主要根据 Northrop 公司的研究[19]编写的。虽然 Northrop 公司当时的研究及建议是偏保守，但基于可靠度的许用值分析方法目前来看仍是非常重要而值得借鉴。

8.6.3.2　复合材料典型结构冲击损伤破坏分析

8.4 节用较大的篇幅介绍了这方面的内容。本节是 Northrop 公司的半经验方法计算冲击损伤剩余强度。主要内容并不只是剩余强度分析，而是在剩余强度分析基础上进行基于可靠度的设计许用值分析。剩余强度分析是设计许用值分析的基础。

1）层压板冲击后压缩剩余强度半经验方法

这是由 Northrop 公司根据文献[21]提出的。它是基于刚度缩减模型，在大量试验数据基础上建立起剩余强度的分析公式：

$$\sigma_f = \sigma_0 / (1 + C_1 C_2 C_3 C_4 C_5 W_e) \tag{8-94}$$

其中：σ_f 是冲击损伤层压板的破坏应力；σ_0 是无损层压板的破坏应力；C_1 是层压板铺层情况参数；C_2 是完全穿透的应力集中参数；C_3 是层压板厚度参数；C_4 是材料韧性参数；C_5 是冲击能量参数；W_e 是冲击物（冲头）尺寸参数，它是冲头直径 D 及筋条间距的函数。

经验表达式（8-94）中的影响参数由下面式子计算：

$$C_1 = 0.547(E_x/E_L)^{0.524} \tag{8-95}$$

$$C_2 = 3.704 \tag{8-96}$$

$$C_3 = 0.499/h^{0.5056} \tag{8-97}$$

$$C_4 C_5 = A(KE)^B \tag{8-98}$$

$$A = 0.749/G_{IC} + 0.0145 \tag{8-99}$$

$$\left.\begin{array}{l} B = 0.4345 + 0.109 G_{IC} - 0.0098 G_{IC}^2, \\ \quad \text{当} G_{IC} \leqslant 5.55 \text{ in} \cdot \text{lb/in}^2(971.9\,\text{J/m}^2) \\ B = 0.737, \text{当} G_{IC} \geqslant 5.55 \text{ in} \cdot \text{lb/in}^2 \end{array}\right\} \tag{8-100}$$

其中:E_x 是层压板在加载方向的杨氏模量;E_L 是单层纵向杨氏模量;h 是层压板厚度;G_{IC} 是树脂 I 型断裂韧性;K 是支持条件系数。

方程(8-98)中加入 K 是考虑支持条件的影响。此系数表明了在一个冲击事件中由于出现了损伤而消耗的能量。在三根筋条的板屏,冲击在中间,K 取 1.0;根据 NASA 方法,对于试样,冲击时,K 近似取 1.4;对于三根筋条板屏,靠近筋条边冲击时,$K = 0.42$。

对于模型总的研究,式(8-94)可用单一参数表达:

$$\sigma_f = \sigma_0/(1+Z) \tag{8-101}$$

其中 $Z = C_1 C_2 C_3 C_4 C_5 W_e$。

试验数据按混合变量 Z 进行相关性模拟,图 8-37 画出 Z 与破坏应变关系曲线,用式(8-101)预测结果为图中曲线所示。看得出,这个公式模拟是非常好的。

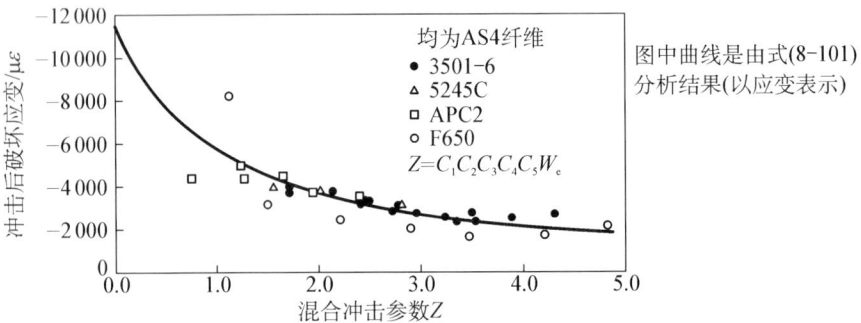

图 8-37 计算强度值与试验结果比较

图中为 5 种树脂(纤维均为 AS4)层板的试验结果。

2) 复合材料典型结构冲击损伤破坏分析

这里典型结构是指有一定边缘宽度的几根筋条的加筋板,如图 8-38 所示。这里仅介绍一般原理,具体的计算方法及公式见文献[21]。

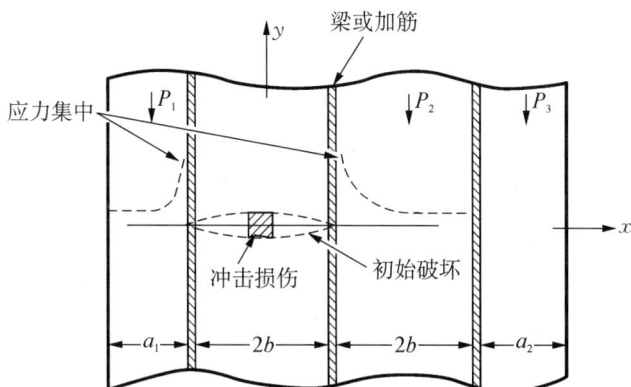

图 8-38 结构型式对冲击后压缩强度的影响

复合材料典型结构的整个冲击后剩余强度很明显地受结构型式的影响。在受冲击损伤的 3 个加筋板屏静力试验中看出,大多数试验破坏分两个阶段:

① 初始破坏:扩展到筋条加固线处,由式(8-94)或式(8-101)计算,见图 8-38 所示;

② 最终破坏:初始破坏扩展到加筋处时损伤被阻止,在经过持续加载时,将引起结构中内力重新分配,直到损伤穿过加筋外侧的板而出现整个加筋板破坏,这时破坏载荷比初始破坏载荷高得多。

至于初始破坏后,载荷如何重新分配到加筋及加筋之间的板格子上,具体的计算公式见文献[21]。

图 8-39 是文献[21]中 3 加筋板预测应变与最后试验应变的比较。当冲击能低于 30 ft·lb(即 40.7 J)时,初始破坏应变大于 $3800\,\mu\varepsilon$,超过 30 ft·lb 时,由于加筋阻止损伤扩展,最终破坏应变保持在 $3800\,\mu\varepsilon$,这是一个非常重要的结果。它还说明,加筋板结构在 CAI 试验能进行到更高的能量水平,这对 CAI 试验以及以后许用值的确定都要求进行进一步认真的研究。

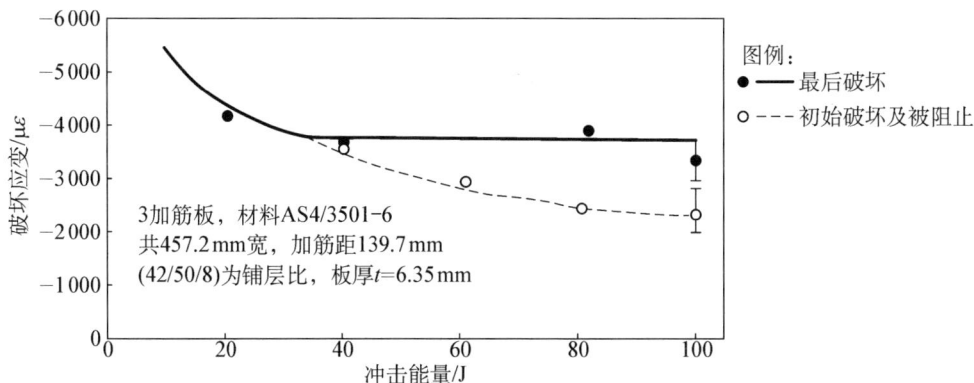

图 8-39 计算的应变与试验值比较

3) 根据强度预测损伤面积

将 C 扫描得到损伤面积作为独立参数考虑。利用式(8 - 94),设法将损伤面积变换进式(8 - 94)中作为一个参数,现在的问题是如何在此方程中加入一个表示损伤面积影响的参数,这个表示损伤面积大小影响的参数是根据层板的强度(σ_0,σ_f)来求得。根据式(8 - 94)模型,求损伤面积参数时,假设 C_1,C_2,C_3 保持不变。就是说,冲击后压缩强度对损伤面积的影响是通过铺层(layup)、厚度及完全穿透的应力集中来考虑其影响。在考虑损伤面积的模型中,参数 C_4,C_5 及 W_e 重新定义作为单个参数(而不是用 Z 作为混合参数),此参数跟损伤尺寸及材料 G_{IC} 有关。

令 $\lambda = C_4 C_5 W_e$,那么式(8 - 94)写为

$$\sigma_f = \sigma_0 / (1 + C_1 C_2 C_3 \lambda) \tag{8 - 102}$$

参数 λ 是损伤尺寸的函数,它可以通过对每种材料强度数据拟合来确定,表达式为

$$\lambda = m_1 A^{m_2} \tag{8 - 103}$$

其中:A 是损伤面积;m_1,m_2 是材料相关拟合常数。

参数 λ 由式(8 - 102)来确定,写为

$$\lambda = \left[\frac{\sigma_0}{\sigma_f} - 1 \right] / (C_1 C_2 C_3) \tag{8 - 104}$$

在图 8 - 40 中,表示 AS4/3501 - 6 材料的 λ 与损伤面积的数值关系。λ 是用最小二乘法对式(8 - 103)进行拟合得到的。如图 8 - 40 所示,λ 分散性很大,这对所有材料体均如此,因此,计算时取上限(预测得到强度为下限)稳妥些。对于不同材料的 m_1,m_2 值列在表 8 - 15 中,作为我们的计算参数。由此表可见,m_1 随 G_{IC} 的增加而减少,m_2 随 G_{IC} 变化不明显。整个数据用下列方程拟合:

$$\lambda = m_1 A^{m_2} (G_{IC})^{m_3} \tag{8 - 105}$$

数值 m_1,m_2,m_3 用最小二乘法得到:

表 8 - 15 损伤面积参数 λ 的拟合常数

材　料	平均拟合值		上限	
	m_1	m_2	m_1	m_2
AS4/3501 - 6	0.798 41	0.370 84	1.024 43	0.347 56
AS4/5250 - 3	1.016 02	0.270 90	1.305 52	0.254 34
AS4/5245C	0.675 62	0.320 14	0.882 17	0.294 26
R6451	1.435 06	0.287 37	1.812 73	0.275 12
AS4/APC2	0.586 77	0.344 08	0.770 53	0.317 90

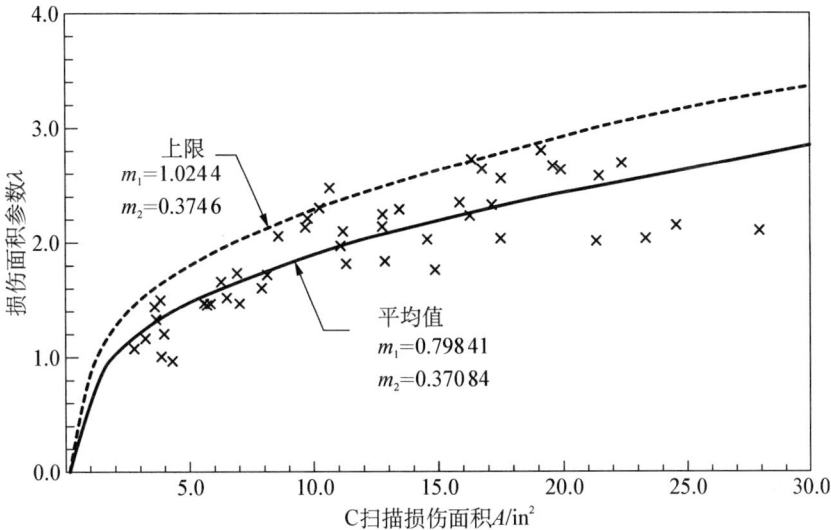

图 8-40 材料 AS4/3501-6 的损伤面积参数 λ 数据

平均拟合值 $m_1 = 0.78937$，$m_2 = 0.35159$，$m_3 = -0.17517$；

上限值 $m_1 = 1.09554$，$m_2 = 0.32620$，$m_3 = -0.16470$。

因此，为稳妥起见，在求各种材料的剩余强度值时一般取 λ 的上限值进行计算。

有一个问题要特别提出的是，既然损伤面积是根据层板剩余强度来预测的，之所以要反过来通过层板剩余强度求出损伤面积（它的参数 λ）的原因是：

● 建立起损伤面积与冲击后压缩破坏应变的关系；

● 通过实际损伤检测中 C 扫描得到损伤面积由式(8-102)～式(8-105)的关系近似的得到压缩破坏应力及应变，为后面设计许用值计算使用。

8.6.3.3 基于可靠度的冲击损伤压缩强度设计许用值分析

冲击后压缩强度设计许用值分析是损伤容限验证的重要内容，这里根据概率方法，基于可靠度来确定压缩强度设计许用值。这涉及冲击威胁分布、冲击后压缩强度分散性及损伤容限设计要求（准则）等。这实际上涉及结构完整性可靠性的分析模型。

图 8-41 中以示意图的形式说明结构完整性可靠性分析模型。在此分析模型中，在给定冲击威胁下，不同外加应力（应变表示）水平下复合材料结构的可靠性评估。图 8-41(a)是冲击能量跟冲击后压缩强度的关系，图 8-41(b)是冲击能量统计数据，其图线是能量分布的密度函数和累积概率分布，在这两者的基础上进行可靠度评估（如图 8-41(c)）。

1) 冲击后压缩强度的分散性

国外进行了大量的 *CAI* 试验数据统计分析，*CAI* 数据分布一般采用双参数 Weibull 分布描述，概率密度函数

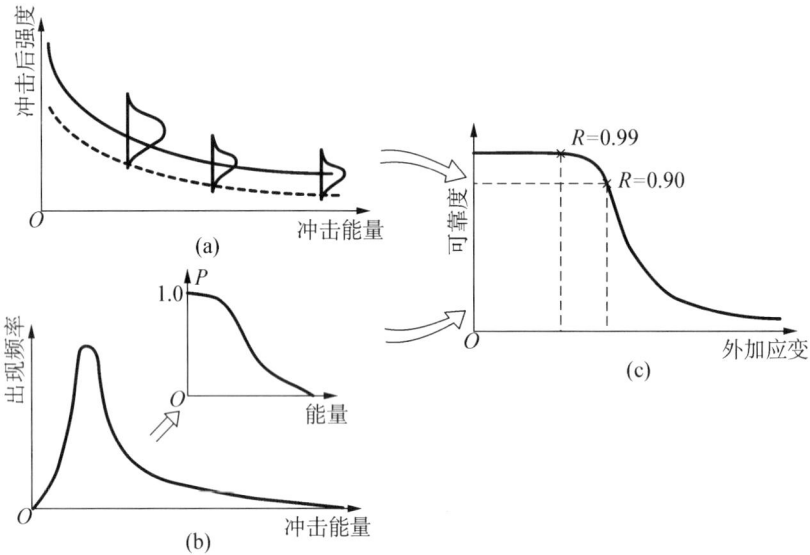

图 8-41　结构完整性可靠度分析方法示意图

(a) 冲击后强度；(b) 冲击能量分布；(c) 可靠度

$$f(x) = \frac{\alpha}{\beta}\left(\frac{x}{\beta}\right)^{\alpha-1}\mathrm{e}^{-\left(\frac{x}{\beta}\right)^{\alpha}} \tag{8-106}$$

它的累积分布函数(本情况也可称为 x 的存活率)为

$$P(X \leqslant x) = \mathrm{e}^{-\left(\frac{x}{\beta}\right)^{\alpha}} \tag{8-107}$$

其中：x 为随机变量，这里是指冲击后压缩应力(或应变)；α 为形状参数，它的大小反映数据的分散性程度；β 为尺度参数。

　　大量的数据统计分析结果，α 值为 12.65～40.81，必须指出，分散性随着冲击能量大小随机变化，不能建立 α 与冲击能量之间的关系式。为保守起见，一般取 $\alpha = 12.0$。

　　2) 跟设计许用值有关的损伤容限设计要求

　　要求不同，设计许用值分析结果会不同。跟设计许用值取值有关的要求为

　　① 小于(或等于)DUL 时，结构无灾难破坏：

$$P_{\mathrm{F}}^{\mathrm{S}} \geqslant DUL$$

其中：$P_{\mathrm{F}}^{\mathrm{S}}$ 为结构破坏载荷，下同。此要求的意义是破坏载荷要大于 DUL 载荷。

　　② 小于(或等于)最大服役载荷(MSL)，结构无灾难性破坏：

$$P_{\mathrm{F}}^{\mathrm{S}} \geqslant MSL(MSL = 1.2DLL)$$

　　③ 含 $BVID$ 损伤的结构，小于(或等于)DUL 时，无灾难性破坏：

$$P_{BVID} \geqslant DUL$$

④ 含 BVID 损伤的结构,小于(或等于)MSL 时,无灾难性破坏:

$$P_{BVID} \geqslant 1.2DLL$$

⑤ 小于(或等于)DLL 时无局部破坏,且小于(或等于)MSL 时无灾难性破坏:

$$P_{IF} \geqslant DLL \text{ 及 } P_F^S \geqslant 1.2DLL$$

⑥ 在 DUL 时无局部破坏:

$$P_{IF} \geqslant DUL$$

⑦ 对结构内部含 2in(=50.8mm)直径圆形(C 扫描损伤面积),在小于 DUL 时无灾难性破坏。

$$P_{C2'D} \geqslant DUL$$

其中:P_{BVID} 为结构含 BVID 损伤时结构破坏载荷;P_{IF} 为初始局部破坏载荷;$P_{C2'D}$ 是损伤直径为 2in 时结构破坏载荷。

值得特别注意的是,在计算设计许用值时,这 7 项要求中究竟取哪一项是跟冲击损伤大小有关的,其选取原则不应跟上面第 1、第 2 和第 3 章有关条款相矛盾,因为这 7 项要求仅是有关文献的参考性建议,不是指令性的设计准则。

3) 冲击后压缩设计许用值确定方法

基于概率方法确定设计许用值的方法很多,我们这里采用近似方法,不考虑环境、疲劳寿命降等因素,仅考虑冲击威胁分布影响及冲击后 CAI 分散性等因素,基于可靠度的分析方法确定 B(或 A)基准设计许用值。这里介绍两种方法。基于我们假设前提下,方法 1 属半概率方法,方法 2 属概率方法。

(1) 方法 1

● 计算冲击后压缩强度σ_f(或ε_f),用式(8-94)计算。

● 外加应变 x 的存活率为(见式(8-107))

$$P(X \leqslant x) = e^{-\left(\frac{x}{\beta}\right)^{\alpha}}$$

式中形状参数 $\alpha = 12.0$(取保守的固定值),而 β 是随冲击能量大小而改变的尺度参数,在此方法中,给定一个冲击能量大小用式(8-107)计算应变许用值。

● 参数估计。

均值为

$$\mu = \beta\Gamma\left(\frac{1}{\alpha} + 1\right) \tag{8-108}$$

故 μ 用ε_f 表示为

$$\beta = \varepsilon_f / \Gamma\left(\frac{1}{\alpha} + 1\right) \tag{8-109}$$

$$\breve{\beta} = \beta / [\chi^2(2n)/(2n)]^{\frac{1}{\alpha}} \tag{8-110}$$

$$\breve{\beta} = \varepsilon_f / \left\{ \Gamma\left(\frac{1}{\alpha} + 1\right)[\chi^2(2n)/(2n)]^{\frac{1}{\alpha}} \right\} \tag{8-111}$$

其中:n 为试样数,一般给 15。故 $\chi^2(2n)/(2n) = 1.4591$;$\Gamma\left(\frac{1}{\alpha} + 1\right)$ 为 Gamma 函数;$\chi^2(2n)$ 为具有 $2n$ 自由度 χ^2 分布的函数值。

ε_f 由式(8-94)给出的破坏应变计算。

$\breve{\beta}$ 为置信度为 95% 时尺度参数。

那么外加应变为 ε 时,可靠度为

$$R(\varepsilon) = \exp\left[-\left(\frac{\varepsilon}{\breve{\beta}}\right)^{\alpha}\right] \tag{8-112}$$

当采用 B 基准时,$R(\varepsilon) = 0.90$,由式(8-112)求 B 基准时的许用值为

$$\varepsilon_B = \breve{\beta}[-\ln(0.9)]^{1/\alpha} \tag{8-113}$$

式(8-113)求出的 ε_B 是对应于给定冲击能量的剩余强度(以应变表示)的 B 基准值,在强度分析进行应变限制时,它对应的外载荷是 DUL 或 DLL? 这要看损伤容限的设计要求(见本节第 2)款),若用要求(5),故对应外载荷为 DLL,即 DLL 作用时的应变 $\varepsilon_{DLL} \leqslant \varepsilon_B$;除了损伤容限的设计要求外,$\varepsilon_B$ 是对应什么外载荷,还由此冲击能量对结构造成损伤大小而定,这时,问题变得非常复杂,这里不再详细说明。

(2) 方法 2(基于可靠度的概率方法)

方法 1 中是给定一特定冲击能量下的设计许用值计算,这里有两个问题,第一,是根据什么理由给定此冲击能量? 第二,概率 $P(x)$ 并不知道,因此,充其量只能算半概率方法。严格来说不算概率方法。本方法中,我们用基于可靠度的概率方法计算。在冲击能量作用下(它的概率为 $P(x)$),结构外加应变为 ε 时的存活率为 $p(\varepsilon)$,这时冲击损伤强度(应变表示)的可靠度 $R(\varepsilon)$ 由下面的联合概率函数给出:

$$R(\varepsilon) = \int_0^\infty p(\varepsilon)P(x)\mathrm{d}x \tag{8-114}$$

其中:$p(\varepsilon)$ 为外加应变为 ε 时的存活率(或可靠度);$P(x)$ 为式(8-92)冲击能量为 x 时分布概率。此式要进行数值积分,因为 $p(\varepsilon)$ 跟能量 x 有关,不能写成显式,因此,要对此式能量从 $0 \to \infty$ 进行数值积分。在冲击能为 x 时,$p(\varepsilon)$ 的计算方法完全同方法 1。实际上,$p(\varepsilon)$ 就是式(8-112)中的 $R(\varepsilon)$,即

$$p(\varepsilon) = \exp\left[-\left(\frac{\varepsilon}{\breve{\beta}}\right)^{\alpha}\right] \tag{8-115}$$

可见,计算完全相同。也要注意,式(8-114)积分不可能进行到无穷大,因为当 x 很大时,$p(\varepsilon)$ 已接近零,而 $P(x)$ 也接近零,故进行到一定数值时就会收敛而结束。

在计算结构某一部位时,是采取上面谈的三个冲击威胁中的哪一等级,由设计者确定。采用高等冲击威胁计算许用值结果比用低等威胁结果要小得多。

4) 许用损伤面积可靠性分析

上面我们谈到根据强度(σ_0、σ_f)计算损伤面积,其目的是由 C 扫描得到冲击损伤面积,计算它在外载 DUL,MSL,DLL 时的可靠度,计算 2 in 直径损伤时的结构可靠度,并且计算出在各种外载(DUL,MSL,DLL)时达到 B(或 A)基准可靠性的临界损伤面积。这种计算是非常重要的。当我们无损检测出一个损伤面积时,在 DUL 下,它有多少可靠度,是否超过临界值,超过需马上修理,否则不必修理。

5) 算例

(1) 算例 1(用方法 1 计算)

蒙皮材料为 T300/双马,厚度 $h = 6.35\,\text{mm}$,铺层比例 40%,50%,10%,$(0:\pm 45:90)$,冲击物直径 $= 25.4\,\text{mm}$。蒙皮 $E_L = 125\,600\,\text{MPa}$,$E_T = 8\,800\,\text{MPa}$,$G_{LT} = 4\,470\,\text{MPa}$,$\nu_{LT} = 0.3$,3 根加筋,$AE = 27 \times 10^6\,\text{N}$,$G_{IC} = 131.34\,\text{J/m}^2$,间隔 $= 177.8\,\text{mm}$,两边缘 $a = 88.9\,\text{mm}$,无损板破坏应变 $\varepsilon_0 = 11\,000\,\mu\varepsilon$,在 DUL 载荷时,蒙皮外加应变为 $3\,000\,\mu\varepsilon$。

用方法 1 计算:不同能量 30 J,40 J,50 J,100 J,136 J 时的许用值(要求 5 的 B 基准许用值)。

表 8-16 冲击压缩设计许用应变

冲击能量/J	B 基准设计许用值/$\mu\varepsilon$	冲击能量/J	B 基准设计许用值/$\mu\varepsilon$
30	3 354	100	2 335
40	3 239	136	2 072
50	3 004		

注:冲击在板中央,表(8-16)中的许用值对应 DLL 载荷的值。

(2) 算例 2(用方法 2 计算)

结构参数同上例 1,冲击威胁用中等威胁,B 基准许用值 $\varepsilon_B = 2931\,\mu\varepsilon$;用低等冲击威胁,计算结果,$\varepsilon_B = 3525\,\mu\varepsilon$,此许用值是对应 DLL 载荷的值。

(3) 算例 3 无加筋光板(试样)冲击后压缩强度(以应变表示)

材料:T300/双马,性能为:

$$G_{IC} = 244\,\text{J/m}^2,\ E_{1c} = 125\,600\,\text{MPa},\ E_{2c} = 8\,800\,\text{MPa},\ G_{12} = 4\,470\,\text{MPa},$$
$$\nu_{12} = 0.328;\ \varepsilon_0 = 12\,000\,\mu\varepsilon。$$

其中:ε_0 为无损光板压缩破坏应变(它与公式(8-94)中 σ_0 相对应的应变)。

冲头直径 $d = 12.7\,\text{mm}$。

这里给出两种铺层情况：即 $0/\pm 45/90$ 比例为 $25/50/25$ 及 $50/40/10$，各对应 4 种厚度，在 19 种冲击能量冲击下所对应的 B 基准的剩余强度应变 ε_B。两种铺层的计算结果数据列在表 8-17 中。第 1，2 种铺层的层压板 B 基准 $\varepsilon_B(\mu\varepsilon)$ 与冲击能量关系分别画在图 8-42，图 8-43 中。

表 8-17 剩余强度应变 $\boldsymbol{\varepsilon_B}$ 和冲击能量关系

冲击能量/J	B 基准剩余强度应变 $\varepsilon_B/\mu\varepsilon$							
	第 1 种铺层（25/50/25）				第 2 种铺层（50/40/10）			
	板厚 2 mm	板厚 3 mm	板厚 5 mm	板厚 8 mm	板厚 2 mm	板厚 3 mm	板厚 5 mm	板厚 8 mm
5	5 687	6 185	6 780	7 282	5 129	5 641	6 268	6 811
10	4 703	5 218	5 859	6 427	4 149	4 656	5 305	5 894
15	4 133	4 640	5 289	5 878	3 602	4 088	4 727	5 324
20	3 743	4 236	4 878	5 475	3 234	3 699	4 321	4 914
25	3 450	3 929	4 561	5 158	2 963	3 408	4 012	4 597
30	3 220	3 684	4 305	4 898	2 751	3 179	3 766	4 340
35	3 031	3 482	4 091	4 678	2 580	2 992	3 562	4 126
40	2 873	3 312	3 909	4 489	2 437	2 836	3 390	3 943
45	2 738	3 165	3 750	4 324	2 316	2 702	3 241	3 784
50	2 621	3 037	3 611	4 177	2 211	2 585	3 111	3 644
60	2 425	2 822	3 375	3 927	2 038	2 392	2 894	3 407
70	2 268	2 648	3 182	3 720	1 900	2 236	2 717	3 213
80	2 138	2 503	3 019	3 544	1 786	2 107	2 569	3 049
90	2 028	2 380	2 880	3 392	1 690	1 998	2 444	2 909
100	1 933	2 273	2 759	3 259	1 607	1 904	2 335	2 787
110	1 850	2 179	2 652	3 141	1 536	1 822	2 239	2 680
120	1 776	2 096	2 557	3 036	1 473	1 749	2 154	2 584
130	1 711	2 022	2 471	2 940	1 416	1 685	2 079	2 498
140	1 652	1 955	2 394	2 854	1 366	1 627	2 010	2 420

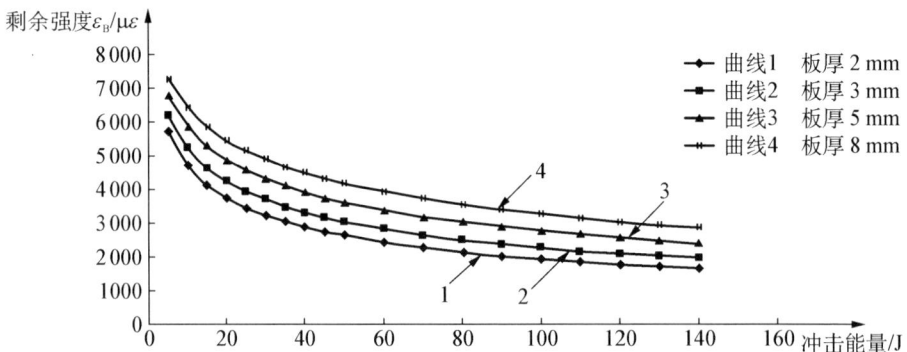

图 8-42 第 1 铺层（25/50/25）层压板剩余强度应变 ε_B 与冲击能量关系曲线

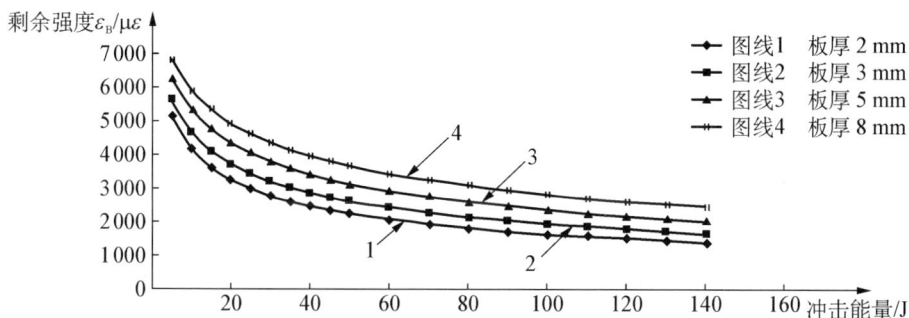

图 8-43 第 2 铺层(50/40/10)层压板剩余强度应变ε_B与冲击能量关系曲线

通过这些数据和曲线可以确定设计许用值$[\varepsilon_c]$。

从此例题中我们可以看出 2 点：

a. 准各向同性铺层(25/59/25)层压板压缩剩余强度应变ε_B比较高；

b. ε_B随着板厚度增加而增加。了解这一点是很重要的，目前强度分析中，不管板厚度，工作应变总是限制在一个常值的许用应变之下，这是不合理的。

已利用计算软件给出无加筋平板情况冲击ε_B的大量例题，这些例题中包含了各种参数对ε_B的影响(详情从略)。

6) 冲击后压缩设计许用值计算软件介绍(从略)。

8.6.3.4 空客公司关于冲击设计许用值研究

空客公司在文献[25]中，用试验数据模拟的半经验方法对层板低速冲击损伤及许用值进行分析，该文献中给出大量有价值的试验数据。介绍的方法还应认真研究。详情从略。

8.6.3.5 提高层压板设计许用值的途径

1) 引言

众所周知，由于复合材料层压板冲击损伤的致命缺点，在设计中提出"限制应变"的做法。因此，实际设计中一直使用较低的许用值。**这是属于飞机复合材料结构损伤容限及耐久性的设计准则问题**。对此问题达成初步共识，目前处理飞机复合材料结构损伤容限设计问题有 3 条关键原则：(a)限制应力(或应变)水平；(b)规定在 *DLL* 或 *DUL* 载荷情况冲击能量门槛值或损伤可检门槛值；(c)采用"损伤无扩展"的概念。

由以上 3 条原则来确定设计许用值，因此不管如何确定许用值，它必须满足下面的条件：

第一，满足损伤容限设计准则要求；

第二，**含损伤**的结构在疲劳载荷作用(1 倍寿命后)损伤不应扩展。这里指**含损伤**，一般是维护检测时可检出的损伤；

第三，必须满足剩余强度要求，这里指的**剩余强度**是指含损伤结构在疲劳载荷后的强度。

了解设计许用值含义后就知道如何提高设计许用值。一旦许用值确定后,就必须对结构进行损伤容限及耐久性评估,它是否满足要求。评估损伤容限及耐久性主要靠试验。

2)提高设计许用值途径概述

国外在 20 世纪 80 年代开始进行了大量研究,大概从以下几方面着手:

① 研制更加韧性的材料体系,这是提高设计许用值的最根本途径。

② 研究合理的结构设计方案。主要是两方面的工作:第一,是方案设计(涉及工艺实施方案),其目的是使设计的方案有良好的工艺性、良好的检测、维修性能以及合理的传力路线。如果材料性能很差,千万不要采用工艺难度大的结构方案,这会导致不堪设想的后果;第二,细节设计,目的是提高结构的损伤抗力。

③ 有关设计准则的合理性探讨。有些设计准则似乎达成共识,但不一定合理。最明显的例子是冲击能量的门槛值规定。

④ 保证结构安全性的损伤容限理论分析方法研究。主要是冲击损伤尺寸大小分析及剩余强度分析。特别值得提出的是近年发展起来的概率方法。

⑤ 试验研究工作。设计许用值主要是通过试验来确定,对确定了的许用值还要进行损伤容限和耐久性评估,这两者很难区分。国内外做了大量工作,基本上形成一套成熟的试验方法。

3)提高设计许用值的具体方法

上面①②是材料及结构设计部门的任务,我们仅就③④⑤作说明。

(1)设计准则的合理性探讨

这是值得认真研究的。这方面最值得研究的是冲击威胁(以能量大小表示)分布及大小问题,我们在上面第 8.6.2 节已详细介绍过。冲击能量就像外载荷,如果外载荷计算不准或完全不能信任,结构设计及强度计算还有什么意义? 国内还未进行这方面的研究,它不是短期和单靠一个部门能完成的工作,但我们应该清楚,设计准则的认真研究很可能成为提高飞机复合材料结构设计许用值的重要一环。

(2)复合材料结构损伤容限理论分析方法的研究

具体地说,理论分析方法包括 3 方面的内容:(a)冲击损伤尺寸大小分析;(b)剩余强度分析;(c)损伤扩展速率分析。(a)、(b)项内容已进行大量的充分研究,第(c)内容对复合材料来说太困难,有人作了一些研究,结果还不能用于实际设计中。从目前了解的情况来看,理论分析方法对提高许用值的收效不大。

有一点必须特别指出,提高设计许用值的问题是属于损伤容限/耐久性的范畴,研究完好材料(或结构)静力强度失效准则与提高复合材料设计许用值是没有多大关系的。即使研究并改善含损伤材料的强度失效准则,它对提高设计许用值的收效也可能不大。

(3)试验研究工作

结构设计许用值主要通过试验方法确定,提高设计许用值也要靠损伤容限/耐久性试验来评估。国内外进行了大量试验工作。20 世纪 80 年代以来,国外这方面的资料很多,基本得出大体一致的做法及取值结论。

虽然结构设计许用值的确定已进行了大量试验研究,但是,要提高设计许用值,就必须非常谨慎,必须通过大量试验来验证和评估这样提高了的许用值是否满足损伤容限/耐久性要求。试验工作大体包括以下内容:

① 试样量级的材料韧性试验。

② 按标准试件的冲击后压缩试验(CAI)。

建立冲击损伤的破坏应变与冲击能量关系曲线。

③ 层压板的疲劳特性试验。

● 完好试样的疲劳试验。

● 带孔试样的拉-压疲劳试验。

● 按上述第②条标准试件冲击后压-压疲劳试验(试验载荷及试验时间应仔细研究)。

④ 典型加筋板冲击后压缩强度(CAI)及疲劳试验。

这是非常重要的试验项目,一般分为两类:

● 发展性(或研制性)试验项目。

一般是考核材料体系对比性的材料应用特性试验。

● 要结合具体飞机(或目标)的结构情况(结构指:铺层情况、加筋情况及格子尺寸等)考虑具体飞机的应力水平及载荷形式。这两类试验都必须按损伤容限/耐久性结构完整性要求进行。包括以下内容:

a. 不同结构构型、不同冲击能量大小、不同冲击位置情况的 CAI 试验。

b. 按 a 项试件及冲击情况用平均谱进行疲劳试验,记录损伤扩展情况。

c. 第一类剩余强度试验。

这是指 b 项带损伤及进行过疲劳试验后的试件进行强度试验。

d. 第二类剩余强度试验。

这是指含 2 in 直径穿透损伤是否能完成飞行任务的试验,为保守起见,它应能承受 DLL 载荷。

e. 对于 BVID(或 DUL 对应的能量截止值)在 DUL 载荷下的强度试验。

⑤ 盒段级的试验:

此盒段结构型式是真实结构的一部分(尺寸比例 1∶1)。试验项目原则上同第④项,可适当减少。但这时考虑较真实的载荷构型,是属于复杂应力状态的试验。盒段级试验的目的是弥补第④项试验中结构及载荷不大真实的缺点。这类试验件费用太大,故试件数量少,建议进行综合性试验。

(4) 关于试验环境条件的考虑

上面 5 类(①②③④⑤)试验主要是在自然环境条件(ambient contition)下进行的,但这是不够的,还应进行湿、热条件的试验。因为湿、热条件会降低材料性能、影响破坏模式,而且,一般来说,**改善韧性会降低湿热状态压缩强度**。

湿热条件应进行多少项目,试验件尺寸大小要充分论证。**但基本原则是:这些试验应能充分暴露湿热对材料体系及结构形式破坏模式的影响,对损伤容限/耐久性特性的影响,并能给出湿热条件下最小的强度值**。

8.6.4 概率或半概率简化的符合性方法[17]

1) 概率符合性方法基本原理

概率符合性方法实质就是对结构在使用过程中结构完整性的风险评估。我们这里所指的符合性是指损伤容限方面的结构完整性。

概率符合性方法基本原理是要证明检测计划将保证下列组合概率是可以接受的:即载荷具有"$kDLL$"水平,同时存在的漏检意外冲击损伤使强度降到"$kDLL$"的载荷水平。"$kDLL$"是限制载荷的倍数。对主结构出现灾难破坏的情况,这一组合概率必须特别小(根据 ACJ251309,概率小于 10^{-9}/fh);对于不太关键的零件,可以接受比 10^{-9}/fh 大的概率。

可以考虑把载荷和损伤出现概率作为独立现象,然后证实

$$P_{L(kDLL)} P_{D(kDLL)} \leqslant 10^{-9} \qquad (8-116)$$

这里需要对此式稍加解释:

第一个概率 $P_{L(kDLL)}$ 是载荷在 $kDLL$ 大小时出现的概率,下面我们会说明此概率如何计算。

第二个概率 $P_{D(kDLL)}$ 是表示漏检某一大小的损伤,使强度降到对应于 $kDLL$ 大小的载荷水平这一事件的概率,而 $P_{D(kDLL)}$ 是一个组合概率,意思是"**有一个意外冲击损伤使强度降到 $kDLL$ 的水平但漏检了**"这事件的概率。

所有概率方法都必须进行下面的工作:

① 对结构中所有关键零件,采用积木方法得到强度-冲击能量曲线。

② 研究冲击损伤情况来得出冲击威胁概率规律。

③ 对于小于 VID 门槛值的所有损伤,一般通过全尺寸疲劳试验来证实无扩展概念。这里介绍的概率方法是假设损伤无扩展,如允许扩展,方法的细节是不同的。另一方面,**所有概率分析,包括上面谈到的许用值,只要涉及疲劳就要非常慎重,其结果一般不建议使用**。

④ 进行剩余静强度试验来校核含损伤结构具有所假设的强度。这是对第①项工作的证实。

2) 简化方法

(1) 简化方法的两个假设

● 离散源与连续损伤源之间没有任何区别,因此,在检测间隔期间对所有损伤都同样对待;

● 这种方法不包括任何检测凹坑的概率——$BVID$ 能量和凹坑深度的选取必

须足够高以防止任何漏检。这是因为,简化方法中不包括损伤检测概率这一项。

(2) 方法原理

P_a=在一架飞机使用的最后时刻(例如,一个飞行小时,一次飞行……)意外损伤的概率。在 8.6.2.2 节已研究过。这实际上是冲击损伤威胁的概率,与能量大小有关。

n=用一架飞机使用(n 个飞行小时,或 n 次飞行)所表示的检测间隔。

P_r=飞行载荷(如突风)出现的概率,其强度与意外损伤的概率 P_a 相组合会导致灾难性破坏。意思是 P_a 对应的损伤引起强度降到此飞行载荷水平,那么 P_r 与 P_a 的组合会导致灾难性破坏。

在检测前最后一次飞行时至少出现一个意外损伤的概率(此时,损伤结构的几率比较大)等于:

$$1-(1-P_a)^n \approx nP_a \tag{8-117}$$

这个检测前最后一次飞行时出现的意外损伤概率为 nP_a,根据上述概率风险评估的式(8-116),得到风险指标:

$$P_r \cdot n \cdot P_a < 10^{-9} \tag{8-118}$$

式(8-118)说明检测间隔 n 与结构安全性的关系。

(3) 计算

计算是对每一主构件而言的,每个主构件符合上式,整个结构就符合结构完整性要求。

① P_a 如何确定?

冲击损伤威胁的概率 P_a 跟许多因素有关,例如,冲击能量大小,冲击能量大,则 P_a 小;冲击能量小,则 P_a 大。飞机复合材料结构中,需要确定用于极限载荷(DUL)考虑的实际冲击能量截止值,这时会求出一个对应的 P_a 值。对于极限载荷强度分析时考虑的冲击损伤是使用中出现可能性较大的损伤,但是相对应的载荷(DUL)出现的概率 P_r 非常小。相反,载荷出现的概率 P_r 很大时(即载荷比较小),对应的损伤可以很大,损伤大,P_a 小。因此,必须考虑各种载荷 $kDLL$ 情况下的 P_a 及 P_r。

相对于极限载荷考虑的实际冲击能量截止值的 P_a 确定:

一个保守的假设是设置在 90% 概率时的能量水平,这类似于 B 基准强度值的办法,这意味着,实际能量截止值是按这样的方式选取的:**在飞机寿命结束时,其中不超过 10% 的飞机受到冲击事件的能量等于或高于这一截止值。** 对那些相应于更严重损伤情况、并可能无法符合极限载荷条款的这个 10%,损伤容限考虑将证实其符合规定的安全水平。

令 E_0 = 能量截止值,每次飞行遇到能量 $E \geq E_0$ 的冲击概率为 P_a,则 $1-P_a$ 是飞机在飞行中未遇到或只遇到较低冲击能量的概率。实际上,在实际飞行中是不太可能出现低速冲击风险的,但会出现在与这次飞行有关的各种操作中,如飞机维护及与定期检测有关的部分风险。那么$(1-P_a)^n$是在n次飞行后从未遇到能量为$E \geqslant E_0$的冲击概率，则至少由于遇到一次能量为$E \geqslant E_0$的冲击而产生损伤的概率

$$P = 1 - (1 - P_a)^n \tag{8-119}$$

设$n = 50000$次飞行(短程/中程民机)，由上可知，10%的飞机会有此冲击威胁，故$P = 0.1$，求得

$$P_a = 2.1 \times 10^{-6} = 10^{-5.6}$$

因此，对民机，静力截止值所对应的P_a应为$10^{-5.6}$/fh。因此，P_a出现的概率跟该飞机的寿命有关。但是，目前一般认为，在极限载荷时，冲击能量取值概率$P_a = 10^{-5}$/fh。在限制载荷时，冲击能量会大些，故冲击能量概率要小的多，取为$P_a = 10^{-9}$/fh。P_a越大，冲击能量越小，反之亦然。在大量调查中，冲击能量上限值$E_0 \approx 48$J。

空客经大量调查，冲击威胁概率P_a见上面第8.6.2.1节，这里不再给出。

② P_r如何确定？

● 在求得P_a后，就可以求出对应的冲击能量E_j。

● 有了冲击能量E_j大小，就可以求出剩余强度σ_r(即上面的σ_f，由式(8-94)或式(8-101)计算)。

● 有了剩余强度σ_r，即能确定其对应的飞行载荷大小$kDLL$。

如何通过剩余强度确定飞机载荷大小$kDLL$是非常重要的问题。此处剩余强度是指对主结构某元件的剩余强度。对此主结构区域有一最严重的飞行载荷情况，特别是军机，载荷情况很多，对于某主结构要选取最严重的情况。这里指的是$kDLL$，就是对应此载荷情况而言的。采用此载荷情况的DLL载荷大小进行结构应力分析时，设此构件应力为σ_L，那么：

$$k = \frac{\sigma_r}{\sigma_L} \tag{8-120}$$

σ_r对应的载荷大小即为$kDLL$，意思就是说，在冲击能E_j时损伤(它的概率为P_a)使强度降到$kDLL$载荷水平，因此，从冲击损伤概率P_a出发就能求此构件对应的载荷水平($kDLL$)。载荷$kDLL$的概率P_r如何求，如下所述。

● 从确定的载荷大小$kDLL$，求出它对应的概率P_r。

我们知道，从DLL载荷到DUL载荷，假定和它们出现概率的对数成线性变化。用对数线性分布计算，现在大家公认的假设是

$$\left. \begin{array}{l} DLL: k = 1.0,\ P_{DLL} = 10^{-5}/\text{fh} \\ DUL: k = 1.5,\ P_{DUL} = 10^{-9}/\text{fh} \end{array} \right\} \tag{8-121}$$

$P_{kDLL} = P(载荷 \geqslant kDLL)$，载荷出现的累积概率。$kDUL$的对数线性插值如图8-44所示。

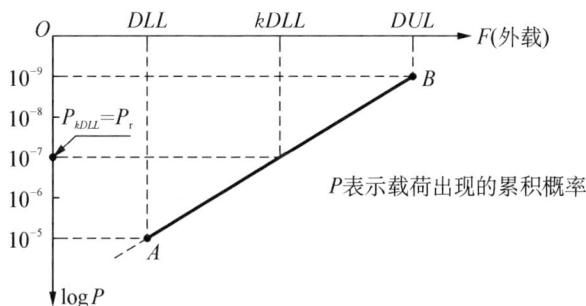

图 8 - 44　外载和它出现的累积概率

直线 AB 用下面的直线方程表示：

$$\log P = b + R \times F \qquad (8-122)$$

常数 b，R 由式(8-121)数值计算，求得如下：

$$b = 3, \ R = -8/DLL \qquad (8-123)$$

当 $F = kDLL$ 时，代入式(8-122)得

$$\log P(kDLL) = 3 - \frac{8}{DLL} \times kDLL = 3 - 8k \qquad (8-124)$$

$$P(kDLL) = 10^{(3-8k)}$$

例：$k = 1.25$ 时，用 $F = 1.25DLL$ 代入式(8-122)解得

$$P_r = P(1.25DLL) = 10^{-7}$$

式(8-120)已求得 k，对应的外载概率 P_r 就容易求得。

当 P_a，P_r 都求得后，根据式(8-118)进行风险评估。

③ 确定检测间隔的简化概率方法。

检测间隔的确定对安全性是非常重要的。这里介绍简化概率方法确定 n。

由式(8-118)，P_a 是在一架飞机使用的最后时刻意外损伤的概率，当一架飞机不进行检查，那么 n＝飞机寿命。因为 n 很大，式(8-118)左边会很大，满足不了小于 10^{-9}，因此，检测间隔要尽可能小，才满足要求。检测间隔 n 的确定是由式 8-118 求得。确定原理如图 8-45 所示。根据式(8-118)很容易得检测间隔 n 的表达式为

$$\log n = -9 - \log P_r - \log P_a \qquad (8-118-1)$$

图 8-44 已说明 P_r、P_a 的确定方法。现首先解释一下图 8-45 的各象限意义：

第 I 象限为剩余强度-能量曲线，这条曲线上反映了损伤尺寸和能量及剩余强度关系；

第Ⅱ象限是外载与它出现概率 P_r 的关系；

第Ⅲ象限的纵坐标(下部)表示概率 P_a，横坐标(向左)表示 P_r。如图中那条曲线是第Ⅰ象限中的曲线通过第Ⅱ，Ⅳ象限中的直线映射生成的，也可以用公式表示。此线将第Ⅲ象限分为两部分：在上部是可接受的值；在下部是不可接受的值，即两概率乘积大于 10^{-9}，$\log P_a$ 与 $\log P_r$ 对数成线性关系，如图中的直线所示，n 越小，直线越向左下方移动；

要正确理解第Ⅳ象限的意义，它的纵坐标(向下)是 P_a 对数坐标，实际上是对应损伤概率，它的横坐标是能量。C 点对应的概率为 P_a，由能量值可求得对应的冲击损伤的概率值，反之亦然。D 点对应的概率为 nP_a，是在检测前最后一次飞行时至少出现一个意外损伤的概率。n 越大风险也越大。由图 8-45 或式(8-118-1)都能推算得 n。

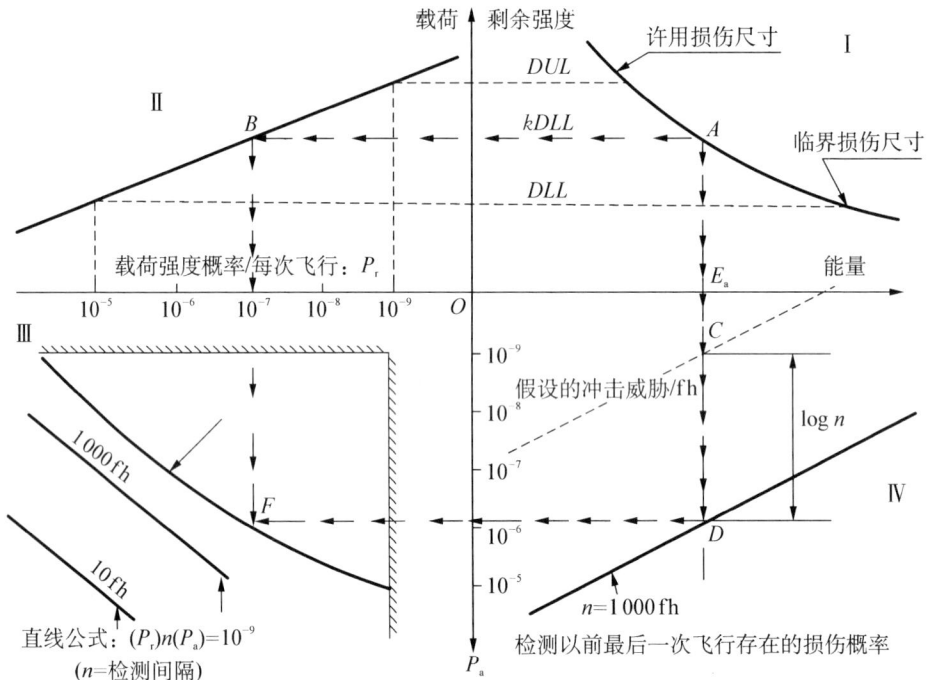

图 8-45 确定检测间隔的简化概率方法[17]

3) 一般方法

这里只简单说明概率的一般方法，因为问题较复杂。在上面简单方法中，风险评估时并没有用到损伤检测概率，在一般方法中要求给出损伤检测概率。要求计算最后一个飞行小时的破坏概率必须小于 10^{-9}/fh，即累计的破坏风险要小于 10^{-9}，计算公式为

$$破坏风险 = (P_{AT} \cdot P_{RAT} \cdot (1 - P_{dAT})) < 10^{-9}/fh \qquad (8-125)$$

其中：

P_{AT} 为所定义的损伤尺寸出现的概率，实际上是对应的能量出现的概率；

P_{RAT} 为载荷水平出现的概率，P_{RAT} 计算方法上面已谈过（P_{RAT} 即式(8-118)中的 P_r）；

P_{dAT} 为损伤的检出概率，它和 P_{AT} 是对应的。上面已确定了损伤尺寸及对应凹坑深度，因为 P_{dAT} 是以凹坑深度表示的。

最近空客通过大量调查用统计方法给出凹坑深度 d 的检出概率分布：

$$P_{dAT}(d > d_j) = \int_{-\infty}^{d_j} \frac{1}{\sqrt{2\pi}\sigma} e^{\frac{(\log d - m)^2}{2\sigma^2}} d(\log d) \qquad (8-126)$$

这是以 $\log d$ 为随机变量，均值为 m，标准差为 σ 的正态分布，即 $\log d \sim N(m, \sigma^2)$。式(8-126)是凹坑深度 $d > d_j$ 的检出概率。令 $\frac{\log d - m}{\sigma} = y$，化成标准形式：

$$P_{dAT}(d > d_j) = \int_{-\infty}^{y} \frac{1}{\sqrt{2\pi}} e^{-\frac{y^2}{2}} dy \qquad (8-127)$$

取

$$m = \frac{1}{n} \sum_{i=1}^{n} \log d_j$$

$$\sigma = \sqrt{\frac{1}{n-1} \sum_{i=1}^{n} (\log d_i - m)^2}$$

其中：d 为凹坑深度；n 为样本数量。

根据概率和数理统计理论，m，σ 计算公式表示为：

$$\left. \begin{array}{l} m = \log(d_{50/95}) \\ \sigma = [\log(d_{99/95}) - \log(d_{50/95})]/2.33 \end{array} \right\} \qquad (8-127-1)$$

其中：$d_{50/95}$ 为调查的凹坑深度 d 经统计处理出现的概率为 50%，置信度为 95% 的值；$d_{99/95}$ 为调查的凹坑深度 d 经统计处理出现的概率为 99%，置信度为 95% 的值。

应该指出的是，空客提出损伤大小检出概率式(8-126)是值得商榷的，如果以损伤大小作为随机变量，损伤大小的检出概率密度函数不应是正态分布，而损伤大小出现概率才符合正态分布。"检出"与"出现"是两个不同的概念，人们在进行数据统计时，很容易把两者混淆！

4) 概率符合性方法计算说明

上面介绍的简化方法[计算公式(8-118)]和一般方法[计算公式(8-125)]都是在统计概率数据的基础上对破坏风险评估计算。其区别在于后者考虑了损伤的检出概率，这增加了很多困难和计算工作上的麻烦，因此，实际设计中，采用简化方法较为现实。但是，从计算过程来看没有本质区别。它们都是要对冲击能量累积概率曲线上能量从小到截止值的全程进行破坏风险评估,使累积风险小于 10^{-9}/fh。详细过程不在这里给出。

8.7　耐久性

本节是根据文献[22]的内容编写的。

8.7.1　引言

在谈及复合材料结构的耐久性(疲劳)时,要了解下面的几个问题:

① 复合材料结构疲劳特性分析极其复杂,不仅要考虑完好的结构疲劳寿命,还必须考虑由于可能的冲击损伤引起的疲劳寿命,因此,复合材料结构的疲劳寿命只有通过试验验证;

② 复合材料疲劳特性比金属优越,但是疲劳试验数据的分散性比金属大得多,这就带来很多麻烦的问题;

③ 对疲劳试验通过分散性分析,提出保证 B 基准(复合材料结构一般取 B 基准)可靠度的试验方法;

④ 实际设计中,疲劳耐久性是跟损伤容限一起考虑的,即对冲击损伤的结构进行疲劳试验,要求损伤无扩展,这样,利用限制应变来考虑复杂的损伤容限及疲劳问题;

⑤ 提高复合材料结构的静强度,当它达到某些要求水平时,复合材料结构疲劳可靠性就能得到满足,这就是所谓的“静力覆盖疲劳”的说法,这在下面疲劳试验方法 3 要谈及此问题。

由于问题的复杂性,本节中仅作一般了解,不进行详细讨论。

8.7.2　分散性分析方法

跟剩余强度一样,对试样及各种试验件进行大量疲劳试验,对这大量的数据进行统计分析,研究其疲劳数据的分散性。对于疲劳寿命分布,一般采用双参数 Weibull 分布。其概率密度函数为

$$f(x, \alpha, \beta) = \frac{\alpha}{\beta}\left(\frac{x}{\beta}\right)^{\alpha-1} \mathrm{e}^{-\left(\frac{x}{\beta}\right)^{\alpha}} \tag{8-128}$$

它的存活率概率函数为

$$P(X \leqslant x) = \mathrm{e}^{-\left(\frac{x}{\beta}\right)^{\alpha}} \tag{8-129}$$

其中:x 为疲劳寿命的随机变量;α 为形状参数;β 为尺度参数。在疲劳试验大量数据分析中得到 $\alpha=1.25$,而金属一般为 $4.0 \sim 7.0$,可见复合材料疲劳分散性远大于金属。均值及标准差可用 μ, σ 表示:

$$\left.\begin{array}{l} \mu = \beta\Gamma\left(\frac{\alpha+1}{\alpha}\right) \\ \sigma = \beta\sqrt{\Gamma\left(\frac{\alpha+1}{\alpha}\right) - \Gamma^2\left(\frac{\alpha+1}{\alpha}\right)} \end{array}\right\} \tag{8-130}$$

其中：μ 为数据群均值；σ 为数据群的标准差；Γ 为 Gamma 函数；α，β 的估计值 $\hat{\alpha}$，$\hat{\beta}$ 通过最大似然法（MLE）求，MLE 法满足两个迭代方程：

$$\frac{1}{\hat{\alpha}} = \frac{\sum\limits_{i=1}^{n} X_i^{\hat{\alpha}} \cdot \ln X_i}{\sum\limits_{i=1}^{n} X_i^{\hat{\alpha}}} - \frac{\sum\limits_{i=1}^{n} \ln X_i}{n_f} \tag{8-131}$$

$$\hat{\beta} = \left(\frac{1}{n_f} \sum_{i=1}^{n} X_i^{\hat{\alpha}} \right)^{1/\hat{\alpha}} \tag{8-132}$$

其中：X_i 为数据值；n 为数据点总数；n_f 是破坏的总数；$\hat{\alpha}$，$\hat{\beta}$ 为估计值。通过概率分析知识，随机样本的尺度参数形成一个 χ^2 分布，具有 r 置信水平的尺度参数（$\breve{\beta}$）为

$$\breve{\beta}_r = \frac{\hat{\beta}}{\left[\chi^2_{1-r}(2n)/(2n) \right]^{1/\hat{\alpha}}} \tag{8-133}$$

其中：$\chi^2_{1-r}(2n)$ 为具有 $2n$ 自由度在 $1-r$ 概率时的 χ^2 的函数值。许用统计值（N）即可以确定为

$$\breve{N} = \breve{\beta}(-\ln p)^{1/\hat{\alpha}} \tag{8-134}$$

其中：p 是要求的存活概率；$p = 0.90$，$r = 0.95$ 是 B 基准。

对上面的统计值，分散性因子定义为均值与许用值的比：$\mu/\breve{N}$。

当 Weibull 分布的形状参数已知后，用这些因子得到的可靠性可以直接由 Weibull 分布函数求得 1.0 倍寿命时间，置信度为 r 时的可靠度 R 为

$$R = \exp\left\{ -\frac{\chi^2_r(2n)}{2n} \left[\frac{\Gamma\left(\dfrac{\alpha+1}{\alpha}\right)}{\overline{X}} \right]^{\alpha} \right\} \tag{8-135}$$

其中：$\overline{X}$ 值为试验得到疲劳寿命。

8.7.3　为保证所要求可靠度的疲劳试验方法

复合材料结构的耐久性大多是通过进行适当的疲劳试验达到的。一般常采用 3 种疲劳试验方案。

8.7.3.1　寿命因子法

此法已成功地用于金属飞机结构来保证结构的耐久性。它是通过对结构进行额外的疲劳寿命试验来达到所希望的可靠度水平。试验的持续时间是根据材料的疲劳寿命分散性、试验件数量和需求的可靠度来确定。例如表 8-18 给出典型复合材料和铝合金为满足 B 基准可靠性（即结构寿命超出设计寿命的概率为 90%，置信度为 95%）所要求的试验寿命，对铝合金，常规的 2 倍寿命试验就足以保证 B 基准的可靠度，而复合材料要进行 14 倍寿命试验才能保证 B 基准的可靠性。

表 8 - 18　复合材料与金属的 B 基准寿命因子比较

Weibull 分布 形状参数 　　　试件数量	$n = 1$	$n = 5$	$n = 15$
复合材料　$\alpha = 1.25$	13.558	9.143	7.625
金属　　　$\alpha = 4.0$	2.093	1.851	1.749

　　显然,复合材料一般不能用此方法进行试验。

8.7.3.2　载荷放大系数法

　　这方法的目的是在疲劳试验时增大应用载荷水平以较短的试验时间获得同样的可靠度水平。这种方法如图 8 - 46 所示。

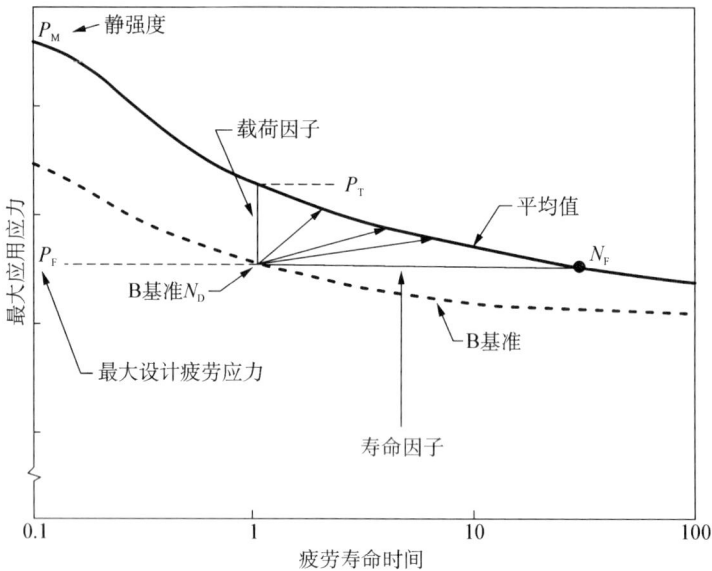

图 8 - 46　复合材料的载荷放大因子法示意图

　　图中横坐标疲劳试验时间跟 1 倍设计疲劳寿命时间的比值。

　　如果在疲劳试验中最大的应用载荷(P_F)增大到在 1 倍寿命时的平均剩余强度(P_T),那么结构 B 基准的剩余强度将等价设计最大疲劳应力。

　　因此在应用载荷应力为 P_T 时进行 1 倍寿命的疲劳试验或者在应用载荷应力为 P_F 时进行 N_F 倍寿命的疲劳试验都具有 B 基准可靠性。

　　1 倍寿命 B 基准可靠度的疲劳寿命因子可以从基本的 Weibull 分布推导并给出为

$$N_F = \frac{\Gamma\left(\dfrac{\alpha_L + 1}{\alpha_L}\right)}{\left[\dfrac{-\ln(0.9)}{\chi_r^2(2n)/(2n)}\right]^{1/\alpha_L}} \tag{8 - 136}$$

其中:N_F 是 1 倍寿命具有 B 基准可靠性的寿命因子;α_L 为疲劳寿命分布的形状参数。

确定疲劳寿命的剩余强度分布可以用 Weibull 分布描述,就像静强度那样。令 α_R,β_R 表示剩余强度分布的形状参数及尺度参数,且 P_T 是平均剩余强度。那么,P_T 可写为

$$P_T = \beta_R \Gamma\left(\frac{\alpha_R + 1}{\alpha_R}\right) \tag{8-137}$$

B 基准的剩余强度是

$$\breve{N}_R = \beta_R \Gamma\left[\frac{-\ln(0.9)}{\chi_r^2(2n)/(2n)}\right]^{1/\alpha_R} \tag{8-138}$$

由图 8-46,F 因子为

$$F = \frac{P_T}{P_F} \tag{8-139}$$

其中:P_T 是最大的疲劳试验载荷,P_F 是最大的设计疲劳载荷,α_R 为剩余强度分布的形状参数。由于载荷放大因子法能提供跟寿命因子法同样的可靠度,那么因子 F 可以写为

$$F = \frac{\mu P_T}{\breve{N}_R} = \frac{\mu \Gamma\left(\dfrac{\alpha_R + 1}{\alpha_R}\right)}{\left[\dfrac{-\ln(0.9)}{\chi_r^2(2n)/(2n)}\right]^{1/\alpha_R}} \tag{8-140}$$

其中 μ 为这样一个系数,即当载荷放大因子为 $F = 1.0$ 且进行 N_F 倍试验时得到的值。

对于试验时间 N,95% 的置信度时存活率为

$$p = \exp\left[-\left(\frac{N}{\breve{\beta}_L}\right)^{\alpha_L}\right] \tag{8-141}$$

其中:α_L 表示疲劳寿命分布的形状参数;$\breve{\beta}_L$ 为 95% 置信度时的疲劳寿命分布尺度参数。

对于 1 倍 B 基准寿命要求,95% 的置信度时,β 值为

$$\breve{\beta}_L = \frac{1}{[-\ln(0.9)]^{1/\alpha_L}} \tag{8-142}$$

式(8-141)变为

$$p = \exp[\ln(0.9)N^{\alpha_L}] \tag{8-143}$$

在条件 $N = N_F$,$F = 1.0$ 时用于确定 μ:

$$\mu = \frac{\left[\dfrac{-\ln(p) N_F^{\alpha_L}}{\chi_r^2(2n)/(2n)}\right]^{1/\alpha_R}}{\Gamma\left(\dfrac{\alpha_R+1}{\alpha_R}\right)} \qquad (8-144)$$

在方程(8-144)中，N_F 是在 1 倍寿命，p 可靠度，r 置信度时的寿命因子。把式(8-137)代入到方程(8-144)中得

$$\mu = \frac{\left[\Gamma\left(\dfrac{\alpha_L+1}{\alpha_L}\right)\right]^{\alpha_L/\alpha_R}}{\Gamma\left(\dfrac{\alpha_R+1}{\alpha_R}\right)} \qquad (8-145)$$

因此，μ 是 α_L，α_R 的函数，它跟寿命因子及样本大小 n 无关。

最后，由式(8-140)得到载荷放大因子的一般形式为

$$F = \frac{\mu\Gamma\left(\dfrac{\alpha_R+1}{\alpha_R}\right)}{\left[\dfrac{-\ln(p)}{\chi_r^2(2n)/(2n)}\right]^{1/\alpha_R}} \qquad (8-146)$$

而 $p = \exp[\ln(L) N^{\alpha_L}]$，其中，$L$ 为要求的可靠度(例如，B 基准时，$L = 0.9$)。

用式(8-146)和式(8-145)可以确定载荷放大因子。用固定的 α_L，对不同的 α_R，不同的试验寿命 N 值来计算 F 值。

要特别注意，上面众式中，α_R，β_R 与 α_L，β_L 是不一样的，前者是剩余强度分布参数，例如 $\alpha_R = 12.0$ (或 $\alpha_R = 20$)，后者是寿命分布参数，对复合材料，$\alpha_L = 1.25$。

有关文献给出了不同的剩余强度分散性 α_R，不同试验件数 n 对载荷放大因子的影响。例如：对于典型的剩余强度分散性($\alpha_R = 20$)，一个试件，只进行 1 倍寿命试验，A、B 基准要求的载荷放大因子分别为 1.33 和 1.18，如图 8-47 所示。

8.7.3.3 极限强度方法

极限强度方法是采用增加静强度的裕量并与疲劳门槛值相结合来验证结构具有足够的疲劳寿命。这种方法虽然保守，然而如果不要求进行疲劳试验时，它是满足的。复合材料疲劳门槛值的概念表示在图 8-48 中，此图显示复合材料特性，疲劳门槛值是相当高的。

为了使用极限强度法，要求最大设计谱载应力 σ_{MSL} 不能大于 B 基准疲劳门槛值 σ_{th}^B，因此有

$$\sigma_{MSL} < \sigma_{th}^B \qquad (8-147)$$

最大设计谱载应力σ_{MSL}与设计极限载荷应力σ_{DUL}之间是可变的。它依据谱类型及形状(即不同部件不同形式)。

设

$$\sigma_{MSL} / \sigma_{DUL} = X \tag{8-148}$$

从图8-48,可以确定σ_{th}^{B}如下:

$$\frac{\sigma_{th}^{M}}{\sigma_{s}^{M}} = Y, \frac{\sigma_{th}^{B}}{\sigma_{th}^{M}} = Z \tag{8-149}$$

或者可得到

$$\sigma_{th}^{B} = YZ \sigma_{s}^{M} \tag{8-150}$$

由式(8-147)的要求,变为

$$\sigma_{MSL} \leqslant YZ \sigma_{s}^{M} \tag{8-151}$$

或者

$$\sigma_{DUL} \leqslant \frac{YZ}{X} \sigma_{s}^{M} \tag{8-152}$$

为了应用此方法,要求建立B基准疲劳门槛值与平均静强度之比,其比值将是谱形状、疲劳模式及试验环境的函数,很多试验结果表明,此比值约63%,也就是说,如果令最大谱载应力与平均静强度之比≤63%,那么,可以满意地建立起B基准疲劳门槛值。同时也要求确定σ_{th}^{M}与σ_{th}^{B}的关系,文献介绍了大量的试验,得到这些关系数值。一旦已从统计分析建立σ_{th}^{M}与σ_{th}^{B},如图8-19所示,若不进行疲劳试验,而保证B基准疲劳门槛值,要求静强度应满足:

$$\text{静强度破坏载荷应力} = \sigma_{s}^{M} \geqslant \left[\frac{\sigma_{MSL}}{\sigma_{DUL}} \cdot \frac{\sigma_{s}^{M}}{\sigma_{th}^{M}} \cdot \frac{\sigma_{th}^{M}}{\sigma_{th}^{B}} \right] \cdot \sigma_{DUL} \tag{8-153}$$

表8-19给出对于RTD试验条件,铺层(48/48/4)F-18上翼面谱载计算表明,如不进行疲劳试验,那么静破坏载荷从122%～187%的DUL载荷。

表8-19 层压板(48/48/4)RTD情况不进行疲劳试验时对静力破坏载荷的要求

谱类型	试件	$\dfrac{\sigma_{MSL}}{\sigma_{DUL}}$	$\dfrac{\sigma_{th}^{M}}{\sigma_{s}^{M}}$	$\dfrac{\sigma_{th}^{B}}{\sigma_{th}^{M}}$	静力破坏载荷要求 $100\% \times P_{DUL}$
根部	开孔		0.780		122
	中等传载	0.84	0.76	0.885	125
	高传载		0.67		142
折叠部分	开孔		0.82		123
	中等传载	0.894	0.54	0.885	187
	复杂		0.84		120

另外,对于不同的谱载类型,不同的$\sigma_{MSL}/\sigma_{DUL}$比值,在同样疲劳 B 基准可靠度来说,要求不同的静力破坏载荷。如表 8 - 20 所示。

表 8 - 20　不同谱类型及不同应力水平对静力破坏载荷要求

谱类型	$\sigma_{MSL}/\sigma_{DUL}$	静力破坏载荷要求 $100\% \times P_{DUL}$
垂尾	0.489	78
平尾	0.651	108
机翼	0.814	129

表 8 - 19 及表 8 - 20 中,P_{DUL} 表示设计极限载荷。

由表 8 - 20 可见,对这 3 类谱载,静力破坏载荷的要求是明显不同的。对于轻谱(如垂尾),静力强度试验载荷只加载到 78% P_{DUL} 时,便满足疲劳 B 基准可靠度的要求。

为了满足疲劳要求,必须降低结构应力水平 σ_{DUL},而对于不同结构,$\sigma_{MSL}/\sigma_{DUL}$ 也是不同的,为了满足疲劳要求,必须满足 $\sigma_{MSL} < \sigma_{th}^{B}$。应力符号 σ_{s}^{M},σ_{s}^{B},σ_{th}^{M},σ_{th}^{B} 见图 8 - 48。

8.7.3.4　小结

上面 3 种试验方法中,有实际意义的是极限强度方法,方法 1 主要是对金属结构。在较大的复合材料构件不能用方法 1,而用方法 2 也不现实,因为目前一般采用复合材料与金属混合结构,放大试验载荷金属会提前破坏。因此,方法 3 是实际中考虑的。

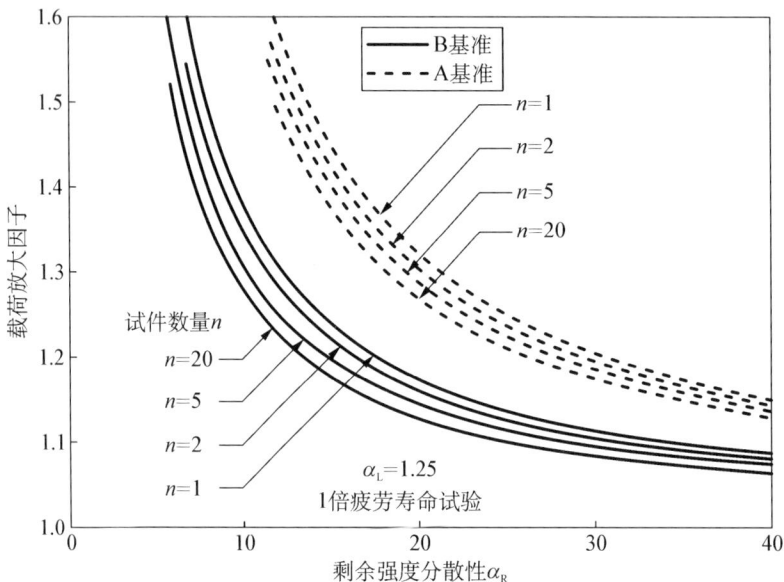

图 8 - 47　剩余强度分散性 α_R 对载荷放大因子的影响

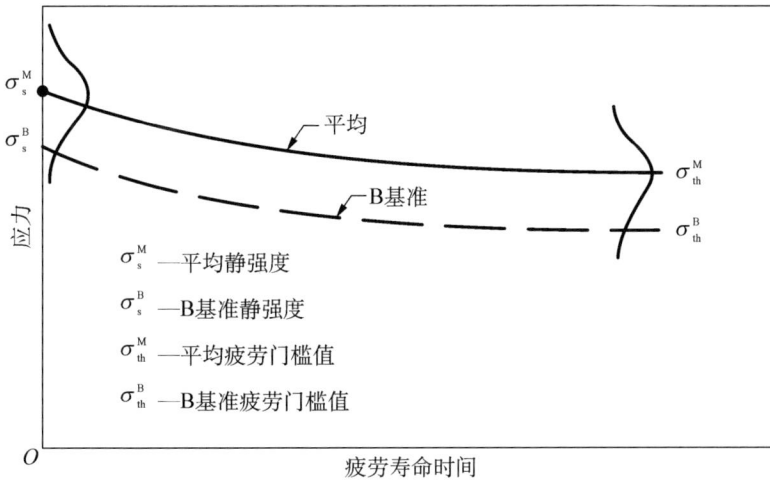

图 8-48　复合材料疲劳寿命门槛值方法

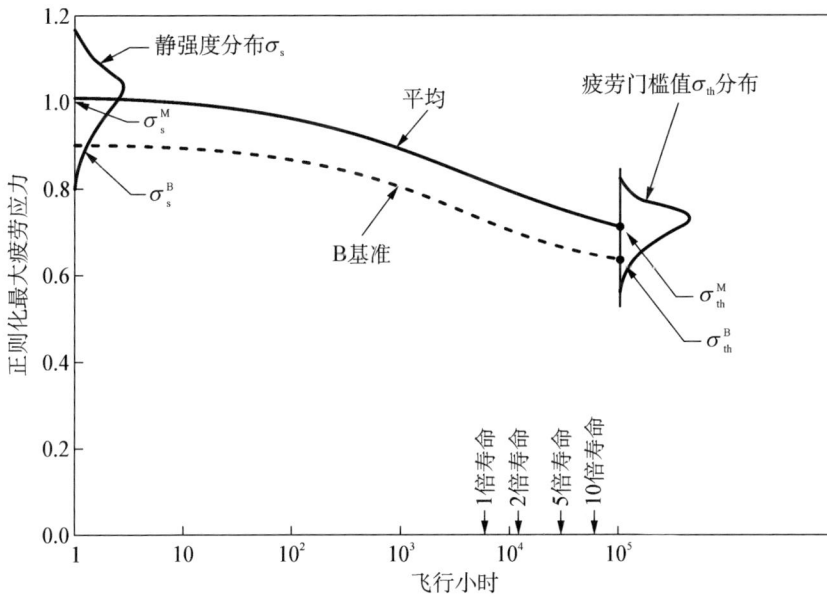

图 8-49　上机翼蒙皮谱载情况统计的疲劳门槛值

参考文献

［1］　许希武等.复杂载荷作用下低速冲击损伤层板的剩余强度研究［G］.南京航空航天大学内部资料,1997.

［2］　陈普会.合材料层压板及加强筋板的损伤容限分析［D］.南京航空航天大学,1999.

[3] Coats T W and Harris C E. A Progressive Damage Methodology for Residual Strength Predictions of Notched Composite Panels [R]. NASA TM 207646,1998.

[4] Chang F K, Lessard L B. Damage Tolerance of Laminated Composites Containing an Open Hole and Subjected to Compressive Loading: Part I Analysis [J]. J. of Composites Materials, 1991,25:2 – 43.

[5] Carlos G D, Damodar R A and David M M. Analytical Prediction of Damage Growth in Notched Composite Panels Loading in Axial Compression [J]. Paper AIAA – 99 – 1435,1999.

[6] Wiggenraad J F M. Design Optimization of Stiffened Composite Panels with Buckling and Damage Tolerance Constraints [J]. AIAA – 98 – 17590,1988.

[7] Pikins D S. Implementation of a Damage Tolerance Module into ASTROS [S]. WL – TR – 97 –3044,1996.

[8] Tryon R G. Reliability-Based Modeling and Analysis of Advanced Composites [R]. CR – PDG – STTR – 97 – 0001 – F, 1998.

[9] Sankar B V. A Modified Green's Function for Compositing Structural Response due to Low-velocity Impact [R]. Technical Report NO. AEMES – TR – 1 – 36, Department of Aerospace Engineering, Mechanics &. Engineering Science, University of Florida, October 1990.

[10] Wade C, Poe C C, Jr. The Use of Impact Force as a Scale Parameter for the Impact Re-ponse of Composite Laminates. NASA TM 104189 January 1992.

[11] Whitcomb J D. Buckling of Sublaminate in a Quasi-isotropic Composite Laminate [J], J. of Composite Materials 1985,19(1):3 – 18.

[12] Tan S C. Stress Concentrations in Laminated Composites, Technomic Pub, Co, Inc, Lancaster, 1994.

[13] Whitney J M, Nuismer R J. Tress Fracture Criteria for Laminated Composites Containing Concertrations [J]. Journal of Composite material, 1974,8:253 – 275.

[14] Chang F K, Scoft R A. Failure of Composite Laminates Containing Pin Loaded Holes [J], J. of Comp. Mat. 1984.

[15] Gottman T, Girshovich S. Residual of Impacted Composites: Analysis and Test [J]. J of Comp. Tech. And Rech. 1994,16(3):224 – 225.

[16] Xiong Y, Ponn C. A Prediction Method for the Compressive Strength of Impact Damage Composite Laminates [J]. Composite Structure, 1995,30:357 – 367.

[17] MIL – HDBK – 17 – 3F [G]. Volume 3 of 5,17 JUNE 2002.

[18] Ushakov A, Stewart A, Misulin I, et al. Probabilistic Design of Damage Tolerance Composite Aircraft Structures [R]. Report NO. DOT/FAA/AR – 01/55, January 2002.

[19] Kan H P, Cordero R and Whitehead R S. Advanced Certification Methodology for Composite Structures [R]. Report NO. DOT/Faa/AR – 96/111, April 1997.

[20] Gary P M, Riskalla M G. Development of Probabilistic Design Methodology for Composite Structures [R]. Report NO. DOT/FAA/AR – 95/17, August 1997.

[21] Horton R E, Whitehead R S, et al. "Damage Tolerance of Composites" Vol. I, II and III [R]. Report NO. AFWAL – TR – 87 – 3030, July 1988.

[22] Whitehead R S, Kan H P, Cordero R, et al. Certification Testing Methodology for Composite Structure [R]. Report NO. DOT/Faa/CT – 86/39, Vol. I, II, October 1986.

［23］ M・R・斯皮格尔,J・希勒,R・A・S・斯里尼瓦桑. 概率与统计［M］. 孙山泽,戴中维,译.
     北京:科学出版社,2002.

［24］ 敬录云,等. SETRAN 使用手册［G］. 中国航空工业公司研究所,科技资料,2000.

［25］ ESAC. Harmonised Analysis for Residual Strength after Impact Ref. X00RP0309419,2004.

［26］ FAA. Workshop for Composite Damage Tolerance and Maintenance［G］. July 19 – 21 2006.

［27］ 唐啸东,等,带损伤复合材料层压板剩余强度估算方法研究［J］. 航空学报,1997.

［28］ 沈真. 复合材料飞机结构耐久性/损伤容限设计指南［M］. 北京:航空工业出版社,1995.

9 结构强度试验

9.1 概述

结构强度试验包括疲劳、耐久性及损伤容限试验。强度试验是设计、分析的基础,也是结构合格性验收的依据。本章重点介绍复合材料结构试验,也要介绍飞机结构的整个试验过程。

结构试验从来都是从材料到部件,从小到大的顺序,复合材料尤其强调由小到大,从多到少的所谓"积木式"试验。

1) 试验分类

(1) 从试验性质和功能可分成 3 类

① 材料性能试验;

② 设计研制性试验;

③ 产品合格性验收试验。

应特别提及的是,产品合格性验收试验(③类)对金属结构来说一般是指全尺寸的部件或全机试验。但是,复合材料结构中,部分元件或构件试验构成合格性验收试验的一部分。

设计研制性试验(②类)是非常广泛的试验,它可能是小结构,也可能是次部件级,其目的是通过试验发现设计中的重大问题,直接关系到确定尺寸、结构形式及强度取值。

(2) 从试件尺寸大小观点分类

① 材料性能试验;

② 标准元件试验;

③ 关键件(构件)试验;

④ 全尺寸部件段试验;

⑤ 部件或全机试验。

2) 材料、元件许用值试验

① 对于复合材料,见第 4 章内容;

② 对金属,如材料静力性能及元件的 $S-N$(或 $\varepsilon-N$)试验,材料的断裂和裂纹扩展速率性能试验(K_{IC},K_C 及 da/dN 曲线)等;其中,K_{IC} 为平面应变断裂韧度,

K_C 为平面应力断裂韧度，da/dN 表示裂纹扩展速率。

③ 金属中的结构细节模拟件的静力及耐久性试验等。

9.2　全尺寸结构试验

包括部件及全机试验，军机按有关规范及标准进行，民机按 CCAR - 25 标准进行。

1）试验时间安排

目前，一般要求进行 2～4 倍设计使用寿命的疲劳/耐久性试验及 1 倍设计使用寿命的损伤容限试验。

对试验一般是这样论述：当耐久性（包括疲劳）试验采用严重谱、损伤容限试验采用平均谱时，对于损伤容限结构，至少安排 2 倍设计使用寿命的耐久性试验和 $\frac{1}{2}$～1 倍寿命的损伤容限试验以验证飞机结构的耐久性和损伤容限要求。当耐久性和损伤容限试验均采用平均谱时，对于飞行安全结构，耐久性（包括疲劳）试验至少进行 3 倍设计使用寿命，耐久性和损伤容限试验总和不低于 4 倍寿命。在试件的安排上，一般是：

① 首飞前必须完成 67% 设计极限载荷全机及部件的结构强度试验，高载飞行前必须完成设计极限载荷的结构强度试验；

② 在决定批生产之前，应完成一个设计寿命的疲劳试验；

③ 在交付第一批生产定型之前达到其经济寿命要求的试验。

2）试验过程及检查

在 1 倍及 2 倍寿命疲劳试验后都必须进行仔细检查。若在 1 倍寿命疲劳试验后出现小的损伤，应进行修补，再进行 1 倍寿命的疲劳试验。完成后，认为耐久性试验满足了 2 倍寿命的耐久性要求。在此 2 倍寿命后，进行彻底认真的检查，若出现损伤，视损伤大小及部位的情况，是否可以转到进行损伤容限试验。在此期间要定期（$\frac{1}{4}$ 或 $\frac{1}{2}$ 倍寿命）检查，看裂纹扩展情况，对其进行修补，再进行 1 倍寿命的疲劳试验。这时，已完成了 3 倍寿命的疲劳耐久性试验。其中，包括了部分部位的损伤容限试验。但是，损伤容限要求的某些关键部位可能未考验到。这时，对其要考验的部位制造小裂纹（注意，若其他部位出现大损伤应进行修补）进行 1 倍寿命的损伤容限试验（载荷谱用平均谱），而后要转入剩余强度试验。

至此，可以认为对金属结构部件已完成了疲劳耐久性及损伤容限试验。从这过程可以看出，三者是混合进行的，很难区分哪些是经济寿命或安全寿命，但他们总的满足了疲劳、耐久性及损伤容限要求。在验证全尺寸试验时，疲劳与耐久性试验是不能分开的，统称耐久性试验。以上的试验是在一架专门生产提供疲劳试验的飞机上进行的。

某些机种，为了试飞期的安全，还在进行了 67% 极限载荷（即设计限制载荷）的静力试验后的同一架飞机上进行了 $\frac{1}{4}$～$\frac{1}{2}$ 倍寿命的疲劳试验。

3) 试验方案选择

全尺寸强度试验有两种方案可供选择:部件或全机试验方案。过去,由于设备及技术限制,大多数载荷情况的试验(包括静强度和疲劳试验)是在部件上进行的。部件用模拟夹具支持。仅一两种严重情况(一般是翼、身接头及扩展等部位严重,或者认为支持夹具难于模拟)最后在全机上进行,时至今日,一般不再提倡采取在支架上进行部件疲劳试验,因为支持不真实,一般采取全机悬挂进行试验。

(1) 支持情况

全机悬空。一般将飞机支持在模拟起落架假件上,在飞行情况试验时,要保证起落架假件上支反力近似为0。

(2) 在悬空(或假件支撑)的全机上进行各部件的强度试验。要试验的部件详细布置加载点,而其他非试验部位施加平衡载荷。但要注意这些平衡载荷应满足下面几点要求:

① 对于非试验部位,这些平衡载荷应足够小,不影响接下来的其他强度试验,特别是疲劳试验。

② 与试验部件相连接部位的结构受载应真实。

4) 试验中的几个问题

(1) 全尺寸静强度试验。

全尺寸静强度试验最基本的要求是在设计极限载荷(DUL)下结构不发生破坏。包括部件及全机的静强度试验。应注意下面几个问题:

① 载荷情况选取。

对于军机来说,由于机动飞行状态多,极限载荷情况繁多,即使对于某部件(如机翼),载荷部门会给出数十种载荷,挑选哪些情况,挑选多少,这关系到安全性及经济性以及试验时间周期问题,是非常重要的工作。过去是根据有经验强度人员定性选取,现在一般是通过多种载荷进行有限元分析,挑出严重的载荷情况。

② 各种载荷情况试验顺序,加载百分比的安排。

③ 试验中的监控问题。

在 DUL 载荷作用下结构不发生破坏,这是静强度结构完整性的基本要求,也是总的要求。在试验中,什么叫不破坏? 在过去,在加载快到 $100\%DUL$ 时,现场指挥有赶紧"冲"的现象。后来,加上一条,当达到 $100\%DUL$ 时,保持 $100\%DUL$ 达 3s,认为达到要求。如果仔细考虑,能保持 3s,从静强度设计观点,结构各构件未必都满足静强度要求。因此,提出试验现场监控问题,当然试验的监控不全是为此目的,其中另一目的是在试验过程中通过对位移及应变测量作出快速判断,预测可能发生破坏的部位及破坏载荷大小,然后采取快速应对措施。

(2) 部件的剩余强度试验问题

在疲劳损伤容限试验后,要求进行剩余强度试验,一般来说,在全机上进行部件的剩余强度试验时,仅进行 100% 的限制载荷试验而不进行 1.2 倍限制载荷试验,以免影响其他部件的其他试验。

（3）全机各部件联合加载的疲劳试验问题

在全机悬空状态进行各部件的疲劳试验后，虽然考虑了各部件真实支持情况，它本身基本上考虑了疲劳耐久性损伤容限的特性及要求。但是严格来说，全机各部件同时联合加载的疲劳试验并未进行，似乎还应进行这种试验，但是应明确下面几个问题：

① 全机各部件耐久性损伤容限特性已基本进行了验证；

② 在什么飞机上进行全机各部件联合协调加载的疲劳试验？

不应在原来进行过静力试验的飞机上进行，除非此飞机强度余量太大。

提供一架设计、生产定型后的飞机供疲劳/耐久性、损伤容限试验是必要的。

9.3　关于复合材料及金属混合结构的全尺寸疲劳试验问题

1）复合材料和金属混合结构疲劳试验方法问题

对于混合结构，按上面要求进行了4～5倍的耐久性疲劳试验，仅验证了金属结构的疲劳耐久性寿命试验，从理论上来说，复合材料构件的疲劳耐久性并没有得到验证。这要明确下面几个概念：

（1）寿命分散性和寿命因子法

复合材料的寿命分散性比金属大，疲劳寿命分布一般用双参数的 Weibull 分布来描述，复合材料的形状参数 α 比金属小得多。（金属 $\alpha=4\sim7$，复合材料 $\alpha\approx1.25$）。金属结构中，利用寿命因子法保证结构的耐久性，用这种方法对结构进行额外的疲劳寿命试验来达到希望的可靠性水平。试验的持续时间根据材料的疲劳寿命分散性、试验件数量和要求的可靠度来确定。例如表 9-1 中给出了典型复合材料和铝合金，为了满足 B 基准可靠性（即结构寿命超过设计寿命的概率为 90%，置信度为 95%）时所要求的试验寿命。

表 9-1　复合材料与金属的 B 基准寿命因子比较

Weibull 分布形状参数 ＼ 试件数	$n=1$	$n=5$	$n=15$
复合材料 $\alpha=1.25$	13.558	9.143	7.625
金属 $\alpha=4.0$	2.093	1.851	1.749

如上表示，对铝合金结构，常规的两倍性试验就足以保证 B 基准的可靠性，而复合材料要进行 13.558（即 14）倍寿命才能保证同样的可靠性。对全尺寸试验（$n=1$）来说，利用寿命因子法对复合材料结构进行试验验证是不现实的。因此，可以说，进行了 2～4 倍疲劳试验并没有验证复合材料结构的耐久性要求。

（2）载荷放大因子法

为了降低复合材料结构疲劳试验时间和成本，发展了载荷放大因子法。这种方法是将试验载荷放大某一个倍数后用于试验中，从而可在较短时间内得到保证结构寿命具有要求的可靠性。例如,在一个试验件上,将载荷放大 1.17 倍,进行 2 倍寿命试验,就能保证复合材料结构具有 B 基准的可靠性。

对于混合结构,若金属结构强度余量不大时,不能将载荷放大进行疲劳试验。因此,上述的两种方法都不能用于混合结构中。我们目前用寿命因子法于混合结构中,仅保证了金属结构的疲劳耐久性试验验证。

2) 保证混合结构部件疲劳耐久性的可靠性

① 对金属结构,用上面的方法 1(寿命放大因子法)保证了混合结构中金属构件的耐久性损伤容限的验证。

② 对于混合结构中复合材料构件的耐久性验证是用下列两种方法保证的:

a. 采用疲劳寿命门槛值方法。

这种方法利用复合材料具有良好的疲劳特性,使用疲劳许用应变(谱设计载荷情况)低于 B 基准疲劳门槛值[见第 8 章式(8 - 147)]。由于设计时为了满足损伤容限要求,一般设计许用应变控制在很低的水平,而且复合材料 S - N 曲线比较平坦,它的疲劳门槛值与静强度的比值很高(一般为 60%)。在不付出额外重量代价的情况下,有可能使疲劳许用应变低于 B 基准的门槛值。因此,部件试验时,不必专门考虑复合材料结构的分散性。在混合结构的部件试验中,主要是验证金属结构的疲劳寿命。

b. 利用积木式方法进行元件到构件的试验,验证复合材料结构的耐久性。

3) 混合结构复合材料构件的损伤容限试验

复合材料构件的损伤容限试验验证是可以在全尺寸的混合构件上进行的。它是安排与金属结构的耐久性试验在一个部件上联合进行。之所以这样做,是与复合材料损伤容限设计的原则"损伤无扩展"有关,其方法是:

① 在 1 倍寿命的疲劳试验后,对复合材料结构利用小能量冲击制造损伤,这时对冲击处的损伤进行无损检测,记录损伤情况。

② 在进行下面 1 倍疲劳试验后,对原来制造损伤处进行无损检测,因为复合材料结构是利用"损伤无扩展"概念设计的,不允许原损伤处损伤扩展,否则不满足要求。

③ 在完成 2 倍寿命疲劳试验后,在增加冲击能量制造冲击损伤后(能量大小及冲击位置值应详细考虑)再进行 2 倍寿命试验。在完成 1 倍寿命试验后,进行无损检查。这时,对于较大的冲击损伤处的损伤扩展不应超过最大设计损伤值(MDD)。如大于 MDD 或变得明显可见,在进行下 1 倍寿命试验时应修补,接着进行 1 倍寿命试验。其间对金属结构也相应进行了损伤容限试验,这是一种同步的进行。接着进行剩余强度试验,完成了全部试验。

4) 试验期间的检测及检查(适用于所有结构)

① 在试验期间,对结构应力水平及关键部位裂纹扩展进行监测以及其他测量,及时提供试验信息,发现问题。

② 在试验期间对部件进行检查。

在寿命的不同时间对部件进行检查是非常重要的。

a. 例行检查。

一种例行检查是对结构损伤容限和耐久性设计分析确定的服役使用间隔、检查方法和指定部位进行检查。这种检查具有验证设计分析准确性方面的内容,以及对机队提供制订检测维修大纲作依据;另一种是通过定期检查发现疲劳裂纹和监测裂纹扩展情况,为试验安全及修理作准备。

b. 1倍寿命后进行全面检查,包括分解检查。

c. 拆毁检查。

拆毁检查是完成试验后,进行详细拆卸及拆毁检查。发现薄弱环节,为提供修改设计及服役中维修检测提供信息。

总之,必须充分利用试验以后的结果,掌握设计中结构强度尽可能多的信息,这是非常重要的。

9.4　复合材料结构试验问题

复合材料结构强度试验与金属结构相比,显得更为重要,因为复合材料破坏模式复杂多变。因此,破坏预测往往误差大,积木式的试验方法对复合材料结构是很必要的。

9.4.1　材料性能及许用值试验

对于复合材料来说,材料性能试验、许用值试验是结构研制试验的一项重要内容,其内容十分丰富。这里所说的性能主要是指力学性能,它包括单向层板力学性能及强度试验、典型层压板许用值试验、典型连接件强度试验、冲击损伤许用值试验、材料疲劳及韧性性能试验、蜂窝芯子力学性能试验等,主要内容在第4章已经作过介绍,本节主要介绍一些基本性能的常规试验方法及需要注意的问题。

（1）复合材料拉伸试验方法

按照 GB3354—92,测定单向和正交对称层压板拉伸性能的试样如图9-1所示。试样尺寸见表9-2。用此方法可测定单向层压板平行于纤维方向(0°)和垂直与纤维方向(90°)的拉伸强度、拉伸模量、泊松比、断裂伸长率及应力-应变曲线。

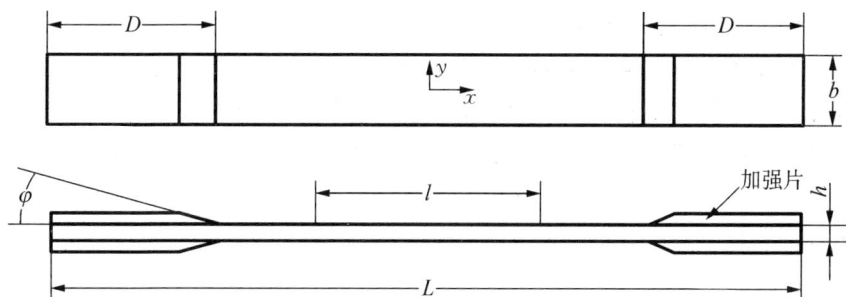

图 9-1　拉伸试样

表 9-2　拉伸试样尺寸

试样类型	尺寸					
	L/mm	b/mm	h/mm	l/mm	D/mm	φ
0°	230	12.5±0.5	1～3	100	50	≥15°
90°	170	25±0.5	2～4	50	50	≥15°
0°/90°	230	25±0.5	2～4	80	50	≥15°

加强片可用厚度为 2～3 mm,正交铺设的玻璃增强层板或厚度为 1～3 mm 的铝板制成。

每组有效试验数量应不少于 5 个,所得结果按下面公式计算。

● 拉伸强度

$$\sigma_t = \frac{P_b}{bh} \qquad (9-1)$$

式中:P_b 为试样破坏时的载荷,单位为 N;b 为试样宽度,单位为 mm;h 为试样厚度,单位为 mm。

● 拉伸弹性模量

$$E_{xt} = \frac{\Delta P}{bh\Delta\varepsilon} \qquad (9-2)$$

式中:ΔP 为分级加载或载荷-应变曲线上的载荷增量,单位为 N;$\Delta\varepsilon$ 为与 ΔP 对应的应变增量;E_{xt} 为纵向(x 方向)拉伸弹性模量。

● 泊松比

$$\nu_{xy} = -\frac{\Delta\varepsilon_y}{\Delta\varepsilon_x} \qquad (9-3)$$

式中:$\Delta\varepsilon_x$ 为与 ΔP 对应的纵向应变增量;$\Delta\varepsilon_y$ 为与 ΔP 对应的横向应变增量。

对于测定玻璃纤维织物增强塑料和短切玻璃纤维增强塑料的拉伸性能参见 GB1447—83。

(2) 复合材料压缩试验方法

按照 GB3856—83,测定单向复合材料平板沿纤维方向(0°)和垂直方向(90°)的压缩强度、弹性模量、泊松比及应力-应变曲线。试件形状及尺寸如图 9-2 所示。每组有效试样数量不少于 5 个。试件用夹具装配示意如图 9-3 所示,所得结果用下列公式计算。

● 压缩强度

$$\sigma_{-b} = \frac{P_b}{bh} \qquad (9-4)$$

式中:P_b 为破坏载荷,单位为 N;b 为试样宽度,单位为 mm;h 为试样厚度,单位为 mm。

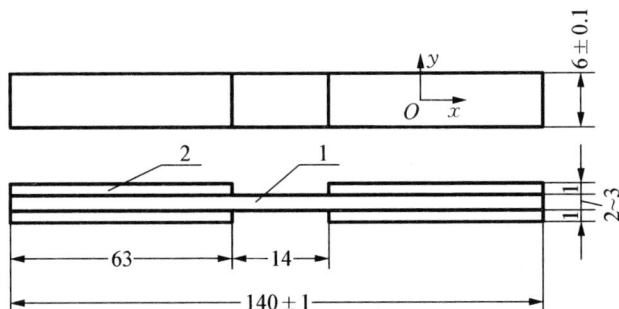

图 9-2 压缩试样

1—试样 2—加强片

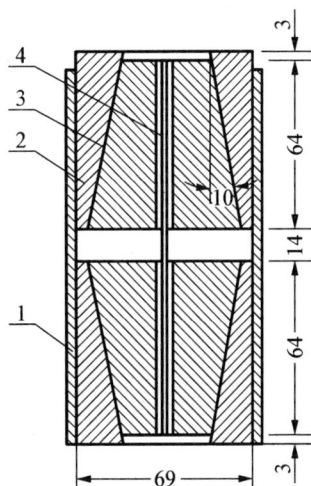

图 9-3 压缩夹具装配示意图

1—套筒 2—圆形外夹头
3—内夹头 4—试样

● 压缩弹性模量

$$E_{xc} = \frac{\Delta P}{bh\Delta\varepsilon} \tag{9-5}$$

式中:ΔP 为载荷-应变曲线上的载荷增量,单位为 N;$\Delta\varepsilon$ 为与 ΔP 对应的应变增量。E_{xc} 为纵向(x 方向)压缩弹性模量。

● 泊松比

$$\nu_{xy} = -\frac{\Delta\varepsilon_y}{\Delta\varepsilon_r} \tag{9-6}$$

式中:$\Delta\varepsilon_x$ 为与 ΔP 对应的纵向应变增量(方向一致);$\Delta\varepsilon_y$ 为与 ΔP 对应的横向应变增量。

对于测定玻璃纤维织物增强塑料板材和短切玻璃纤维增强塑料的压缩性能参见 GB1448—83。

(3)复合材料面内剪切试验方法及存在问题

按照 GB3355—82,测定单向纤维或织物增强平板面内剪切弹性模量、面内剪切强度和面内应力-应变曲线是采用[±45°]ₛ 层压板拉伸试验如图 9-4 所示。试样厚度 h 为 2s～6s 层压板厚,即[±45°]₂ₛ～[±45°]₆ₛ。有效试样数量应不少于 5 个,所得结果用下面的公式计算。

● 面内剪切强度

$$S = \frac{P_b}{2bh} \tag{9-7}$$

式中:P_b 为试样破坏时的载荷,单位为 N;b 为试样宽度,单位为 mm;h 为试样厚度,单位为 mm。

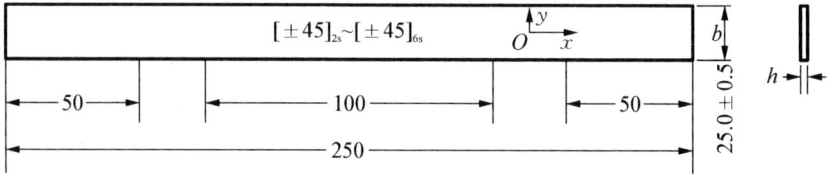

图 9-4　[±45]ₛ 层压板拉伸试验

● 面内剪切模量

$$G_{LT} = \frac{\Delta P}{2b \cdot h(\Delta \varepsilon_x^0 - \Delta \varepsilon_y^0)} \qquad (9-8)$$

式中：ΔP 为载荷增量，单位为 N；$\Delta \varepsilon_x^0$ 为与 ΔP 对应的试样轴向的应变增量；$\Delta \varepsilon_y^0$ 为与 ΔP 对应的试样轴向垂直方向的应变增量。

关于单向层板剪切强度用[±45]ₛ 层板的拉伸来测量是值得讨论的。但由于试验简单，一般目前都采用此方法。关于[±45]ₛ 拉伸测 τ_{12} 强度须说明几点：

① [±45]ₛ 拉伸时几何尺寸，如图 9-4 所示，与图 9-1 中的尺寸（如 b、h、L 等）基本一样。

② 式(9-7)表示的意义为 $\tau_{12} = \frac{1}{2}\sigma_x$，这从元体平衡很容易得到，且由应变莫尔圆，可求得剪切应变

$$\gamma_{12} = \varepsilon_x - \varepsilon_y \qquad (9-9)$$

因此，得到式(9-8)的剪切模量 G_{12}（即 G_{LT}）。

根据试验时测得的应力 σ_x 与 ε_x 关系是非线性的，同样可得到 τ_{12} 和 γ_{12} 的关系也为非线性的，典型的[±45]ₛ 硼-环氧拉伸及剪切应力应变关系如图 9-5 所示，图 9-5(a)中的非线性关系对碳环氧也是相似的，它实际是体现剪切的特性。

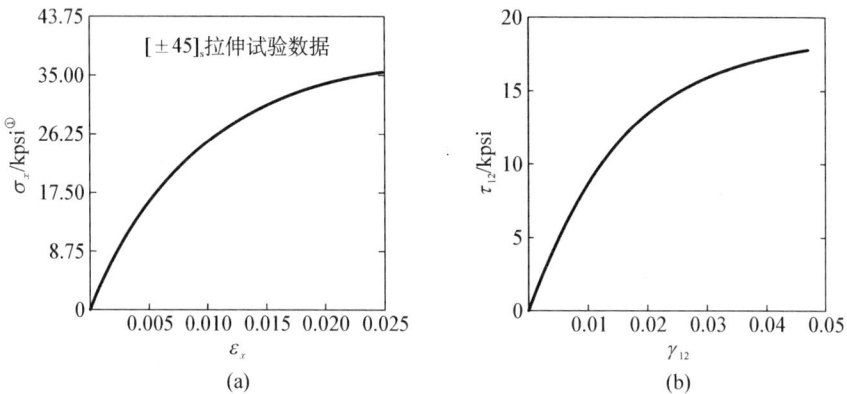

图 9-5　剪切试验中的应力-应变关系①

---

① 1kpsi=1000 psi, 1psi=6.895 kPa

③ $[\pm 45]_s$ 拉伸如图 9-6 所示,切出微元体。

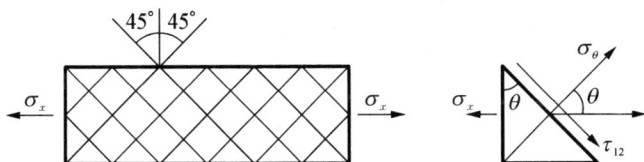

图 9-6 拉伸试验件受力分解

由图 9-6 可知 $\qquad \sigma_\theta = \sigma_x \cos^2\theta$, $\tau_{12} = \sigma_x \sin\theta\cos\theta$ (9-10)

故当 $\theta = 45°$ 时, $\qquad \tau_{12} = \dfrac{1}{2}\sigma_x$

关于此试验方法要了解下面几个问题:

第一,σ_θ 存在对破坏的影响。我们知道,当 $\theta = 45°$,断面上有 $0°$ 纤维,它的拉伸强度 $X_t \approx 1548\,\mathrm{MPa}$,但剪切强度跟它相比很小,因此,$\sigma_\theta$ 对破坏的影响可忽略。

第二,我们一贯的概念,所谓面内剪切强度如图 9-7(a) 的受力形式,而现在是如图 9-7(b) 的形式。但是,图 9-7(b) 并不是一个单层,可将其分解如图 9-7(c) 所示的铺层形式。因此,仍然是如 9-7(a) 图的受力形式。故用 $[\pm 45]_s$ 拉伸来测量单向层的剪切性能是可以的。

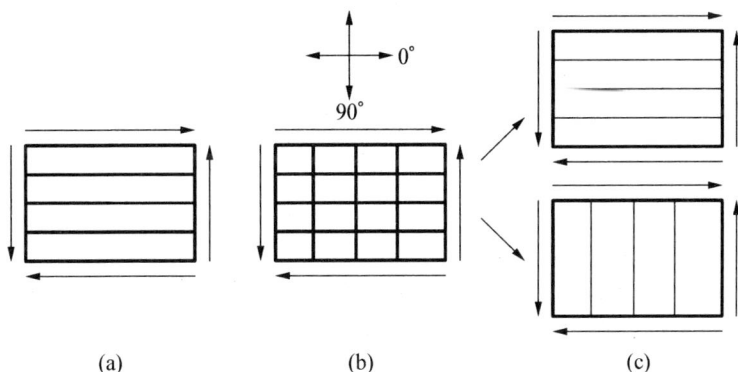

图 9-7 $[\pm 45]_s$ 层板拉伸试验受力研究

第三,这种方法,如图 9-6 所示,剖面上的 σ_θ 对破坏是有影响的,因此,只有剪切强度比拉伸强度小得多时才可用,此方法是近似的。

④ 轨道剪切试验(rail shear test)

用于测量一般层压板的 τ_{xy} 强度及刚度 G_{xy}。如图 9-8 所示。

在试验中,矩形层板沿着它的长边夹在轨道中,其他两边自由。拉或压对轨道加载,一般是一个轨道“固定”,相对另一个轨道加载。剪切应力为

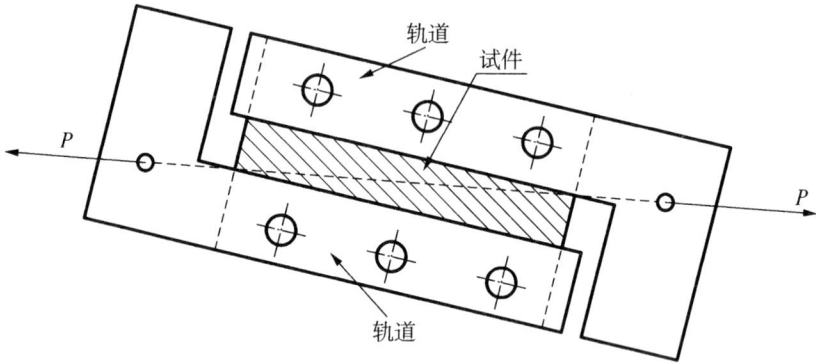

图 9-8 轨道剪切试验形态

$$\tau_{xy} = \frac{P}{bt} \qquad (9-11)$$

其中：b 为试验件长度；t 为层压板厚度。

剪切应变 γ_{xy} 可以通过跟轨道成 45°贴的应变片的测量值 $\varepsilon_{45°}$ 来计算：

$$\gamma_{xy} = 2\,\varepsilon_{45°} \qquad (9-12)$$

为了保证离自由端较短距离后的应力均匀，试件的长宽比必须大于 10∶1。同样，也要求低的有效泊松比。对于单向层压板，即 0°或 90°单向板（纤维平行或垂直于轨道）也可以应用此试验方法。然而，对于 0°方向试验，自由端的应力集中是垂直于纤维方向，而对于 90°方向试件试验，此应力集中是平行于纤维方向。由于在 0°层板中，法向应力可以引起过早破坏，建议测 τ_{12} 及 G_{12} 时用 90°层压板。

⑤ 关于复合材料面内剪切试验也可用专门夹具的开缺口短梁的方法。可参见相关资料及标准。

（4）复合材料弯曲试验方法

按照 GB3356—82，测定单向层板弯曲强度、弯曲弹性模量及载荷-挠度曲线，采用简支梁三点弯曲，其试样形状及尺寸见图 9-9。

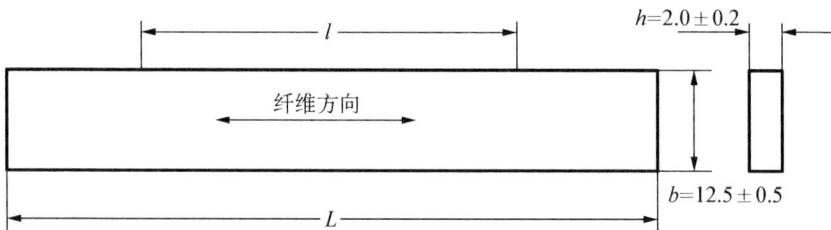

图 9-9 弯曲试样

l—跨距；L—总长；b—宽度；h—厚度

跨厚比 l/h 值,对玻璃纤维层板,取 16 ± 1;对碳纤维层压板取 32 ± 1。有效试样数量应不少于 5 个,所得结果按下面公式计算。

● 弯曲强度

$$\sigma_b^f = \frac{3P_b l}{2bh^2} K_f \qquad (9-13)$$

式中:P_b 为试样破坏载荷,单位为 N;l 为跨距,单位为 mm;b 为试样宽度,单位为 mm;h 为试样厚度,单位为 mm;K_f 为挠度修正系数,当弯曲破坏时挠跨比 $f/l \leqslant 10\%$ 时可近似取为 1;当 $f/l > 10\%$ 时,可按下式计算:

$$K_f = 1 + 4(f/l)^2 \qquad (9-14)$$

式中:f 为试样破坏时跨度中点处的挠度,单位为 mm。

● 弯曲弹性模量

$$E_f = \frac{\Delta P l^3}{4bh^3 \Delta f} \qquad (9-15)$$

式中:ΔP 为载荷-挠度曲线上直线段的载荷增量,单位为 N;Δf 为与 ΔP 对应的跨度中点处的挠度增量,单位为 mm。

对于测定玻璃纤维织物板和短切玻璃纤维层板弯曲性能试验见 GB1449—83。

应该注意弯曲弹性模量 E_f 的概念,在材料力学中双支点简支梁中点加载 P,中点挠度为

$$y_{max} = \frac{P l^3}{48EI} \qquad (9-16)$$

弯曲弹性模量 E_f 就是式(9-16)中的 E。对于金属材料,拉伸弹性模量 E 与弯曲弹性模量相同,即 $E=E_f$,但复合材料层压板两者可能有差别。

(5)复合材料层间剪切试验方法

按照 GB3357—82,测定单向层压板的层间剪切强度,采用短梁三点弯曲试验,其试样形状及尺寸见图 9-10。

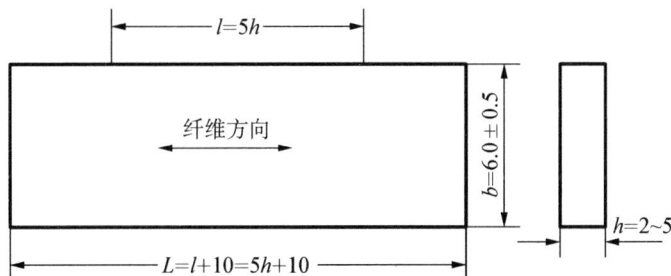

图 9-10 层间剪切短梁试样

l—跨距;L—总长;b—宽度;h—厚度

有效试样数量应不少于 10 个,所得结果按以下公式计算层间剪切强度:

$$\tau_b^i = \frac{3P_b}{4bh} \qquad (9-17)$$

式中:P_b 为破坏载荷,单位为 N;b 为试样宽度,单位为 mm;h 为试样厚度,单位为 mm。

测定玻璃纤维织物增强塑料板材料的层间剪切强度见 GB1450.1—83。

对于短梁层间剪切试验,我们要做如下的讨论说明:

用小跨厚比(l/h)的三点弯曲以产生单向层组(lamina)之间的水平方向裂纹,如图 9-11 所示。

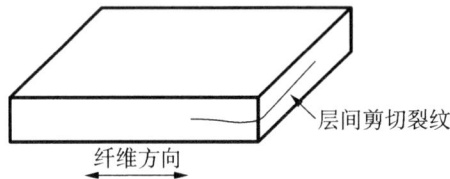

图 9-11　短梁剪切试验试件分层

考虑均质梁方程:

$$\left. \begin{aligned} \text{最大正应力} \sigma_x &= \frac{3Pl}{2bh^2} = \frac{3P}{2bh}\left(\frac{l}{h}\right) \\ \text{最大剪应力} \tau_{xz} &= \frac{3P}{4bh} \end{aligned} \right\} \qquad (9-18)$$

从式(9-18)可以看出梁上最大正应力σ_x随梁 l/h 比的减小而减小,而剪应力不受比值 l/h 影响,最大τ_{xz}发生在中性轴处。因此,用足够小的 l/h 比值,使σ_x保持较低水平,而最大的τ_{xz}仍可达到最大的值。因此,梁可在τ_{xz}最大处产生水平方向的裂纹,如图 9-11 所示。建议在短梁剪切试验中 $l/h = 4 \sim 5$,梁太短会产生压缩破坏,太长产生弯曲破坏。

我们知道,最大剪应力值发生在梁中平面位置,但很多试验中,破坏常常发生在支持处,并且表现为综合破坏模式,因此,层间剪切强度还有其他的试验方法,但由于此试验简单,它广泛被使用。试验结果对于材料筛选及质量控制是非常有意义的。

(6) **断裂韧性性能 G_{IC},G_{IIC}试验**[2]

试验详细情况见标准 HB7402—96(测 G_{IC})和 HB7403—96(测 G_{IIC})。这里仅从概念上作一般性说明。

一般情况下,经典的断裂力学理论不适用于复合材料层压板的裂纹问题,这主要是因为复合材料层压板是非均质的,含基体、纤维和界面三相,这几种相对于裂纹的阻力不同,造成层压板,尤其是多向层压板中的裂纹扩展没有规律。但对分层,即层间裂纹是在层与层之间的基体中扩展,它基本上是有规律的。所以用经典的断裂力学理论去分析层间的断裂力学性能是可行的。所以 $G_{\mathrm{I}c}$,$G_{\mathrm{II}c}$ 是层间的断裂韧性,它基本上体现了基体的性能。

- $G_{\mathrm{I}c}$ 试验。

Ⅰ型层间断裂韧性 $G_{\mathrm{I}c}$ 是通过铰链式双悬臂梁试样的拉伸试验得到的,试样如图 9-12 所示。试样是 0°单向层板,在板条一端厚度对称面上预埋了聚四氟乙烯薄膜模拟初始层间裂纹。试样端部粘贴铰链作为夹具加载用。

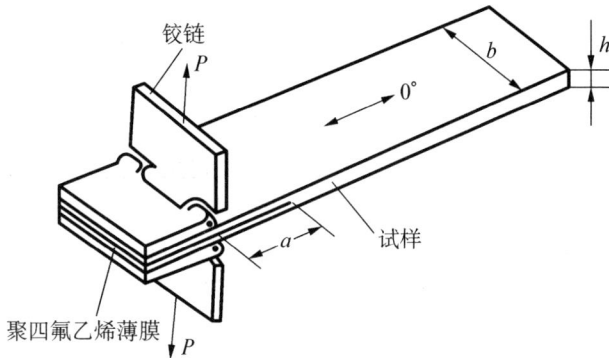

图 9-12 Ⅰ型层间裂纹韧性试验

- $G_{\mathrm{II}c}$ 试验。

图 9-13 是Ⅱ型层间断裂韧性 $G_{\mathrm{II}c}$ 的试验。同样也是 0°单向层板,端部带有初始人工分层,采用三点弯曲加载。

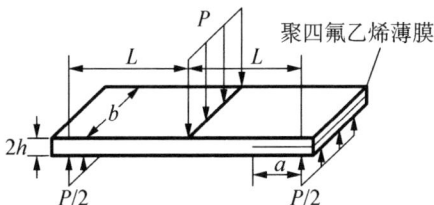

图 9-13 Ⅱ型层间断裂韧性试验

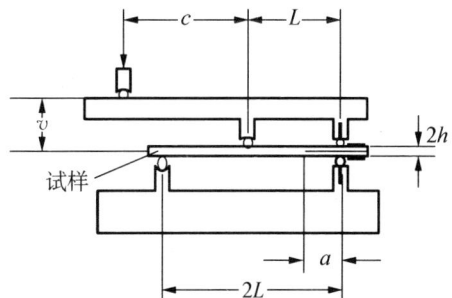

图 9-14 混合型层间断裂韧性试验

- $G_{\mathrm{III}c}$ 试验仍在研究中,但是一般存在:

$$G_{\mathrm{I}c} \leqslant G_{\mathrm{II}c} \leqslant G_{\mathrm{III}c}$$

缺乏 $G_{\mathrm{III}c}$ 时,近似取为 $G_{\mathrm{II}c}$ 偏保守。

层间断裂问题一般都不是单纯型,而是混合型。图 9-14 所示为测混合型($G_{\mathrm{I}c}$,$G_{\mathrm{II}c}$ 混合型)方法,但目前尚无标准方法。

（7）层压板冲击后压缩试验方法

按标准 HB6739—93 进行。这是复合材料性能及许用值试验中最重要的试验，也是试验工作量最大的一项试验，详情可见标准 HB6739—93 及文献[2]。

9.4.2　复合材料结构研制性试验

9.4.2.1　概述

上节中说明的材料性能及许用值试验一般是有一定规范、标准为依据，设计强度工程师只要严格按照有关标准进行，而复合材料结构研制性试验则不同，这部分试验内容广泛，要求结构设计强度工程人员对结构受力情况进行认真分析，发现结构强度问题的"热点"，所选用的试件及加载形式能给出最低强度破坏模型之一，所选的试件应能反映真实的、可能的破坏模式，每次试验的试件数量应能足够证明关键的破坏模型，并能提供元件名义强度的合理估算，对关键的设计特点，试件数量应适当增加。由于复合材料构件太昂贵、试件过多、费用太大。试件太小和数量太少又可能漏掉重要的破坏模式，留下强度隐患。另外，考虑一个试验，是用大试件还是小试件，如果能用小试件达到目的而用大试件会造成重大的经济损失。因此，研制性试验中，试验项目的选择、试件的设计都反映了设计强度工程师的经验和知识水平。

实际飞机结构复合材料部件的研制性试验的内容、目的及方法，在公开的资料中大都能看到，本节中不再收入。

9.4.2.2　研制性试验内容

研制性试验内容广泛，它也是合格性试验的重要组成部分。它应包括以下这些方面：

① 验证用于特定结构的分析方法，这些方法分析一般结构是成功的，但对于我们新设计的特定结构构型是否成功要进行验证。

② 对于强度分析，难于给出明确结论的重要构件、组合件等，它是部件的局部 1∶1 尺寸试验。

③ 对于采用新材料和新工艺方法的重要组合件。

④ 复杂受力组合件的许用值试验。

⑤ 重要的新设计方案的局部可行性试验。

⑥ 重要制造缺陷的影响试验（带有技术条件性质）。

⑦ 制造容限与强度有关的技术条件试验。

⑧ 复合材料部件或部件段发生产图前的综合性试验，这是飞机复合材料结构设计中的一项重要试验，它是带验收性的综合试验，考验复合材料部件设计、生产制造整个方案的成败。

研制性试验包括元、组件以及 1∶1 部件或部件段的综合性试验。

9.4.3　实际飞机结构复合材料部件的研制性试验

在有关的很多文献中都能找到实际飞机结构复合材料部件研制性试验的例子，

这里不再给出。

参考文献

［1］ Mallick P K. Fiber-Reinforced Composites ［M］. New York And Basel：Arcel Dekkerinc. 1988.

［2］ 沈真.复合材料飞机结构耐久性/损伤容限设计指南[M].北京:航空工业出版社,1995.